René Wadas ist Gärtnermeister und lebt mit seiner Familie in Börßum bei Braunschweig. Als Pflanzenarzt ist er seit vielen Jahren im Norden unterwegs und hilft Hobbygärtner:innen mit ihren «Sorgenkindern». Der gebürtige Berliner schult mittlerweile in ganz Deutschland Mitarbeiter:innen aus Gärtnereien und Baumärkten, Landwirt:innen und Biolog:innen.

RENÉ WADAS

DER GROẞE WADAS

Das Nachschlagewerk für gesunde und glückliche Pflanzen

Rowohlt Taschenbuch Verlag

3. Auflage, April 2024

Originalausgabe
Veröffentlicht im Rowohlt Taschenbuch Verlag,
Hamburg, April 2024

Covergestaltung zero-media.net, München
Coverabbildung Patrice Kunte, FinePic®, München
Satz aus der Martina Plantijn bei Dörlemann Satz, Lemförde
Druck und Bindung Print Consult GmbH, München
ISBN 978-3-499-01480-2

MIX
Papier | Fördert
gute Waldnutzung
FSC® C084279

INHALT

EINLEITUNG

Nach all meinen Büchern und Kalendern war es nur eine logische Konsequenz, dass nun *Der große Wadas* geschrieben werden musste. In meinen Praxisbüchern ging es um die Pflanzen im Garten oder auf dem Balkon, den Anbau von gesundem Gemüse oder glücklich gedeihende Zimmerpflanzen, überhaupt um ein Gärtnern ohne Chemie. Ich erzählte von Hausbesuchen, jahreszeitlichen Veränderungen, versuchte, ein Verständnis für unsere Pflanzenwelt zu entwickeln, und gab Anleitungen und Tipps, damit Krankheiten und Schädlinge keine Chance haben. Denn ich bin mir sicher, dass ein umweltschonender Pflanzenschutz mit den Möglichkeiten, die uns die Natur zur Verfügung stellt, absolut machbar ist. Aber da ich mein Wissen über insgesamt fünf Bücher und zwei Kalender ausgebreitet und ich in all den Jahren immer neue Erkenntnisse gesammelt habe, wurde es mir ein Anliegen, mich noch einmal mit den wichtigsten Aspekten eines nachhaltigen Gärtnerns auseinanderzusetzen – und Sie komprimiert darüber zu informieren.

In diesem Buch werden Sie mit Pflanzen und der Lebensweise von Schädlingen vertraut gemacht, nicht nur Insekten und Nagetieren, sondern auch Pilzen, Viren und Bakterien, sodass Sie dadurch Entscheidungen treffen können, welche Maßnahmen ergriffen werden sollten, um nachhaltig zu gärtnern. Alles sollte gut überlegt sein, welchen Nutzen diese oder jene Anwendungen mit sich bringen. Das Nachschlagewerk soll Ihnen eine Hilfe sein, um die richtigen Schritte in Ihrem Garten oder an Ihren Pflanzen in der Wohnung zu unternehmen, um einzuschätzen, ab wann ein Schädling wirklich ein Schädling ist – oder ob man ihm ruhig einen Anteil am Grün überlassen kann.

Ich habe mich auf die wichtigsten Schädlinge und Krankheiten beschränkt, die mir jeden Tag als Pflanzenarzt über den Weg laufen. Alle Schädlinge und Krankheiten sind alphabetisch geordnet, zudem habe ich sie auch in Tabellen einsortiert, sodass Sie auf einen Blick eine Übersicht haben, womit Sie es zu tun haben oder zu tun bekommen könnten. Biodynamisches Gärtnern ist zeitintensiver als konventionelles, dafür aber stellen Sie die Umweltfaktoren und den Naturschutz in den Vordergrund. Dafür Ihnen ein großes Danke.

I

KRANKHEITEN, DIE DURCH EINE LEBENDE UMWELT ENTSTEHEN

EIN HÄUFIGES ÜBEL AN GARTEN- UND ZIMMERPFLANZEN: PILZERREGER

Pilzerreger sind wirklich eine große eine Gefahr für unsere Gartenpflanzen, zumal weltweit ungefähr 45 000 unterschiedliche Pilzarten existieren. Einst wurden Pilze zu den Pflanzen gezählt, sie waren als sesshaft eingestuft worden, aber als dann klar wurde, dass sie keine Fotosynthese betreiben können, wie es Pflanzen möglich ist, war diese Einstufung nichtig. Aber waren sie Tiere? Dadurch hätten sie organische Substanzen aufnehmen müssen – was sie tun –, aber in gelöster Form, was wiederum nicht der Fall ist. Entsprechend dieser Erkenntnisse wird den Pilzen heute eine größere Verwandtschaft zu den Tieren zugestanden als zu den Pflanzen, mit anderen Worten: So richtig klar ist das alles noch nicht. Bislang gibt es auch keine genaue Einteilung der einzelnen Pilzarten, so verschieden sind sie.

In Form von Sporen, die von den Pilzen zur Fortpflanzung gebildet werden, sind Pilze nahezu überall auf der Erde zu finden. Sie befinden sich am Boden, sie sind in der Luft, mit jedem Atemzug atmen wir sie ein. In der Regel sind die meisten Pilzarten weder für Menschen noch für Pflanzen giftig. Leider gibt es parasitäre Pilze, diese können sich auf Kosten ihrer Wirtspflanzen ernähren und dabei die Pflanzen, mit denen sie eine ziemlich einseitige Beziehung eingegangen sind, auf Dauer zerstören, besser gesagt, sie möchten sie aussaugen oder zersetzen. Sämtliche Nährstoffe werden aufgebraucht, denn Pilze haben auch wie alle Lebewesen die Eigenschaft, sich zu ernähren und fortzupflanzen.

Viele Pilzkrankheiten haben sich auf bestimmte Pflanzen spezialisiert, wie zum Beispiel der Sternrußtau, der nur Rosen befällt. Sie verbreiten sich mittels jener Sporen, die der meist asexuellen Fortpflanzung sowie der Überdauerung dienen, bei feucht-nassem Wetter können sie sich gut verbreiten und vermehren. Wie immer im Leben gibt es ein paar Ausnahmen, so benötigt zum Beispiel der Echte Mehltau kein Regenwetter, um sich wohlzufühlen.

Meist zielen die Sporen auf Pflanzen ab, die Wunden aufweisen, dadurch können die Sporen tief in das Pflanzengewebe eindringen. Einige Sporen sind aber in der Lage, durch die Blattoberfläche in die Pflanze einzumarschieren, ohne dass sie auch nur einen einzigen Riss aufweist. Das Pilzgeflecht, Myzel genannt, breitet sich nämlich je nach Pilzart auf der Blattober- oder -unterseite aus oder direkt im Innern der Pflanze. Von der Infektion bis zum Erkennen erster Symptome gibt es kein einheitliches Vorgehen, das kann einige Tage bis zu mehreren Monaten dauern.

Die meisten Pilzkrankheiten, wenn sie dann ausgebrochen sind, sind leicht zu diagnostizieren. Gehen Sie regelmäßig durch Ihren Garten und schauen Sie sich Ihre Pflanzen genau an. Haben sich Blätter verändert, kann der erste Blick oft Schlimmeres verhindern. Pilzkrankheiten äußern sich in Form von Blattflecken, Pusteln, Verfärbungen oder mehligen Blättern.

Wichtig sind, wenn es um Pilzinfektionen geht, vorbeugende Maßnahmen, und bei Sichtbarwerden der Krankheit sind schnelle Direktmaßnahmen erforderlich. Vorbeugende Initiativen machen eine Ansteckung unwahrscheinlich, zumindest unwahrscheinlicher, direkte Maßnahmen helfen bei einem akuten Befall. Sind die Anzeichen einer Pilzerkrankung bereits deutlich zu sehen, kann es schnell zu spät sein. Bitte entfernen Sie dann alle befallenen Blätter und Triebe sofort. Nur so können Sie noch retten, was zu retten ist. Wenn die Krankheit unbekannt ist, entsorgen Sie die Reste besser nicht auf dem Kompost, sondern im Hausmüll.

Nachfolgend sind die wichtigsten Pilzkrankheiten aufgeführt, wie Sie diese erkennen und vorbeugend oder direkt behandeln können. Nochmals: Bei Pilzerkrankungen ist die vorbeugende Behandlung die erste Wahl. Mein Tipp: Reinigen Sie auch alle Gartentöpfe, Stäbe und Geräte, die mit der Pilzerkrankung in Berührung kamen, sonst bricht sie im nächsten Gartenjahr wieder aus.

Amerikanischer Stachelbeermehltau

Der Amerikanische Stachelbeermehltau ist eine Pilzkrankheit und um 1900 aus den USA nach Europa eingewandert. Harmlos waren die Pilzerreger (*Sphaerotheca mors-uvae*), die sich auf Reisen gemacht haben, keineswegs, denn sie eroberten in kürzester Zeit Schwarze und Rote Johannisbeeren sowie die Stachelbeeren. Noch heute schädigen sie die Triebspitzen, aber auch die Blätter und die jungen Früchte werden mit einem feinen weißen Belag überzogen. Dieser wird nach und nach aber immer dichter, schließlich ist er braun und filzähnlich. Die Früchte können nicht reifen, junge Triebe wachsen nicht weiter, zudem werden dadurch vermehrt Seitentriebe gebildet – das typische Besenbild entsteht.

Ein pilzlicher Erreger, der jährlich immer wieder auftreten kann: Amerikanischer Stachelbeermehltau.

VORBEUGUNG UND BIOLOGISCHE BEKÄMPFUNG: Schneiden Sie im Winter erkrankte Triebe um ein Drittel zurück, auch im Frühjahr ist das noch möglich – so wird die Krankheit massiv eingeschränkt. Befallenes Schnittgut nicht auf den Kompost geben. Weniger anfällig sind bei den Stachelbeeren Sorten wie ‹Pax›, ‹Invicta› oder ‹Xenia›. Sollte der Pilz trotzdem auftreten, empfiehlt sich Netzschwefel zur Behandlung (allerdings bereits ab Beginn des Austriebs, da dieses Präparat nur vorbeugend wirksam ist).

Apfelschorf

Er gehört zu den gefährlichsten Apfelkrankheiten weltweit: der Apfelschorf. Bei feuchtwarmer Witterung und anfälligen Sorten ist ein Befall mit dem Schlauchpilz (*Venturia inaequalis*) kaum zu vermeiden und oftmals nur schwer zu bekämpfen; ohne Pflanzenstärkungsmittel geht es in der Regel nicht, will man auf chemische, kupferhaltige Mittel verzichten. Der Pilz überwintert an befallenen Blättern am Boden. Im Frühjahr, bei feuchter Witterung, schleudert er seine Sporen aus und sorgt so für die erste Verbreitung. Auf den jungen Blättern keimen die Sporen und bilden die ersten Schorfflecken. Dort entwickeln sich dann die Sommersporen, die durch Wind und Regen verbreitet werden und ständig neue samtartige, braune Schorfflecken an Blättern und Früchten verursachen. Hier können große Ernteausfälle und nicht mehr lagerfähige Früchte jeden Obstbauern und jede Obstbäuerin zur Verzweiflung bringen.

VORBEUGUNG UND BIOLOGISCHE BEKÄMPFUNG: Wichtigste Präventionsmaßnahme ist, das Falllaub vor dem Frühjahr zu entfernen. Weiterhin: Die Baumkronen durch einen fachmännischen Schnitt offen halten, so können die Blätter schnell abtrocknen. Daher stammt auch die Aussage vieler älterer Kleingärtner und Kleingärtnerinnen: «Wenn man einen Hut durch den Apfelbaum werfen kann, ist er richtig geschnitten.» Auch spielt die Wahl der Sorte eine Rolle. Anfällige Sorten sind: ‹Jonagold›, ‹Gala› oder ‹Gloster›. Zu den robusteren Sorten zählen: ‹Alkmene›, ‹Ecolette›, ‹Reglindi›, ‹Rosana›, ‹Rubinola›, ‹Topaz›, ‹Enterprise›, ‹Reanda›, ‹Regine›, ‹Renora›, ‹Resi› und ‹Rewena›.

Sinnvoll ist auch eine Behandlung mit Rainfarn (*Tanacetum vulgare*): 50 Gramm blühendes Kraut frisch im Spätsommer geerntet oder 5 Gramm ge-

Der Apfelschorf bereitet vielen Hobbygärtnern und -gärtnerinnen Kopfzerbrechen.

trocknetes mit 100 Gramm grünen Blättern der Birke auf 1 Liter Wasser 24 Stunden ziehen lassen. Danach kurz aufkochen und weitere 30 Minuten ziehen lassen. 1:5 verdünnt vorbeugend bei feuchtwarmem Wetter an Früchte und Blätter sprühen.

Birnenschorf

Schorf tritt nicht nur an Äpfeln auf, auch an Birnen. Und schorfige Birnen sind ebenso unbeliebt wie schorfige Äpfel. Der Apfelschorf ist mit dem Birnenschorf (*Venturia pyrina*) zwar verwandt, aber es gibt zwischen ihnen keinen Austausch. Jeder bleibt für sich auf seinem Baum. Der Birnenschorf ist eine Pilzerkrankung direkt an der Frucht. Die jungen Birnen werden rissig und von unschönen schwarzgrauen Schorfstellen bedeckt; sie werden vorzeitig abgestoßen. Die großen und älteren Birnen weisen vergleichbare Risse auf, nur sind sie meist noch verkrüppelt. Auch die Blätter werden in Mitleidenschaft gezogen: Auf der Blatt-

Birnenschorf ist eine hartnäckige Krankheit, die nur an Birnen auftritt.

unterseite bildet sich ein schwarzgrüner Pilzrasen. Zu guter Letzt befällt der Pilz die jungen Triebe; stellenweise reißt bei ihnen die Rinde auf.

Der Schorfpilz ist leider weit verbreitet, und zwar überall da, wo Birnen wachsen. Eine besondere Ausbreitungsgefahr besteht in feuchten Frühjahren. Der Pilz überwintert mit seinen Sporen auf Falllaub und den aufgerissenen jungen Vorjahrestrieben. Der Wind sorgt dafür, dass er sich ausbreiten kann.

VORBEUGUNG UND BIOLOGISCHE BEKÄMPFUNG: Sind Ihre Birnenbäume im Frühjahr und Frühsommer öfter nass, ist ein jährlicher Baumschnitt nützlich. Er sorgt dafür, dass die Bäume luftdurchlässiger und damit weniger anfällig für Angriffe nicht nur dieser Pilzart sind. Der Einsatz von Pflanzenstärkungsmitteln ist bei großen Bäumen eher schwierig, sie können mit den üblichen Spritzen oft nicht ausreichend besprüht werden. Grundsätzlich würde aber eine Spritzung schon helfen, und zwar mit einem Tee aus Knoblauch (*Allium sativum*): 50 Gramm frische zerhackte Knoblauchzehen und 200 Gramm Meerrettich (*Armoracia rusticana*) mit 1 Liter kochendem Wasser aufgießen. 20 Minuten ziehen lassen und 1:2 verdünnt mindestens viermal im Abstand von sieben Tagen spritzen.

Sie können es auch mit Netzschwefel versuchen, doch nicht jede Birne verträgt Schwefel. Es gibt im Handel auch widerstandsfähige Birnensorten: ‹Williams›, ‹Trevoux› oder ‹Conference› (schwefelanfällig).

Birnengitterrost

Der Birnengitterrost ist eine Krankheit, die durch den Rostpilz (*Gymnosporangium sabinae*) verursacht wird und fast jährlich wiederkehrend am Birnbaum auftritt, mal mehr, mal weniger, je nach Wetterlage. Zur Verbreitung im Frühjahr benötigt er nämlich Feuchtigkeit. Dieser Pilz ist ein Wirtswechsler, für seine vollständige Entwicklung braucht er zwei Pflanzen, den Wacholder und die Birne. Jedoch ist hier die genaue Arten- und Sortenbestimmung wichtig, da einige Wacholderarten nicht oder nur wenig von dem Pilz angegangen werden. Typischerweise zeigen sich am infizierten Wacholder im Frühjahr Triebverdickungen, die unter feuchten Bedingungen zu gallertartigen Strukturen in einem Rostrot-Orange aufquellen. Auf den Blättern nahe beheimateter Birnbäume treten dann etwas später erste Blattverfärbungen auf (nur selten auf der Frucht). Ab Mitte Mai sind die orangeroten Flecken gut zu erkennen. Zwei, drei Monate später sind auf der Blattunterseite bis zu 5 Millimeter große Warzen zu sehen – die Sporenlager erinnern in ihrer Struktur tatsächlich an Gitter. Die Sporen werden durch den Wind ver-

Im Umkreis von 500 Metern sollte kein Chinesischer Wacholder stehen, so bekommt man den Pilz vom Birnengitterrost in den Griff.

breitet. Über die Wacholdernadeln gelangt der Pilz in die Triebe. Es dauert aber einige Jahre, bis die Symptome sichtbar werden. Es nützt nichts, die befallenen Birnenblätter zu entfernen, denn jedes Jahr muss der Pilz vom Wacholder an die Birne neu übertragen werden, er kann nicht am Baum überwintern. Der Wacholder ist dagegen sein ganzes Leben mit dem Pilz infiziert, eine Heilung seinerseits ist nicht möglich. Ein Rückschnitt der Astverdickungen hilft nur kurzzeitig, denn meist hat sich der hartnäckige Pilz in der ganzen Pflanze ausgebreitet. Eine Rodung wird dann notwendig.

VORBEUGUNG UND BIOLOGISCHE BEKÄMPFUNG: Über resistente Arten lässt sich insbesondere beim Wacholder das Pilzproblem weitgehend lösen, bei Birnen gibt es weniger anfällige Arten, die auch als Züchtungsgrundlage genutzt werden können: ‹Birkenblättrige Birne› (*Pyrus betulifolia*) oder ‹Wildbirne› (*Pyrus cordata*); resistente Birnensorten sind mir nicht bekannt. Wirkungsvoll sind Spritzungen zum Zeitpunkt der Blüte. Hilfreich ist ein Birkentee. Dazu 100 Gramm grüne frische Blätter auf 1 Liter Wasser geben. 24 Stunden ziehen lassen, danach kurz aufkochen, wieder eine Weile ziehen lassen. Im Verhältnis 1:5 verdünnt mehrmals ab Blattaustrieb den Birnenbaum besprühen. Möglich ist auch ein Tee aus Meerrettich (siehe Blattfleckenkrankheit).

Blattfleckenkrankheit

Die Blattfleckenkrankheit ist eine Sammelbezeichnung für verschiedene Pilzkrankheiten. Zunächst sind Blattflecken zu erkennen, braun, rötlich und gelb, wobei sie häufig mit einem dunkleren Rand hervorstechen. Diese Flecken werden immer größer und fließen zusammen, bis schließlich das ganze Blatt abgestorben ist und abfällt. Hervorgerufen wird diese Krankheit durch verschiedene Pilze der Gattungen Alternaria, Septoria oder Ascochyta. Ihre Wirte sind vielfältig, sie befallen Rhododendronsträucher, Hortensien, Pfingstrosen und Zimmerpflanzen, aber auch Obstbäume und Gemüsepflanzen stehen auf ihrem Speiseplan. Die Pilze verbreiten sich bei feuchtem Wetter oder wenn die Blätter nicht gut trocknen können.

VORBEUGUNG UND BIOLOGISCHE BEKÄMPFUNG: Bei Zimmerpflanzen ist dafür zu sorgen, dass die Pflanzen durchtrocknen und später nur an der Wurzel bewässert werden. Gegen das Regenwetter im Garten können wir weniger tun, aber es können die Standortbedingungen verbessert werden. Ein zu enger Ab-

Durch feuchte Witterung verbreitet sich der Pilz der Blattfleckenkrankheit sehr schnell.

stand zwischen den einzelnen Pflanzen ist zu vermeiden. Und je mehr Wind hindurchpusten kann, umso mehr haben die Pilze das Nachsehen.

Für den Gemüsegarten können Sie auch widerstandsfähige Sorten auswählen. Bei Sellerie beispielsweise die Sorten ‹Bergers weiße Kugel› oder ‹Mentor›, bei Möhren etwa die Sorte ‹Riga›. Dazu regelmäßig das Laub entfernen. Flächen, auf denen im Vorjahr bereits Befall aufgetreten war, sollte man für einen Anbau meiden, da die Pilze an infizierten Pflanzenresten im Boden überdauern. Sinnvoll ist es, mindestens eine dreijährige Fruchtfolge einzuhalten. Eine Verbreitung der Pilze über das Saatgut ist ebenfalls möglich.

Präventiv können Sie einen Tee aus Meerrettich ansetzen. Dazu 500 Gramm zerkleinerte Blätter und Wurzeln auf 1 Liter Wasser unter Rühren aufkochen. 30 Minuten ziehen lassen. Abgießen und damit 1:2 verdünnt die Blätter besprühen.

Blattflecken am Liguster

Sie haben einen Liguster? Seine Blätter weisen unregelmäßige runde oder ovale Flecken auf, die braun, gelb oder grau und von einem schwarzen Rand umgeben sind? Und mit einer Lupe sehen Sie Fruchtkörper? Dann kann es sich um Pilze der Gattung Septoria handeln. Leicht können neue Blätter befallen werden, oft verwelken sie und fallen ab. Die Überwinterung der Pilze erfolgt auf dem am Boden

Blattflecken am Liguster sorgen dafür, dass eine Hecke nicht mehr dicht wächst.

liegenden Laub. Aus diesem Grund beginnt der Befall erst im unteren Bereich von Ligusterhecken. Feuchtes Wetter macht es dann nicht besser.

VORBEUGUNG UND BIOLOGISCHE BEKÄMPFUNG: Den Bodenbereich leicht mit Algenkalk bestreuen, seine pilzabtötende Wirkung kann man sich hier zunutze machen.

Brennfleckenkrankheit

Die Brennfleckenkrankheit (*Colletotrichum lindemuthianum*) der Bohne befällt insbesondere Busch- und Stangenbohnen sowie Feuerbohnen, kann aber auch an selteneren Arten wie Limabohne, Mungbohne, Augenbohne, Helmbohne oder Straucherbse auftreten. Sie zeigt sich ebenso an Erbse, Ackerbohne und Wicke mit ähnlichen Symptomen sowie an Linse und Kichererbsen. Es handelt sich aber um verschiedene Pilzarten, die sich auf die jeweiligen Wirtspflanzen spezialisiert haben.

Besonders bei feuchter Sommerwitterung ist die Krankheit zu entdecken. Befallene frische Bohnen sind für die Grüne Bohnensuppe unbrauchbar, nur die trockenen Bohnen können noch verwendet werden. Die größten Schäden entstehen bei einer Infektion im Keimlingsstadium bei kühler Witterung, sie kann zum Absterben der Pflanze führen – oft wundert man sich, warum die Bohnen nicht aufgehen oder wachsen.

Bei feuchtem Wetter bildet sich rötlicher Sporenschleim an den befallenen Pflanzen, der durch Regenspritzer oder Gartenarbeiten auf gesunde Pflanzen übertragen werden kann. Diese Übertragung erfolgt aber nur über geringe Entfernungen von bis zu zehn Metern. Gesunde Nachbarbestände werden selten befallen. Die Sporen keimen bei milden Frühjahrstemperaturen und hoher Luftfeuchtigkeit sowie bei mindestens vier Stunden Blattfeuchte bei 20 Grad Celsius oder zehn Stunden Blattfeuchte bei 10 Grad Celsius. Nach dem Auftreten erster Brennflecken werden die darin produzierten Sporen mit Regentropfen weiter in der Pflanze und dem Bestand verbreitet.

Infizierte Bohnen sollten nicht mehr als Saatgut verwendet werden, da die Brennfleckenkrankheit hauptsächlich durch Saatgut übertragen wird. Aber auch widerstandsfähige Dauersporen im Boden, die mehr als zwei Jahre überstehen können, sorgen für die Verbreitung der Pilzkrankheit.

VORBEUGENDE UND BIOLOGISCHE BEKÄMPFUNG: Gesundes Saatgut aus trockenen Anbauregionen verwenden, möglichst resistente Sorten nutzen.

Die Brennfleckenkrankheit befällt Bohnen und Erbsen.

Buschbohnen wie ‹Princessa›, ‹Speedy› oder die Stangenbohnen ‹Neckarkönigin›, ‹Goldmarie›, ‹Blauhilde› oder ‹Mombacher Speck› sind robust. Weiterhin macht es Sinn, Anbaupausen einzuhalten, Anbauflächen zu wechseln sowie für Anbauabstände sorgen, denn breite Standreihen begünstigen eine rasche Abtrocknung. Pflanzenrückstände gründlich einarbeiten und Bodenverdichtungen vermeiden.

Sie können Busch- und Stangenbohnensamen auch in einem Heißwasserbad für zehn Minuten bei 50 Grad Celsius legen, das tötet die Dauersporen ab. Vorbeugend können Sie Ihre Pflanzen mit einem Sud aus Rhabarber (*Rheum rhabarbarum*) behandeln. Dazu 200 Gramm Blätter oder Wurzeln in 2 Liter leicht auskochen, anschließend auf 5 Liter verdünnen und beim Auflaufen vier Wochen lang die Pflanzen tropfnass einsprühen.

Buchsbaumkrebs

Auch Pflanzen können Krebs bekommen, nicht nur Menschen und Tiere. Der Buchsbaumkrebs (*Volutella buxi*) zeigt als Schadbild verdrehte und anliegende Blätter, die sich verbräunen und abfallen. Vielfach tritt die Pilzerkrankung auf, wenn der Buchsbaum frisch geschnitten wurde und die Schnittwerkzeuge ihn übertragen haben. Auch durch extreme Witterungsbedingungen wird die Krankheit begünstigt. Feuchtigkeit und Schatten werden besonders geliebt. Junge Triebe und Blätter werden schnell befallen. Die Blätter verfärben sich am Anfang blassgrün, bis ganze Triebe vertrocknen und absterben. Bei einer starken Erkrankung können Krebswunden auftreten, an denen sich die Rinde aufreißt und löst. Gut zu erkennen sind die rosafarbenen Sporenbeläge auf den Unterseiten der Blätter. Besonders anfällig sind geschwächte Pflanzen durch schlechte Umweltbedingungen, einen Nährstoffmangel oder einen falschen pH-Wert.

VORBEUGUNG UND BIOLOGISCHE BEKÄMPFUNG: Ein Rückschnitt der befallenen Zweige bis ins gesunde Holz verhindert die weitere Ausbreitung der Krankheit. Schnittgut und abgefallene Blätter unbedingt entsorgen. Eine Behandlung mit Algenkalk, gemischt mit dem Heubazillus (*Bacillus subtilis*), hilft

Beim Buchsbaumkrebs hilft nur eine scharfe Schere und die erkrankten Teile abschneiden.

den Pflanzen, sich gegen eine neue Infektion zu schützen. Durch das Überpudern wirkt die alkalische Eigenschaft des Algenkalks, und der Pilz wird daran gehindert, sich auszubreiten. Gleichzeitig wir der pH-Wert im Boden angehoben – und das macht Ihren Buchsbaum glücklich.

Buchsbaumtriebsterben

Cylindrocladium buxicola heißt der Pilz, der für das Triebsterben verantwortlich ist. Im Anfangsstadium zeigt der Buchsbaum graubraune Blattflecken mit einem weißen Sporenbelag. Dieser breitet sich meist fleckenartig aus, sodass es den Anschein hat, als würde des Nachbars Kater den Buchsbaum als Toilette markieren. In kurzer Zeit breitet sich der Pilz jedoch weiter aus, die Blätter fallen, und ganze Triebe sterben ab. An den Trieben sind erste schwarze Striche zu erkennen. Buchsbaumkugeln, -kegel, -hecken und -solitäre sterben.

Der Krankheitserreger kann über Wind, Wasser und Schnittwerkzeuge verbreitet werden. Er bevorzugt feucht-kühle Witterung, sein Wachstum beginnt bereits ab 5 Grad Celsius. Seine optimale Temperatur liegt bei 25 Grad; eingestellt

Das Buchsbaumtriebsterben kann ganze Gärten verunstalten.

wird das Wachstum bei einer Obergrenze von 30 Grad. Der Pilz kommt nicht zum Ausbruch, wenn der Sommer zu heiß für ihn war. Er ist auf fünf bis sieben Stunden Blattnässe angewiesen, feuchte Sommer haben ihn stark gemacht.

VORBEUGUNG UND BIOLOGISCHE BEKÄMPFUNG: Stark befallene Pflanzen sollten zurückgeschnitten, der Schnitt und das Falllaub unbedingt entfernt werden – aber raus damit aus dem Garten, am besten verbrennen oder ab zum Entsorgungszentrum. Denn auf diesen Pflanzenabfällen befinden sich Dauersporen, die noch mehrere Jahre im Boden ausharren und für eine erneute Infektion sorgen können. Sehr stark geschädigte Pflanzen können nur noch gerodet und entsorgt werden. Arbeitswerkzeuge unbedingt desinfizieren! Eine gute Erfahrung habe ich mit Algenkalk gemacht. Stäubt man ihn sparsam auf die Blätter, hindert der hohe pH-Wert die Pilzsporen am Keimen.

Clematiswelke

Die Clematiswelke ist eine Pilzerkrankung, die die Waldrebe komplett vernichten kann. Sie wird von einem pilzlichen Erreger namens *Ascochyta clematidina* verursacht. Im Frühsommer erscheinen auf den Blättern zunächst kleine hellbraune Flecken mit gelbem Hof, die bald größer und dunkler werden, bis das gesamte Blatt zerstört ist. Und das kann innerhalb von zwei Wochen passieren. Die Welke beginnt immer im unteren Bereich der Blätter, also der älteren, und zwar auf der Blattunterseite. Daneben gibt es noch die Fuarium-Welke, die durch den Pilz *Coniothyrium clematidis-rectae* ausgelöst wird. Sie tritt nicht so häufig auf wie die Clematiswelke, zudem sucht sich der Pilz nur die Pflanzen mit den großen Blüten aus. Da der Pilz zum Gedeihen viel Wärme benötigt, zeigt er sich nicht vor Mitte Juni. Über Verletzungen und Risse (verursacht durch Temperaturschwankungen oder mechanische Beschädigungen) der dünnen Triebe dringt der Pilz direkt in die Pflanzen ein und verstopft die Leitungsbahnen. Die Gefäße verstopfen, und es kann kein Wasser mehr transportiert werden. Alle Blätter, die sich oberhalb der infizierten Stelle befinden, beginnen schlagartig zu welken und verfärben sich vom Rand her braun.

Aber nicht nur Pilze können die Blühfreude der Clematis beenden, auch der falsche Standort führt zu den Welke-Erscheinungen bis hin zum Absterben der gesamten Pflanze. Als eine Waldrebe liebt die Pflanze schattige Plätze. Zu viel Sonne sorgt für die physiologische Welke (siehe dazu auch die abiotischen Krankheitsfaktoren, S. 212).

Vertrocknete Clematis – die Welke wurde durch einen zu sonnigen Standort hervorgerufen.

VORBEUGUNG UND BIOLOGISCHE BEKÄMPFUNG: Um dem Pilz, um der physiologischen Welke entgegenzuwirken, hilft nur, sofort einen neuen, einen perfekten Standort für die Pflanze zu suchen. Er sollte unbedingt schattig oder halbschattig sein, die Mittagssonne wird nicht vertragen. Am perfekten Standort kann die Pflanze durch regelmäßige Spritzen mit Acker-Schachtelhalm- und Knoblauch-Sud (siehe S. 22, 37) gestärkt werden.

Echter Mehltau

Diese Krankheit – eine der häufigsten im Garten – ist leicht zu erkennen: Ein weißer Pilzrasen überzieht das Blatt, man kann ihn gut abwischen. Bei anderen Pilzinfektionen ist das nicht möglich, weil die Pilze hier ins Blatt eindringen. Die

Mehltaupilze (*Erysiphaceae*) gehören zu den Schlauchpilzen, sie überleben nur, wenn Blätter vorhanden sind, von denen sich ihre Sporen ernähren können, die sowohl durch ungeschlechtliche als auch (seltener) geschlechtliche Vermehrung entstehen. Die Sporen bilden auf dem Blatt ein Geflecht (Myzel), weshalb sie Ektoparasiten sind, also Parasiten, die auf der Körperoberfläche eines Wirts leben. Mit ihren winzigen Saugorganen (Haustorien) bohren sie sich in die oberste Blattschicht, dringen in die äußeren Blattzellen (Epidermis) ein und verankern sich dort. Dann saugen sie, ähnlich wie die Blattläuse mit ihren Saugrüsseln, an den Säften der Pflanze. Der Pilz gilt auch als Schönwetterpilz, weil er vermehrt bei warmem und trockenem Wetter vorkommt. Verbreitet wird er durch Wind und Insekten. Bei guten Bedingungen vermehrt er sich explosionsartig.

Bei einem sehr starken Befall können die Triebspitzen absterben. Anfällige Stauden und Sommerblumen sind: Rittersporn, Lupine, Aster, Phlox, Edelwicke, Begonie und Sonnenblume. Gehölze: Rose, Feldahorn, Eiche, Zierapfel, Pfaffenhütchen, Stachelbeere, Apfelbaum, Fingerkraut, Berberitze, Mahonie, Zierjohannisbeere, Clematis, Felsenbirne, Scheinquitte, Rotdorn, Perückenstrauch, Weide, Liguster.

Echter Mehltau – der Schönwetterpilz ist an vielen Pflanzen zu sehen.

VORBEUGUNG UND BIOLOGISCHE BEKÄMPFUNG: Wichtig sind Präventivmaßnahmen, sie sind ein wirksamer Schutz gegen den Befall mit Echtem Mehltau. Die Pflanzen sollten erst einmal nicht zu eng stehen, ausreichend Licht und keine Überdüngung erhalten, keineswegs sollte man sie zu viel gießen. Wer ein Gewächshaus hat: Zugluft und starke Temperaturwechsel vermeiden. Ist der Übeltäter aber da, kann man ihn mit Netzschwefel eindämmen, der im Handel zu kaufen und genau nach Gebrauchsanweisung anzuwenden ist.

Eine vorbeugende biologische Maßnahme wäre der Einsatz von Vollmilch (keine H-Milch), diese im Verhältnis 1:6 mit Wasser mischen. Molke kann auch genutzt werden, sollte aber 1:1 gemischt werden. Ab Mai bei trockener oder heißer Witterung spritzen, damit der Echte Mehltau keine Chance hat.

Falscher Mehltau

Die Unterscheidung zum Echten Mehltau ist recht einfach, erstes Kriterium ist jedoch, dass er ein Schlechtwetterpilz ist, er liebt die Feuchtigkeit. Die Pilze des Falschen Mehltaus werden auch Algenpilze (*Oomycota*) genannt; biologisch gesehen sind sie nämlich keine echten Pilze, sondern eher verwandt mit den Braun- und Kieselalgen. In ganz Europa ist diese Infektion gefürchtet, denn anders als

Nicht immer wird der Pilzerreger vom Falschen Mehltau erkannt.

beim Echten Mehltau dringen die Erreger über Spaltöffnungen (Stomata) tief in die Blattunterseiten und damit in das Gewebe von Pflanzen ein. Es sind somit Endoparasiten, Innenschmarotzer, Pilze, die im Innern der Pflanze über längere Zeit oder während ihres ganzen Lebenszyklus hausieren und ihr als Parasit Nahrung entnehmen. Das Pilzgeflecht (Hyphen, sie gehen aus dem Myzel hervor, die die die Fruchtkörper bilden) wächst zwischen den Pflanzenzellen, auf der Blattunterseite bildet sich ein gräulich-blauer oder auch gelber Pilzrasen. Im fortgeschrittenen Stadium zeigen sich gelbe und braune Flecken auf der Blattoberseite. Die Versorgung des Pilzes erfolgt ebenfalls mit Saugfortsätzen, die sich durch die Wände der Pflanzenzellen bohren und diese aussaugen. Der Nährstoffmangel lässt die Blätter der betroffenen Pflanzen vergilben und abfallen. Beliebte Wirte sind: Weinrebe, Rose, Sonnenblume, Kopfsalat, Rübe und Hopfen.

Weitere Kriterien, um Verwechslungen zwischen dem Echten und Falschen Mehltau zu vermeiden: Der Falsche Mehltau lässt sich nicht abwischen, und erst im späten Stadium sieht man ihn auf dem Blatt. Denn er verbreitet sich nicht auf dem Blatt, sondern im Blatt und tritt auf der Unterseite mit seinem Pilzrasen aus.

VORBEUGUNG UND BIOLOGISCHE BEKÄMPFUNG: Die Pflanzen sollten gut durchlüftet werden. Im Gewächshaus deshalb Ventilatoren aufstellen, der Morgen- und Abendtau trocknet dann schneller. Eine Bewässerung der Blätter vermeiden und für ausreichend Licht sorgen.

Zur Prävention können Sie einen Tee aus Knoblauch und Rhabarber herstellen: Dazu nehmen Sie 70 Gramm Knoblauch (zerkleinert) und 200 Gramm frische Rhabarberblätter oder 20 g getrocknete. Knoblauch und Rhabarber kochen Sie in 2 Liter Wasser auf und verdünnen das Gemisch dann auf 5 Liter. Dieses dann regelmäßig über gefährdete Pflanzen sprühen, bei Befall jede Woche.

Forsythienwelke

Welkt Ihre Forsythie traurig vor sich hin, obwohl Sie sie regelmäßig gedüngt und gegossen haben? Der Grund dafür kann eine Erkrankung sein, die durch den Erreger *Monilia laxa* erfolgt ist und Blüten und Blätter befällt. Sie ist zu therapieren wie die Spitzendürre an Kirschen (siehe Monilia, S. 41 ff.).

Ein zeitnaher Rückschnitt der von der Forsythienwelke befallenen Zweige verspricht gute Heilung.

Fusarien

Fusarien sind eine Gattung der Schlauchpilze. Sie können positiv vorkommen, dann bauen sie im Erdreich Pflanzenreste ab, die schädlichen Fusarien sind dagegen fähig, eine Reihe von Wirtspflanzen zu infizieren, von Gemüse- bis zu Zimmerpflanzen. Viele Arten gelten als Schwächepilze und können nur verletzte oder gestresste Pflanzen infizieren. *Fusarium oxysporum* ist der Erreger der gefürchteten Welkekrankheit. Zuerst werden die Blätter gelb und welk, meist erst auf einer Seite der Pflanze. Schließlich verwelkt sie ganz. Weitere Symptome sind braune Verfärbungen der wasserleitenden Gefäße (Xylem), die beim Durchschneiden der Stängel sichtbar werden. Oft sterben Gemüsebeete oder Pflanzengruppen im Garten komplett ab.

Innerhalb einer Kultur können verschiedene Unterarten auftreten und unterschiedliche Symptome hervorrufen.

Fusarium oxysporum überwintert mit Dauersporen (Chlamydosporen) oder als Myzel über viele Jahre im Boden. Er überlebt auch auf Saatgut und Gartenwerkzeugen. Eine Infektion beginnt über die Wurzelspitze oder über kleine Wunden, zum Beispiel dort, wo die Seitenwurzeln von der Pfahlwurzel abzweigen. *Fusarium oxysporum* ist damit die einzige Fusarium-Art, die im Gefäßsystem der Wirtspflanze wächst und sich innerhalb der Pflanzen nach oben ausbreitet. Die

Fusarien – Schlauchpilze – suchen sich oft nur gestresste Pflanzen aus.

anderen Arten gedeihen außerhalb der Pflanze, und zwar an den oberen Pflanzenteilen. Fusarien-Pilze verursachen aber nicht nur die Gefäßwelke, sondern auch Wurzel-, Fuß- und Stängelfäule, Blattverletzungen sowie Fruchtfäule.

VORBEUGENDE UND BIOLOGISCHE BEKÄMPFUNG: Leider gibt es bei einem Befall keine Möglichkeit, die Pflanzen zu retten. Wichtig sind hier vorbeugenden Maßnahmen. Entfernen und vernichten Sie Pflanzenrückstände. Wählen Sie resistente Sorten und hochwertige Pflanzerden. Desinfizieren Sie Ihre Gartenwerkzeuge und Pflanzstäbe aus Vorjahren. Vermeiden Sie Stress für die Pflanzen, und verhindern Sie Staunässe durch einen zu lockeren Boden. Jauchen und Brühen beleben den Boden, aber auch der organische Flüssigdünger «Pflanzenarzt Boden-Fit» mit Milliarden von Bodenbakterien.

Grauschimmel

Der Grauschimmel (*Botrytis cinerea*) ist eine recht weit verbreitete Pilzkrankheit. Das Wirtsspektrum des Schimmelpilzes ist groß. Aber welche Pflanzen werden in die engere Wahl gezogen? Ein Großteil aller Zierpflanzen, Stauden oder Sommerblumen, aber ebenso Ziergehölze wie Forsythie, Weinrebe. Unter den Obstsorten sind es Brombeeren, Himbeeren und Erdbeeren, beim Gemüse stehen Gurken, Zucchini, Kürbis, Spargel, Bohnen, Tomaten, Paprika, Salat und Melonen hoch im Kurs. Charakteristisch für den Befall ist ein grauer, fast samtiger Pilzrasen. *Botrytis* braucht zur Vermehrung eine hohe Luftfeuchtigkeit, doch ganz gemein ist: Seine Sporen sind immer da und können längere Zeit warten, bis eine geeignete Luftfeuchte die Ausbreitung zulässt. Dann befällt er alle oberirdischen Pflanzenteile und bildet auf ihnen massenhaft Konidien, eine bestimmte Form von Sporen, die durch Luftbewegung verteilt werden. Der Pilz ist am stärksten, wenn die Pflanze Stress hat, zum Beispiel durch Überdüngung, Lichtmangel, engen Stand oder Verletzungen. Hohe Luftfeuchtigkeit (über 85 Prozent), wenig Luftbewegung und Temperaturen ab 3 Grad Celsius reichen *Botrytis* für eine Infektion, das Optimum liegt bei 22 bis 25 Grad. Bei einer Luftfeuchtigkeit von 93 Prozent und Temperaturen von 10 bis 20 Grad kann eine Pflanze in Sekundenschnelle infiziert werden. Die Verbreitung geschieht durch Luftbewegung und Spritzwasser.

Den Grauschimmel schrecken nicht einmal kalte Jahreszeiten.

Die Hauptinfektion der Früchte erfolgt über die Blüte. Bei Erdbeeren geht die Infektion von abgestorbenen Blattstielen beziehungsweise mumifizierten Früchten aus, an denen der Pilz überwintert. *Botrytis* kann also auf totem Pflanzenmaterial leben und sich darauf vermehren. Unter ungünstigen Bedingungen vermag der Pilz Sklerotien zu bilden, eine verhärtete Masse (Myzelmasse), die Kälte und Trockenheit widersteht. Er kann lange Zeit in diesem Ruhezustand verharren und beginnt erst bei günstigen Bedingungen wieder zu wachsen. Im Frühjahr werden aus der Myzelmasse Sporen entlassen, die von Wind und Regen verteilt werden. Immerhin gibt es eine gute Nachricht: Eine Infektion erfolgt nur, wenn das Gewebe geschwächt ist.

VORBEUGUNG UND BIOLOGISCHE BEKÄMPFUNG: Grauschimmelfäule wird am besten durch richtiges Gärtnern verhindert. Zu dichte Pflanzenbestände trocknen schlecht ab und sind daher besonders gefährdet. Gleiches gilt für sehr mastige Pflanzen, also jene, die besonders viel Stickstoff bekommen haben und dadurch weiche Pflanzenzellen. Für Pilze ist dann das Eindringen ins Pflanzengewebe eine Leichtigkeit.

Hier hilft ein Tee aus Acker-Schachtelhalm (*Equisetum arvense*): Sammeln Sie dazu 150 Gramm grüne Triebe im Sommer oder nehmen Sie 15 bis 20 Gramm getrocknetes Kraut. Weichen Sie dieses in 1 Liter Wasser 24 Stunden ein, dann kurz aufkochen und 30 Minuten ziehen lassen. Durch ein Sieb gießen, 1:5 verdünnen und vormittags bei möglichst sonnigem Wetter Blätter und Erde besprühen. Vorbeugend regelmäßig alle zwei Wochen mit Frühjahrsbeginn durchführen, bei einem Befall in kürzeren Abständen (möglichst sogar drei Tage hintereinander behandeln).

Hexenringe

Hexenringe werden durch diverse *Basidiomyceten* (Hut- beziehungsweise Ständerpilze) oder durch den Nelken-Schwindling (*Marasmius oreades*), ebenfalls ein Pilz, hervorgerufen. Beide Pilze bilden unterirdisch ein kreisförmiges Geflecht, wobei sie mit ihren Fruchtkörpern die Bodenoberfläche durchstoßen. Dadurch entstehen kreisförmige Ringe an der Rasenoberfläche. Grundsätzlich können diese Pilze auf jeder Rasenfläche auftreten, bevorzugt werden aber Flächen mit trockenen, verdichteten Böden. Sie verbreiten sich mithilfe ihrer Sporen, die in den Pilzhüten gebildet werden. Mit dem Wind werden sie von ihrem Ausgangspunkt in alle Richtungen verteilt. Der Durchmesser solcher Ringe kann wenige

Hexenringe werden auch Feenringe genannt und können im Alter sehr groß werden.

Zentimeter (30 bis 50 Zentimeter), aber auch mehrere Meter (5 bis 10 Meter) betragen. Hexenringe treten in drei verschiedenen Erscheinungsformen auf, die in Typen unterschieden werden; In der Regel lassen sie sich leicht unterscheiden: Typ 1 bildet eine kreisförmige abgestorbene Grasnarbe mit meist zwei nach innen und außen abgehenden dunkelgrünen Rändern. Bei Typ 2 gibt es keine Absterbeerscheinungen der Grashalme, dafür zeigt sich ein einzelner dunkelgrüner Ring. Typ 3 bildet nur kreisförmig angeordnete Hutpilze aus, eine Dunkelgrünfärbung des Rings ist nicht zu erkennen. Absterbeerscheinungen der Gräser werden nur im inneren Bereich des Rings sichtbar.

VORBEUGUNG UND BIOLOGISCHE BEKÄMPFUNG: Damit erst keine Hexenringe im Rasen entstehen, sollten während seiner gesamten Wachstumszeit folgende Maßnahmen beachtet werden: eine gezielte Düngung auf der Grundlage einer Bodenanalyse, regelmäßige Bewässerungen sowie Schnittgut nach dem Mähen entfernen, um die Durchlüftung des Bodens nicht durch Rasenfilzbildung zu behindern

Um die Verbreitung des Pilzes zu verhindern, sollten vor dem Rasenmähen die Pilzfruchtkörper entfernt werden. Damit wird die Verbreitung des Pilzes über seine Sporen unterbunden. Allerdings stirbt er durch das Entfernen der Fruchtkörper nicht ab. Sie sollten versuchen, das gesamte Pilzgeflecht (Myzel) im Boden zu schädigen. Der betroffene Bereich kann mit einer Grabgabel bis zu einer Tiefe von 25 bis 30 Zentimeter intensiv gelockert werden. Dies sollten Sie mehrmals durchführen. Durch diese Maßnahme wird das Pilzmyzel durchstoßen. Anschließend wird stark gewässert und eine 1 bis 2 Zentimeter dicke Sandschicht auf die Fläche aufgetragen, die gründlich mit dem Rechen eingearbeitet werden muss. Achten Sie unbedingt auf eine gründliche Reinigung der Arbeitsgeräte nach getaner Arbeit, da sich sonst Reste des Pilzgeflechts im Garten verbreiten können.

Kabatina-Triebsterben

In den letzten Jahren sind viele Lebensbäume, Wacholder- oder auch Zypressengewächse einfach braun geworden, teilweise sind sie sogar abgestorben. Eine Ursache habe ich unter der Schuppenbräune (siehe S. 63) beschrieben, eine weitere Möglichkeit ist ein Pilz, der sich *Kabatina thujae* nennt. Er schafft es, einzelne Triebe vertrocknen zu lassen, sodass später ganze Zweige absterben können, auf denen sich dann im Laufe der Zeit (etwa im Mai/Juni) aus der Rinde hervorbrechende kleine, dunkle Fruchtkörper zeigen. Sie sind voll von weiteren Sporen, die sich vergnüglich in der Hecke ausbreiten. Häufig sind nur Triebenden betroffen, ganze Pflanzen werden nur sehr selten geschädigt. Oft wird der Schaden mit dem Befall der Thuja- oder auch Wacholderminiermotte verwechselt. Eine sichere Diagnose können Sie stellen, indem Sie sich die Sporenlager an den Trieben anschauen. Diese sind schwarz und nur mit der Lupe zu erkennen, auch sind sie nur auf den erkrankten, abgestorbenen Trieben auszumachen. Ursache für den Pilz können ebenso ein Frostschaden oder Lichtmangel sein. Zu wenig Nährstoffe sowie Regenwetter und ein zu dichter Stand befördern ebenso den Pilzbefall.

VORBEUGUNG UND BIOLOGISCHE BEKÄMPFUNG: Wichtig sind ein frühzeitiger Rückschnitt, ein Entfernen der Befallstellen sowie ein Auslichten der Bestände und eine Optimierung der Nährstoffversorgung. Bei einem starken Befall sollten Sie Pflanzenstärkungsmittel zum Zeitpunkt der Sporenbildung einsetzen.

Die Thuja Smaragd wird in trockenen Jahren anfälliger gegen das *Kabatina*-Triebsterben.

Bereiten Sie einen Birkentee zu wie bei der Schuppenbräune, mischen Sie ihn aber mit Acker-Schachtelhalm. Dazu 1,5 Kilogramm grüne Triebe oder 150 bis 200 Gramm getrocknetes Kraut (im Sommer gesammelt) in 10 Liter Wasser 24 Stunden einweichen. Danach 30 Minuten kochen, abgießen und 1:5 verdünnen. Mit dem Gemisch vormittags, bei möglichst sonnigem Wetter, Blätter und Erde besprühen. Präventiv regelmäßig alle zwei Wochen ab dem Frühjahr, bei Befall in kürzeren Abständen (möglichst drei Tage hintereinander behandeln).

Kiefernschütte

Kiefern werfen bei dieser Krankheit vorzeitig und umfassend ihre Nadeln ab. Die Schütte (so wird das massive Abfallen von Nadeln bezeichnet) wird durch den Pilz (*Lophodermium seditiosum*) ausgelöst, gefährdet ist besonders die Waldkiefer, vor allem jene Bäume, die noch keine zehn Jahre alt sind. Aber auch andere Kiefern können infiziert werden, so die Zirbelkiefer, die Bergkiefer und die Schwarzkiefer, wobei die ersten Symptome noch unauffällig sind: gelbe Flecken auf den Nadeln ab September. Diese werden jedoch immer größer und sehen im nächsten Frühjahr fleckig gelb- bis rotbraun aus; stark befallene Nadeln sterben ab. Auf den abgeworfenen braunen Nadeln auf dem Boden bildet der Pilz während des Sommers (Juni bis August) seine Fruchtkörper aus. Auftretende Sporen im August/September infizieren dann die neuen Nadeln. Ein einjähriger wiederkehrender Kreislauf.

VORBEUGUNG UND BIOLOGISCHE BEKÄMPFUNG: Präventiv sollten feuchte Standorte und zu dichte Pflanzungen vermieden werden. Eine ausgewogene Nährstoff- und Wasserversorgung ist wichtig. Abgefallene Nadeln sollten bis spätestens Juni entfernt werden. So kann keine Infektion von den auf dem Boden liegenden Nadeln ausgehen. Zum Zeitpunkt vor und während des Sporenflugs können Sie die Plage mit einem Meerrettichtee behandeln. Nehmen Sie dazu 500 Gramm zerkleinerte Blätter und Wurzeln auf 1 Liter Wasser. Unter Rühren

Lässt Kiefern im Sommer kahl werden – die Kiefernschütte.

aufkochen und 30 Minuten ziehen lassen. Mischen Sie den Tee auch mit Acker-Schachtelhalm: 200 Gramm frische grüne Triebe oder 15 bis 20 Gramm getrocknetes Kraut in 1 Liter Wasser 24 Stunden einweichen, aufkochen und 30 Minuten ziehen lassen. Anschließend abgießen und 1:2 verdünnt vormittags bei möglichst sonnigem Wetter die Blätter und die Erde damit besprühen. Präventiv regelmäßig alle zwei Wochen mit Frühjahrsbeginn, bei Befall in kürzeren Abständen, möglichst drei Tage hintereinander behandeln. Bitte nie in der Mittagszeit besprühen, auch Pflanzen können einen Sonnenbrand bekommen.

Kohlhernie

Nicht nur Insekten schaden dem Kohl, leider gibt es auch einen nur sehr schwer zu bekämpfenden Pilz. Die Kohlhernie ist eine gefürchtete Krankheit, die durch den Erreger *Plasmodiophora brassicae* ausgelöst wird und alle Kohlgewächse (Brassicacea) betrifft. Ist eine Kohlpflanze erkrankt, ist das daran zu erkennen, dass sie anfangs schlecht wächst und später welke Blätter bekommt, die dann schnell vergilben. Wirkt Ihr Kohl an warmen Tagen auch noch schlapp und die Blätter hängen, sollten Sie eine der Kohlpflanzen ausgraben. Schnell lässt sich der Befall er-

Der Pilz, der die Kohlhernie auslöst, überdauert als Sporen viele Jahre im Gartenbeet.

kennen, wenn die Wurzeln knollig-walzenförmig verdickt sind. Ich empfehle eine verdickte Wurzel anzuschneiden. Ist sie weiß und nicht hohl, können Sie sicher sein: Es ist die Kohlhernie.

VORBEUGUNG UND BIOLOGISCHE BEKÄMPFUNG: Damit die Kohlhernie-Krankheit erst gar nicht im Garten auftritt, sollte der Boden für Kohlpflanzen leicht sandig sei. Ein solcher trocknet schneller ab und bietet der Kohlhernie schlechte Lebensbedingungen. Nachteilig ist zudem der geringe Nährstoffgehalt von eventuellen Sandböden. Vergessen Sie also nicht das Düngen, da Kohl zu den Starkzehrern gehört. Ein weiterer wichtiger Punkt ist der pH-Wert. Dieser kann mit einem pH-Test (im Internet oder im Gartenfachhandel zu erwerben) festgestellt werden. Wenn der von Ihnen gemessene pH-Wert unter 6 liegt, sollten Sie auf jeden Fall eine Kalkung des Bodens vornehmen; die Kohlhernie hat dann fast keine Chance mehr. Eine Kalkung hat noch viele weitere positive Auswirkungen auf den Boden, dazu zählt zum Beispiel eine bessere Nährstoffverfügbarkeit.

Bei Kohlpflanzen ist die Fruchtfolge ein Punkt, der unbedingt beachtet werden muss. Unbedingt sollte ein Kohlbeet erst nach drei bis fünf Jahren wieder mit Kreuzblütlern, also Kohlgewächsen, bepflanzt werden. Außerdem gibt es Hilfsmittel, damit die Dauersporen der Kohlhernie im Boden schneller abgebaut werden. Neben einer Gründüngung (nicht mit Senf, er gehört auch zu den Kreuzblütlern) kann auch eine Humusgabe den Boden vitalisieren. Oder Mikroorganismen in flüssiger Form verwenden, diese gibt es im Fachhandel. Sie werden mit Wasser gemischt und ab einer Bodentemperatur von 10 Grad Celsius auf die Beetfläche ausgebracht. Die Mikroorganismen bauen die Sporen der Kohlhernie schneller ab. Ganz wichtig: Befallene Kohlpflanzen und Erntereste gehören in den Restmüll und dürfen nicht auf den Kompost wandern, denn dort können die Dauersporen zum Schrecken vieler Gärtner und Gärtnerinnen bis zu zehn Jahre überleben.

Eine direkte Bekämpfung der Kohlhernie mit Pflanzenstärkung ist im Garten nicht möglich. Ebenso gibt es für diese Krankheitserreger in Deutschland keine chemischen Pflanzenschutzmittel, und das ist auch gut so! Frühere Mittel gegen die Kohlhernie waren extrem schädlich für Wasserorganismen, und nicht umsonst gibt es heute keine Zulassung mehr für diese Wirkstoffe.

Eine sehr mühsame Bekämpfungsform ist das Dämpfen des Bodens: Durch die hohen Temperaturen wird der Pilz abgetötet. Diese Form des Pflanzenschutzes ist jedoch sehr energieaufwendig und zusätzlich für Hobbygärtner und -gärtnerinnen kaum umsetzbar. Deswegen ist es wichtiger, auf die Bodengesundheit zu achten.

Knospenbräune am Rhododendron

Wenn sich über den Winter die Knospen Ihres Rhododendrons braun bis schwarz verfärben und absterben, handelt es sich vermutlich um die Knospenbräune, auch Knospensterben genannt. Ein deutliches Symptom sind dunkle Härchen auf den Knospen – die Pilzfruchtkörper. Verursacht wird die Krankheit durch den Pilz *Pycnostysanus azaleae*, der wiederum von der Rhododendronzikade (*Graphocephala fennahi*) übertragen wird. Die Zikaden selbst fügen dem Rhododendron keinen großen Schaden zu. Probleme entstehen nur durch die Eiablage unter die Knospenschuppen im Herbst: Durch die kleinen Verletzungen kann der Schadpilz leicht eindringen.

Um der Knospenbräune vorzubeugen, sollten Sie rechtzeitig gegen die Zikaden vorgehen. Im Mai schlüpfen die grünlich-gelben Larven aus den abgelegten Eiern des Vorjahrs und leben vorrangig auf den Unterseiten der Blätter. Kontrollieren Sie daher regelmäßig die Blattunterseiten und verwenden Sie nur biologische Bekämpfungsmittel. Abgestorbene Knospen sollten rechtzeitig ausgebrochen und im Hausmüll entsorgt werden.

VORBEUGUNG UND BIOLOGISCHE BEKÄMPFUNG: Siehe Rhododendronzikade, S. 155 f.

Knospenbräune am Rhododendron – Zikaden sind die Übeltäter, dass die Blüte ausbleibt.

Die Kraut- und Braunfäule an Kartoffeln und Tomaten ist in regnerischen Jahren kaum zu vermeiden.

Kraut- und Braunfäule an Kartoffeln und Tomaten

Zuerst werden bei dieser Erkrankung durch einen Schadpilz namens *Phytophtora infestans* die Blattränder bräunlich, doch schon bald breiten sich auf dem ganzen Blatt braune Flecken aus. Auf der Blattunterseite wird ein grauer Pilzrasen sichtbar, die Stängel bekommen ebenfalls Flecken. Schließlich fallen die Blätter ab. Die Kartoffeln fangen an zu faulen und werden ungenießbar, ähnlich ist es bei Tomaten. Bei einem starken Befall ist die gesamte Ernte gefährdet. Die Sporen dieses Pilzes überdauern am Boden oder an den Tomatenstangen, es gibt auch eine gegenseitige Ansteckungsgefahr: Erkrankte Tomaten können Kartoffeln infizieren oder umgekehrt.

VORBEUGUNG UND BIOLOGISCHE BEKÄMPFUNG: Die Fäule kann mit verschiedenen biologischen Mitteln vorbeugend behandelt werden, etwa mit Acker-Schachtelhalm. Acker-Schachtelhalm stärkt die Pflanzen und kann grundsätzlich in jede Mixtur mit eingebracht, kann auch mit Kräutern gemeinsam ausgekocht werden. Dazu 200 Gramm frischen Acker-Schachtelhalm 24 Stunden in 2 Liter

Regenwasser einweichen und am nächsten Tag circa 15 Minuten leicht auskochen. Der Sud wird dann auf 5 Liter gestreckt und auf die Pflanzen gesprüht. Auch eine Behandlung mit Rhabarber und Meerrettichsud ist hilfreich. Dazu 500 Gramm grüne Rhabarberblätter zerkleinern und 200 Gramm Meerrettich reiben. Alles in 2 Litern Wasser etwa 15 Minuten leicht köcheln. Danach den Sud mit 3 Litern Regenwasser verdünnen und bis zur Ernte immer wieder auf die Kartoffelpflanzen sprühen. Mindestens siebenmal die Woche.

Bei einer Behandlung mit chemischen Pflanzenschutzmitteln ist zu beachten, dass Resistenzen auftreten können, das heißt, der Pilz reagiert dann nicht mehr auf die Therapie. Daher sollte besser gleich auf eine Pflanzenstärkung gesetzt werden. Ein Vorkeimen der Kartoffeln und eine resistente Sortenwahl – zu empfehlen sind ‹Alouette›, ‹Carolus›, ‹Levante›, ‹Nofy›, ‹Twinner›, ‹Twister› sowie die Drillingssorte ‹Jacky› – dämmen Ertragsverluste ein. Tomatensorten, die überhaupt nicht an der Braun- und Krautfäule erkranken können, gibt es nicht. Einige Sorten sind allerdings widerstandsfähiger, dazu gehören unter anderem ‹Philovita›, ‹De Berao›, ‹Harzfeuer›, ‹Picolino›, ‹Dasher› und ‹Phantasia›. Entfernen Sie auf jeden Fall bodennahe Blätter an Tomatenpflanzen. Kranke Pflanzenteile niemals kompostieren. Wechseln Sie weiterhin die Anbaufläche und sorgen Sie immer für eine gute Durchlüftung. So können Sie den Pilz in die Schranken weisen.

Kräuselkrankheit

Dieser Pilzerreger ist einer, der sehr auffällig in seiner Wirkung ist: Die Kräuselkrankheit (*Taphrina deformans*) wirft Bläschen an den Blättern von Pfirsich, Aprikose und Mandelbaum. Und dieses Kräuseln beginnt schon früh, direkt nach dem Austrieb. Die Blätter verfärben sich deutlich rot. Auf der Blattoberseite zeigt sich ab Mai/Juni ein weißer Belag, der für die Ausbreitung des Pilzes sorgt. Bei einem starken Befall vertrocknen die Blätter und segeln gen Boden. Auch Blütenknospen können abfallen. Der Ertrag der Ernte, man kann es sich denken, wird dadurch gemindert. Der Neuaustrieb ist zum Glück meistens gesund. Die Sporen überwintern zwischen den Zweigen und an den Knospenschuppen. Die Infektion beginnt im zeitigen Frühjahr mit dem Knospenschwellen.

VORBEUGUNG UND BIOLOGISCHE BEKÄMPFUNG: Wichtig ist ein sonniger, warmer Standort. Pfirsiche sind sehr wärmebedürftig, und bei einer Neupflanzung sollten Sie beachten, dass gelbfleischige Sorten stärker anfällig sind als weiß- oder rotfleischige. Ein Baumschnitt am einjährigen Holz verringert die Überwin-

Sie schwächt den Baum, und es gibt kleinere Früchte – die Kräuselkrankheit.

terungsmöglichkeiten des Pilzes. Befallene Blätter sollten entfernt werden, bevor der weiße Flaum sichtbar wird. Behandeln können Sie die Erreger der Kräuselkrankheit mit einem Kaltwasserauszug aus der Schafgarbe (*Achillea millefolium*). Dazu 20 Gramm getrocknetes Kraut in 5 Liter Wasser 24 Stunden einweichen. Mit einem Schuss Öl versehen, damit der Auszug besser auf den Pflanzen haftet.

Marssonina-Blattfleckenkrankheit

Feuchte und warme Sommertage sowie milde Winter begünstigen die Ausbreitung von Pilzerkrankungen an unseren Pflanzen. Eine der häufigsten Pilzerkrankungen, die in den letzten Jahren zu massiven Ernteausfällen an Walnussbäumen und erheblichen Wachstumsstörungen geführt haben, ist die Marssonina-Blattfleckenkrankheit (*Marssonina juglandis*), die durch den Pilz *Diplocarpon mali* ausgelöst wird. Wie fast jeder Pilz gedeiht diese Art besonders bei feuchtem Wetter und warmen Temperaturen.

Die Pilzkrankheit beginnt mit Veränderungen an den Blättern und den Fruchthüllen. Leicht lässt sich Marssonina mit dem Walnuss-Bakterienbrand (siehe

In feuchten Frühjahren ist die Marssonina-Blattfleckenkrankheit an Walnüssen sehr verbreitet.

S. 198 f.) verwechseln. Bei beiden Erkrankungen sind auf den Blättern und den grünen Früchten eckige, braune Flecken zu sehen. Sie werden sehr schnell größer, bis sie fast das ganze Blatt oder sogar die Nuss bedecken. Helle kleine Flecken sind in den braunen Flecken zu erkennen. Die Blattstellen wirken wie verbrannt und werden trocken. Viele Blätter fallen frühzeitig ab. Auf der Blattunterseite sieht man kleine schwarzbraune Punkte, das sind die Sporen. Sie sind meist ringförmig angeordnet. Diese Sporenansammlung zeigt sehr gut, dass es sich hier nicht um den Bakterienbrand (siehe S. 198 f.) handelt – er wird ja auch, wie der Name schon sagt, von Bakterien und nicht von Pilzen hervorgerufen.

Bei einem starken Pilzbefall greifen die Sporen nicht nur die Schale an, sondern können – vor allem bei noch jungen Früchten – in die Nuss vordringen. Eine schwarze Holzschale und befallene Nusskerne sind das schreckliche Ergebnis. Zum großen Ärger können dann auch noch Regenschauer und Wind dafür sorgen, dass die Sporen abgewaschen und verbreitet werden. Wichtig zu wissen: Bei dieser Krankheit sind ältere Blätter anfälliger als junge, da sie den Sporen mehr Nährboden bieten.

VORBEUGUNG UND BIOLOGISCHE BEKÄMPFUNG: Zuerst die schlechte Nachricht: Geeignete Pflanzenstärkungsmittel gegen die Marssonina-Blattfleckenkrankheit gibt es nicht. Zudem wäre bei der Größe der Bäume der Einsatz von Sprühmitteln technisch kaum durchführbar, denn Walnussbäume erreichen schnell eine ordentliche Höhe. Hier hilft oft nur das Wissen um die Entstehung und Ausbreitung der Marssonina-Krankheit, dann können die Erkenntnisse genutzt werden, um vorbeugende Maßnahmen zu ergreifen und um den Ausbruch so gering wie möglich zu halten. Da der Pilz auf Laub und Früchten der befallenen Bäume überwintert, sollten sofort alle Blätter und Nüsse, die befallen sind, sorgfältig vom Boden aufgesammelt werden und im Restmüll entsorgt oder verbrannt werden. Zu den vorbeugenden Maßnahmen trägt auch ein regelmäßiger Schnitt bei. Im Spätsommer werden die Zweige ausgelichtet, sodass die Luft besser zirkulieren kann.

Monilia

Abgestorbene Zweige an der Sauerkirsche, verfaulte Kirschen, Spitzendürre überhaupt bei allen Kern- und Steinobstsorten und einigen Zierhölzern – die Schadbilder unterscheiden sich zwar deutlich voneinander, als Ursache treten aber immer nah verwandte *Monilia*-Erreger auf. Die Monilia-Fruchtfäule fühlt sich an Äpfeln, Birnen und Quitten wohl, aber auch an Süß- und Sauerkirschen (besonders anfällig ist die Sorte ‹Schattenmorelle›), Zwetschgen, Renekloden und Pfirsichen. Eine kleine Verletzung der Fruchthaut ist die Eintrittskarte, beim Apfel durch das Bohrloch des Apfelwicklers oder bei Birnen durch Wespenfraß. Am Anfang zeigt sich ein brauner, faulender Fleck, der sich rasch vergrößert. Zügig bilden sich darauf kreisförmig angeordnete Sporenpolster. Hat der Pilz erst die gesamte Frucht besiedelt, sind nur noch Sporenpolster zu sehen. Gelagerte Äpfel werden schwarz (Monilia-Schwarzfäule).

Bei der Spitzendürre (Zweig-Monilia) welken befallene Blüten und benachbarte Blätter innerhalb weniger Tage. Sie fallen nicht ab, sondern bleiben vertrocknet an den Zweigen hängen. Später kommt es zum Absterben der Triebspitzen. Die Baumkrone verkahlt zusehends. Besonders anfällig für die Spitzendürre sind Süß- und Sauerkirschen sowie Aprikosen. An den abgestorbenen Zweigspit-

Bei der Monilia-Krankheit (Fruchtfäule) faulen die Früchte direkt am Baum.

zen sind gelblich-graue Sporenlager zu erkennen. Im Übergangsbereich zum gesunden Holz kann es bei Kirschen zu vermehrtem Harzfluss kommen.

Die geschilderten Krankheitssymptome werden durch die Pilze *Monilia fructigena* und *Monilia laxa* verursacht. An Quitten tritt stattdessen *Monilia linhartiana* auf. Die Pilze überwintern auf vertrockneten Fruchtmumien, die oft über den gesamten Winter im Baum verharren, oder auf vorzeitig abgefallenen Fruchtmumien und infizierten Trieben. Im Frühjahr bilden sich Sporen, diese werden bei feucht-kühler Witterung durch Insekten, Wind und Regen auf die Blüten übertragen und können dort über die Narbe, die Staubbeutel oder den Blütenboden in den Blütenstiel eindringen. Der Pilz wächst durch den Blütenstiel in den Zweig und verstopft die Leitungsbahnen. Die Nährstoffversorgung wird unterbrochen, die Triebspitzen beginnen zu welken und vertrocknen nach einigen Tagen.

Entscheidend für eine Blüteninfektion und damit auch das Ausmaß der Spitzendürre ist eine feucht-kühle Witterung während der Blüte. Wird das Frühjahr warm und trocken, verblühen die Blüten rasch, und es ist kaum Zeit für einen

Befall. Nach der Blüte besteht keine Gefahr mehr, bis die Früchte ausreifen. Die Früchte können nur über Verletzungen befallen werden und bilden dann die oben genannten Symptome aus.

VORBEUGUNG UND BIOLOGISCHE BEKÄMPFUNG: Wichtig ist es, mögliche Infektionsquellen zu reduzieren. Dazu gehört die konsequente Entfernung der Fruchtmumien von Baum und Boden sowie der Rückschnitt befallener Triebe bis ins gesunde Holz. Bei Sauerkirschen empfehle ich als Alternative für die extrem anfällige Sorte ‹Schattenmorelle› die Sorte ‹Morellenfeuer› (gerade gegen die Spitzendürre ist sie weniger empfänglich). Eine direkte Bekämpfung der Frucht-Monilia ist nicht möglich, aber Sie können Ihre Pflanzen mit einem Kaltwasserauszug aus Schafgarbe stärken: 20 Gramm getrocknetes Kraut in 5 Liter Wasser 24 Stunden einweichen. Dann direkt in die Blüte spritzen.

Narrentaschenkrankheit

Es ist schon verwunderlich, was Pilze an Kuriosem und Seltsamem auf Lager haben. Das gilt auch für den Pilz *Taphrina pruni*, der die Narrentaschenkrankheit verursacht. Den Namen hat er bekommen, weil er Zwetschgen und Pflaumen wie kleine Taschen aussehen lässt. Die infizierten Früchte bilden keinen Kern aus, so-

Die Früchte sehen aus wie kleine Taschen, wenn die Narrentaschenkrankheit sich breitgemacht hat.

mit sind sie nicht nur äußerlich, sondern auch im Innern taschenähnlich. Die Bezeichnung könnte ebenso damit zu tun haben, dass die Zwetschgen und Pflaumen anfangs sehr gut und schnell wachsen und sich erst spät verändern. Sie halten uns somit zum Narren.

Der Pilz wandert leider, von der sehr gefährdeten Hauszwetschge begibt er sich auf andere Wirtspflanzen, etwa auf die Traubenkirsche oder Aprikose. Die milden Winter in der Vergangenheit und die verregneten Frühjahre förderten seine Ausbreitung. Er überdauert im Verborgenen saprophytisch an den Trieben, das heißt, er ernährt sich von toter, abgestorbener Substanz. Vor Kälte geschützt, verstecken sich einige Sporen in den Knospenschuppen der Bäume. Im Frühjahr infiziert der Pilz die Fruchtknoten, das ist der bauchige Teil des Blütenstempels, in dem sich die Samenanlage mit den Eizellen befindet. Am besten entwickelt sich der Pilz bei Schmuddelwetter, dann kann man gut und gerne mit den flach gedrückten, oft etwas gekrümmten, 4 bis 6 Zentimeter langen schotenförmigen Zwetschgen rechnen. Die Oberfläche ist anfangs glatt und hellgrün, später runzlig, warzig und gelblich-grau bepudert. Das Fruchtfleisch bleibt grün, hart und saftlos. Statt einen Kern findet man nur einen lang gestreckten Hohlraum, die Tasche. Die Zwetschgen sind nicht giftig, schmecken aber auch nach nichts. Nach der Sporenausschleuderung schrumpfen die Früchte von der Spitze her, faulen und fallen vorzeitig ab.

VORBEUGUNG UND BIOLOGISCHE BEKÄMPFUNG: Pflücken Sie befallene Früchte frühzeitig ab, sodass keine infizierten Früchte am Baum hängen oder auf dem Boden liegen bleiben. Sorten, die weniger anfällig für die Narrentaschenkrankheit sind: ‹Wangenheims Frühzwetschge›, ‹Bühler Frühzwetschge› oder ‹President›.

Spritzungen zum Zeitpunkt der Blüte sind mit einem Knoblauch- Rhabarbertee möglich, siehe dazu die Zubereitung wie beim Falschen Mehltau (S. 24 f.).

Obstbaumkrebs

Der Übeltäter, der diese Krankheit hervorruft, ist der Pustelpilz *Neonectria ditissima*. Der Obstbaumkrebs tritt, wie der Name schon verrät, bevorzugt an Obstbäumen auf. Auf Streuobstwiesen richtet er keine so großen Schäden an, da diese Bäume selten geschnitten werden und durch die Sorten recht widerstandsfähig sind. Auch andere Laubbäume können für eine Infektion mit diesem Pilz anfällig sein, etwa Erlen (Alnus), Birken (Betula), Weißdorne (Crataegus), Buchen (Fagus), Eschen (Fraxinus), Stechpalmen (Ilex), Walnüsse (Juglans) und Pappeln (Populus). Nach der Infektion mit der Krankheit stirbt an mehreren Stellen die Rinde ab und das darunterliegende Holz wird geschädigt.

Neonectria ditissima ist ein Wundparasit, weshalb der Erreger auf Verletzungen der Rinde seiner Wirtspflanzen angewiesen ist. Frostrisse, Hagelschläge oder auch Verletzungen durch saugende oder fressende Insekten können daher eine Infektion auslösen, ebenso durch den Obstbaumschnitt verursachte Wunden. Die im Herbst nach dem Blattfall oder nach der Ernte frei liegenden Frucht- und Blattansätze sind ebenfalls Eintrittspforten. Sobald eine Spore an den beschriebenen Stellen landet, keimt sie aus und bildet sogenannte Pilzfäden, die die Rinde und das Holz des Baums durchwuchern. Erkrankungen sind das ganze Jahr über möglich, die Hauptinfektionszeit ist jedoch der Herbst, weil durch Laubfall, Ernte und Baumschnitt besonders viele kleine und große Verletzungen entstehen können.

Je nachdem, wann eine Infektion stattfand, sieht man erste Symptome nach zwei bis drei Wochen oder bei einer Infektion im Herbst erst im Frühjahr. Blassbraune Flecken, die leicht eingesunken sind, kann man dann auf der Rinde entdecken. Schnell trocknen die Stellen aus und platzen auf. Sie können das kranke Gewebe gut vom gesunden unterscheiden, da es sich klar abgrenzt.

Der Baum versucht, größere Infektionsstellen an dickeren Ästen und am Stamm wulstartig mit neuer Rinde zu überwallen. Manchmal sind ganze Jungbäume betroffen, die dann nicht mehr zu retten sind. An älteren Bäumen sind eher einzelne Äste betroffen. Durch das befallene Gewebe wird die Nährstoff- und Wasserversorgung unterbrochen. Die Folge ist, dass die Zweige und Äste oberhalb der größeren Wunden verkümmern. Auch kommt es dann zu kleineren Früchten.

Obstbaumkrebs ist mal mehr, mal weniger akut, darum achten Sie auf widerstandsfähige Sorten. Ich kenne jedoch beispielsweise keine Apfelsorte mit einer vollständigen Resistenz gegenüber Obstbaumkrebs. Anfällige Apfelbaum-Sorten sind ‹Cox Orange›, ‹Gala›, ‹Braeburn›, ‹Idared›, ‹Klarapfel› oder ‹Oldenburg›, als widerstandsfähig gelten zum Beispiel ‹Topaz›, ‹Boskoop› oder ‹Pinova›.

VORBEUGUNG UND BIOLOGISCHE BEKÄMPFUNG: Fachgerechte Schnittarbeiten an Obstbäumen sind besonders wichtig, da die hierbei entstehenden Verletzungen wichtige Eintrittspforten für den Erreger sind. Am besten schneiden Sie Ihre Obstbäume bei trockener Witterung, dann ist die Wahrscheinlichkeit, dass die Sporen auskeimen können, sehr gering. Achten Sie darauf, dass Ihre Bäume keine Stress- und Frostrisse bekommen. Ein frühzeitiger Weißanstrich im Herbst verhindert derartige Schäden.

Hat ein Obstbaum Krebs, ist unbedingt mit sauberen Werkzeugen zu arbeiten.

Düngen Sie Ihre Jungbäume nicht zu stark mit Stickstoff, das kann auch zu Baumkrebs führen. Achten Sie auf die Bodenqualität, denn Staunässe fördert die Anfälligkeit für den Pilz. Beim Pflanzen geben Sie Kompost und Sand mit ins Pflanzloch, das dient der Pflanzengesundheit.

Eine regelmäßige Kontrolle ihrer Obstbäume auf Obstbaumkrebs ist sehr zu empfehlen, um eine Ausbreitung zu verhindern. Stellen Sie einen Befall fest, schneiden Sie die kranken Äste so schnell wie möglich bis in das gesunde Holz zurück. Das Schnittgut geht nicht auf den Kompost, verbrennen Sie die Äste, wenn möglich. Die Erreger werden durch Wind und Regen verbreitet und infizieren dadurch andere Bäume. Desinfizieren Sie nach den Schnittarbeiten alle verwendeten Werkzeuge, bevor Sie diese wieder benutzen. Am besten entfernen Sie die kranken Pflanzenteile mit Beginn der Blüte. So können sich die Wunden durch das Wachstum schnell schließen. Eine Behandlung mit Buchenteer hat gleichzeitig eine desinfizierende Wirkung.

Pythium

Pythium ist ein Eipilz, er verursacht bei Pflanzen Wurzelfäule und Schwarzbeinigkeit, die Ursache ist zu viel Feuchtigkeit im Boden. Oft tritt der Pilz in der kühlen Jahreszeit an Zimmerpflanzen auf, wenn die Lichtausbeute gering ist und durch reichlich Gießen der Sauerstoffgehalt in der Erde sinkt. Er hat seine Heimat nur im Boden, die betroffenen Pflanzen wachsen dann schwach, welken und vergilben, die Wurzeln werden weich und faulen, die Rinde der Wurzeln löst sich. Blumenzwiebeln werden weich und wässrig. Ganze Sämlinge kippen um und verfaulen. Auch Stecklinge können am Grund schwarz werden. Übertragen wird der Pilz durch totes Pflanzenmaterial (davon ernährt er sich), Komposterden, gebrauchte Töpfe und Pflanzcontainer. Mit seinen dickwandigen Sporen kann der Pilz mehrere Jahre überleben.

VORBEUGUNG UND BIOLOGISCHE BEKÄMPFUNG: Unbedingt auf die Wasserversorgung achten und Pflanzen regelmäßig durchtrocknen lassen. Im trockenen Boden kann der Pilz nämlich nicht überleben. Verwenden Sie nur gute Qualitätserde. Gebrauchte Blumentöpfe mit 60 Grad (mindestens) heißem Wasser abwaschen. Noch besser: desinfizieren. Regelmäßig sollten Sie auch den Düngergehalt und den pH-Wert kontrollieren. Bei akutem Befall gibt es leider keine andere Möglichkeit, als die Wasserzufuhr zu stoppen. Und zu hoffen, dass es noch nicht zu spät ist.

Pythium ist ein Eipilz, er greift Wurzeln an und lässt Pflanzen absterben.

Rindenfleckenkrankheit an Rosen

Nicht nur die Blätter der Rosen können durch Pilze geschädigt werden. Recht häufig tritt an den Trieben der Pilz *Coniothyrium wernsdorffiae* auf, meist als Rindenflecken- oder Brandfleckenkrankheit bezeichnet. Erkennbar ist sie an rötlich gefärbten Flecken in der Nähe der Augen, diese vergrößern sich schnell und werden im Inneren großflächig hellbraun, sodass im weiteren Verlauf nur noch ein rötlicher bis lilafarbener Rand verbleibt. Es ist ein recht auffälliges Schadbild. Die austretenden Sporen werden über Wind und Spritzwasser verbreitet. An der Befallstelle trocknet die Rinde ein, die Ränder wölben sich auf, und die Rinde reißt. Umfasst die Befallstelle den gesamten Trieb, stirbt er ab. Der Befall kann sich auch nach unten weiter ausbreiten und so den Wurzelhals erreichen und die ganze Pflanze schädigen.

Gefördert wird der Pilz durch ein schlechtes Ausreifen des Holzes (bedingt durch eine erhöhte Stickstoffdüngung), mechanische Verletzungen (abgebrochene Dornen, Rückschnitt), Insekten- oder Frostschäden. Der Name «Brandfleckenkrankheit» hat damit zu tun, dass sich meist nach dem Winter an den Trieben schwarze Flecken zeigen. Gefördert werden sie durch ein zu frühes oder zu dichtes Abdecken und ein zu spätes Entfernen des Winterschutzes. Auch ein Triebsterben mit teils krebsartigen Wucherungen ist bekannt.

VORBEUGUNG UND BIOLOGISCHE BEKÄMPFUNG: Befallene Triebe sollten bis ins gesunde Holz zurückgeschnitten werden, und vermeiden Sie auf jeden Fall späte Düngergaben (Stickstoff) im Herbst. Die Triebe sollten bis zum Spätherbst ausgereift sein. Abgehärtet werden Rosen durch eine richtige und frühe Düngergabe.

Eine Behandlung in allen Stadien ist mit einem Tee aus Schafgarbe möglich. Sammeln Sie dazu grüne Pflanzenteile der Schafgarbe im Sommer. 150 bis 200 Gramm frisches oder 15 bis 20 Gramm getrocknetes Kraut lassen Sie in 1 Liter kaltem Wasser 24 Stunden einweichen. Sie können aber auch Acker-Schachtelhalm nehmen oder daruntermischen, diesen aber in gleicher Menge aufkochen und ziehen lassen. Mit diesem Gemisch sollten Sie Ihre Rosen regelmäßig einsprühen. Knoblauch kann ebenfalls nicht schaden.

Gut zu erkennen ist die Rindenfleckenkrankheit an Rosen an dunkleren Flecken der Rinde.

Rost und Rosenrost sind weit verbreitet an unseren Rosen.

Rost und Rosenrost

Rost ist neben Rußtau und Mehltau eine häufige und lästige Rosenkrankheit, ausgelöst durch den Pilz *Phragmidium mucronatum*. Bei diesem Erreger bilden sich auf der Blattoberseite braune bis schwarze Flecken mit unregelmäßig gezackten Rändern. Oft sind schwarze Mini-Fruchtkörper auf der Blattoberfläche zu erkennen. Mit den Fruchtkörpern breitet sich der Pilz, ein Schlauchpilz, weiter auf der Pflanze aus. Blätter vergilben und fallen schnell ab. Durch die fehlenden Blätter kann die Pflanze weniger Reservestoffe einlagern und wird dadurch im Winter noch mehr geschwächt. Die Sporen vom Rosenrost überwintern an der Pflanze, es sind Dauersporen. Mit dem Wind gelangen diese Sporen auf andere Pflanzen, wo sie bei ausreichender Feuchtigkeit auf der Blattoberfläche rasch keimen und weitere Sporenlager bilden. Mit dem Falllaub gelangen die Sporen auch in den Boden und können bei starkem Regen nach oben spritzen

VORBEUGUNG UND BIOLOGISCHE BEKÄMPFUNG: Für eine gute Durchlüftung sorgen, Rosen möchten den Wind spüren. Befallene Blätter unbedingt absammeln. Die Pflanzen nicht mit zu viel Stickstoff düngen, das heißt: keinen Blaudünger verwenden, besser organischen Dünger mit Kali.

Präventiv empfehle ich einen Tee aus Acker-Schachtelhalm, Knoblauch und Zwiebeln. Dazu grüne Pflanzenteile des Schachtelhalms sammeln. Für den Tee 150 bis 200 Gramm frisches oder 15 bis 20 Gramm getrocknetes Kraut in 2 Liter Wasser geben, 24 Stunden einweichen, danach mit 1 großen Knoblauchknolle und 3 Zwiebeln kurz aufkochen und 30 Minuten ziehen lassen. Durch ein Sieb abgießen. Das Konzentrat kann auf 5 Liter verdünnt werden. Am besten vormittags, bei möglichst sonnigem Wetter, Blätter und Zweige einsprühen – vorbeugend im Frühjahr jede Woche, später dann alle zwei Wochen.

Roter Brenner am Wein

Die Krankheit Roter Brenner wird durch den Pilz *Pseudopezicula tracheiphila* verursacht. Sie tritt oft nach häufigen Regenfällen im April und Mai auf und befällt Triebe und Blätter, meistens im unteren Bereich der Pflanze. Der Pilz besiedelt die Blattadern und führt zu gelblichen (bei Weißweinsorten) oder roten (bei Rotweinsorten) Verfärbungen, die scharf von den Hauptblattadern begrenzt sind. Später verdorren die befallenen Blattpartien. Bei starkem Befall fallen die Blätter frühzeitig ab. Infizierte Trauben weisen kleine schwarze Punkte auf. Die Krank-

Über die Jahre tritt der Rote Brenner am Wein immer massiver auf.

heit tritt nicht abrupt auf, sondern baut sich über mehrere Jahre auf. Sie tritt vor allem in trockenen, warmen Lagen auf, insbesondere auf steinigen und humusarmen Böden. Das sind in Deutschland hauptsächlich die Weinanbaugebiete Baden, Franken, Nahe und Ahr. In Extremfällen und ohne Gegenmaßnahmen kann sich der Befall auf das gesamte Laub ausdehnen, dann können bis zu über 70 Prozent Ertragsausfall entstehen.

Der Pilz überwintert an den Blättern, die am Boden liegen, er kann so mehrere Jahre ohne Infektion überdauern. Im Verlauf des Frühjahrs entwickelt er bei guter Bodendurchfeuchtung und Temperaturen über 10 Grad Celsius Fruchtkörper, die von April bis Juli bei feuchter Witterung (10 bis 15 Millimeter Niederschlag und mindestens 13 Grad Celsius) Sporen ausschleudern, die junge Pflanzenteile infizieren. Die Sporen werden nur nach Niederschlägen freigesetzt.

Die Spore keimt auf dem Blatt und dringt an jeder beliebigen Stelle aktiv in das Blatt ein (Wasser und Spaltöffnungen sind nicht notwendig). Die Infektion ist zwischen 5 Grad und 25 Grad Celsius möglich. Nach der Infektion wächst der Pilz in den Leitungsbahnen und verstopft diese. Die Inkubationszeit beträgt zwei bis drei Wochen, das Temperaturoptimum liegt bei 18 Grad bis 20 Grad Celsius.

VORBEUGUNG UND BIOLOGISCHE BEKÄMPFUNG: Die Beseitigung der befallenen Blätter kann das Sporenpotenzial im Folgejahr stark reduzieren. Bei geringem Befall können die wenigen betroffenen Blätter beim Auftreten erster Symptome entfernt und entsorgt werden. Bei stärkerem Auftreten ist das nicht mehr umsetzbar.

Eine Förderung des Bodenlebens und insbesondere der Regenwurmaktivität kann den Abbau der infektiösen Blätter über den Winter verbessern. Um die Widerstandkraft der Rebe durch ausreichende Düngung und Bodenverbesserung zu erhöhen, sind Pflanzenstärkungsmittel auf der Basis schwefelsaurer Tonerde und mit Siliziumquellen (Schachtelhalmextrakt) hilfreich, sie erschweren dem Pilz das Eindringen durch die gesunde Pflanzenoberfläche. Die Mittel müssen vorbeugend und wiederholt gespritzt werden.

Rotpustelkrankheit

Die Rotpustelkrankheit wird von einem Pilz namens *Nectria cinnabarina* verursacht, ganz einfach zu erkennen an den orangefarbenen stecknadelkopfgroßen Pusteln auf Ästen und Zweigen. Der Pilz befällt hauptsächlich Laub- und Obstbäume, dabei sind Ahorn-Arten besonders anfällig. Beerenobst wie Himbeere,

Johannisbeere und Stachelbeere können ebenfalls befallen werden. Die Krankheit sehen Sie oft auf abgestorbenen Holzteilen, was aber nicht bedeutet, dass er vollkommen harmlos ist. Das ist er wahrlich nicht. *Nectria cinnabarina* gehört zu den Schwächepilzen, er kann jungen Bäumen, die unter Wassermangel leiden, den Garaus machen. Vielleicht haben Sie diesen Pilz auch schon an Ihrem Brennholz gesichtet, denn dort verbreitet er sich sehr gern, vor allem, wenn das Holz lange auf der Erde lagert. Er ist ein Wundparasit, denn er greift vom totem auf das gesunde Gewebe über und richtet damit großen Schaden an. Wunden dienen ihm als Eintrittspforten, die beispielsweise bei Baumschnittarbeiten oder anderweitig entstanden sind. Ist er erstmals erfolgreich in die Pflanze eingedrungen, breitet er sich temporeich über die Leitungsbahnen aus. Dabei werden giftig wirkende Mykotoxine abgesondert, sie sorgen dafür, dass die Leitbahnen verstopfen und Äste und Zweige absterben. Bei sehr starkem Befall kann sogar die komplette Pflanze brechen und sterben. Der Pilz ist von seiner Lebensweise her abhängig von der

Sind Äste von der Rotpustelkrankheit befallen, sollten sie abgeschnitten und idealerweise verbrannt werden.

Feuchtigkeit im Holz. Je feuchter das Holz, desto schwieriger hat es der Pilz; bei manchen Pilzerkrankungen ist es andersherum.

VORBEUGUNG UND BIOLOGISCHE BEKÄMPFUNG: Am besten immer gesunde und widerstandsfähige beziehungsweise resistente Sorten wählen (lassen Sie sich in einer Baumschule beraten). Gehölze mit Wurzelballen oder im Container sind weniger anfällig als wurzelnackte Pflanzen, denn das Austrocknen der jungen, empfindlichen Wurzeln erleichtert eine Infektion. Neue Gehölze sollten Sie schnell pflanzen und gründlich wässern. Eine gute Bodenvorbereitung ist ebenfalls wichtig, da Bodenverdichtung und Staunässe die Gefahr einer Rotpustelkrankheit erhöhen.

Achten Sie beim Gehölzschnitt auf glatte, saubere Schnittwunden. Schneiden Sie Ihre Gehölze bevorzugt nach der Ernte oder im Spätsommer bei trockener Witterung. Im Winter kann es durch den Schnitt zu Frostschäden kommen, was wiederum eine Infektion begünstigt. Bei allen Schnittarbeiten sind scharfe und desinfizierte Werkzeuge wichtig, damit möglichst kleine und glatte Wundflächen entstehen. Bei größeren Schnittflächen versorgen Sie die Wunden mit einem geeigneten Wundverschlussmittel, am besten mit einem auf Naturharzbasis.

Gesunde Pflanzen benötigen eine optimale Nährstoffversorgung. Düngen Sie regelmäßig mit einer Extraportion Kali und vermeiden Sie zu hohe Stickstoffgaben. Regelmäßige Brennnesseljauche (siehe S. 234 f.) ist meine Empfehlung.

Vom Rotpustelpilz befallenes Holz sollte umgehend großherzig herausgeschnitten werden. Schneiden Sie immer bis ins gesunde Holz, um sicherzugehen, dass der Pilz entfernt ist. Die kranken Äste und Zweige sollten umgehend verbrannt oder im Hausmüll entsorgt werden.

Rotspitzigkeit

Hinter der Rotspitzigkeit verbirgt sich ein Pilz, er befällt besonders gern Gräser wie Deutsches Weidegras (*Lolium perenne*), Horst-Rot-Schwingel (*Festuca rubra*) sowie Rotes Straußgras (*Agrostis capillaris*) und Wiesenrispe (*Poa pratensis*), alles Arten für bestimmte Zierrasen. Verursacher der Krankheit ist der Pilz *Laetisaria fuciformis*, oft als *Corticium fuciforme* bezeichnet. Rotspitzigkeit ist meistens nur ein optisches Problem, die Gräser sterben nur in seltenen Fällen ab.

Das Schadbild zeigt unregelmäßig geformte, hellgelbliche bis rötliche, bis zu 5 Zentimeter große Flecken im Rasen. Die Erreger befallen die Halmflächen, die Halmspitzen können dabei absterben. Der kranke Bereich kann bis zur Pflanzenbasis wandern. Bei schnell wachsendem Rasen können die Flecken auch wieder verschwinden. Aber wenn der Rasen geschwächt ist, langsam wächst oder durch Hitze oder andere Faktoren gestresst ist, werden die Flecken größer und laufen ineinander über. Die Halme an den betroffenen Stellen sind nicht einheitlich verfärbt, es gibt dazwischen auch immer noch unbeschädigte Halme, sodass die Flecken unregelmäßig aussehen. An befallenen Halmen sieht man vor allem bei feuchter Witterung oder im Morgentau die namensgebenden rötlichen Gebilde, die 1 bis maximal 2 Zentimeter weit aus ihnen wachsen. Bei gleichbleibend feuchtem Wetter scheinen zudem rosafarbene Wattebäusche zwischen ihnen zu kleben – das ist das Myzel der Pilze. Bei genauem Hinsehen lässt sich die Rotspitzigkeit erkennen.

Die Krankheit tritt von Juni bis Oktober bei feuchtem Wetter und Temperaturen von 15 bis 20 Grad Celsius auf. Bei trockener Witterung, leichtem Befall und regelmäßiger Düngung verschwindet die Rasenkrankheit oft von selbst und

Eine typische Rasenkrankheit – Rotspitzigkeit.

bricht nicht wieder aus. Ist das Wetter ungünstig, überdauert die Rotspitzigkeit allerdings als Dauerspore auf infizierten Halmen. Die Krankheit breitet sich mit dem Wind, mit Wasser oder beim Rasenmähen aus. Der Schwächepilz liebt hungrigen, schlecht mit Stickstoff versorgten Rasen, der idealerweise auch noch zu tief gemäht wird.

VORBEUGUNG UND BIOLOGISCHE BEKÄMPFUNG: Da es bei dieser Krankheit nichts zum Spritzen oder Gießen gibt, harken Sie die von Rotspitzigkeit befallenen Stellen zunächst aus oder entfernen Sie den dort vorhandenen Rasenfilz mit dem Vertikutierer. Wenn Sie dem Rasen lange keinen Dünger mehr gegönnt haben, streuen Sie mineralischen Rasendünger, der hilft den Halmen schnell wieder auf die Beine. Bei Bedarf säen Sie bei den entstandenen Kahlstellen nach. Dafür rauen Sie den Boden leicht auf und verteilen einen Mix aus Blumenerde und hochwertigem Grassamen. Verwenden Sie vorbeugend Regel-Saatgutmischungen (RSM) und achten Sie außerdem darauf, dass die Rasenmähermesser scharf sind.

Rußtau

Rußtau (Schwärzepilze) siedelt sich gerne an Zimmerpflanzen an, die Besuch von jedweder Art von Läusen haben, denn oft wurden an den Blättern Zucker oder Honigtau von den Tierchen ausgeschieden – der perfekte Nährboden für die

Die Ursache für den Rußtau sind saugende Insekten an den Pflanzen.

Schwärzepilze. Der Name ist nicht grundlos gewählt, denn diese Pilze bilden auf den Blättern schwarze Flecken. Dieser Schaden könnte vielleicht noch verkraftet werden, wenn er sich nicht weiterverbreiten und so die Fotosynthese der Pflanzen stark einschränken würde, die Stoff- und Energieumwandlung in den Zellen.

VORBEUGUNG UND BIOLOGISCHE BEKÄMPFUNG: Bei einem Rußtau-Befall können die Blätter mit einer Seifenlauge abgewischt werden, auch Orangenöl aus dem Fachmarkt hat eine reinigende Wirkung, da die Sporen durch das Öl austrocknen und absterben. Nur so ist Rettung möglich. Stark befallene Blätter sollten entfernt werden. Grundsätzlich sollten aber vorrangig die Läuse (siehe S. 252) bekämpft werden.

Rutensterben bei Himbeeren

Die Schaderreger beim Himbeerrutensterben (*Xenodidymella applanata*) sind verschiedene Pilze (*Didymella applanata*, *Leptosphaeria coniothyrium*, *Botrytis cinerea*). Sie sind mit dem bloßen Auge nur schwer auszumachen, jedoch ist der Schaden umso mehr nicht zu übersehen. Auf den Trieben der Himbeeren (*Rubus idaeus*) zeigen sich bei dieser Krankheit während der Sommermonate bläulich-

Ein frühzeitiger Rückschnitt vom Rutensterben befallener Himbeerruten kann helfen.

braune Flecken, die sich bald vergrößern, ineinanderfließen und die Triebe immer mehr bedecken. Sobald die Triebe ausreifen und verholzen, färben sich die Flecken weißlich-grau. Schließlich sterben die Triebe allmählich ab, die Flecken platzen auf, und die Rinde löst sich. In den Flecken befinden sich kleine, schwarze Kapseln, in denen der Pilz seine Sporen bildet, die dafür sorgen, dass die Erreger sich verbreiten und andere gesunde Triebe befallen können.

VORBEUGUNG UND BIOLOGISCHE BEKÄMPFUNG: Himbeeren gehören zu den Waldpflanzen und lieben daher einen leicht sauren Boden mit einem pH-Wert von 5 bis 5,5 und eine windgeschützte Lage. Eine Mulchdecke aus Rinde unter den Pflanzen hält den Boden feucht. Verletzungen der Rinde sollten Sie vermeiden. Am besten sollten Sie unmittelbar nach der Ernte die Triebe, die getragen haben, bodennah abschneiden. Ich empfehle regelmäßige Spritzungen mit Acker-Schachtelhalm und Brennnessel (*Urtica*). Dazu 200 Gramm Acker-Schachtelhalm und 500 Gramm Brennnessel mit 5 Liter kochendem Wasser übergießen und 24 Stunden ziehen lassen. Danach absieben und die Pflanzen tropfnass einsprühen. Auch sollten erkrankte Triebe sofort herausgeschnitten und entsorgt werden.

Schneeschimmel

In kalten und schneereichen Winterperioden kann die Rasenkrankheit Schneeschimmel (*Microdochium nivale*) starke Schäden auf Rasenflächen verursachen. Schneeschimmel ist aber keine reine Winterkrankheit, wie oft angenommen wird, da bei kühler und feuchter Witterung ein Befall fast über das gesamte Jahr erfolgen kann. Nur bei Temperaturen über 20 Grad Celsius beziehungsweise unter 0 Grad findet kein Befall statt. Nicht verwechselt werden darf der Schneeschimmel mit dem Grauen Schneeschimmel (*Typhula incarnata*), der sich nur unter einer geschlossenen Schneedecke bilden kann.

Im Winter treten beide Krankheiten häufig gemeinsam auf, sodass nach der Schneeschmelze eine genaue Identifizierung des Schadbilds nicht immer leicht ist. Schneeschimmel ist eine Nassfäule. Sie befällt nur die Blätter der Gräser. Zu Beginn der Infektion zeigen sich runde, circa 5 Zentimeter große, graubraune, schleimige, leicht abgesunkene Flecken in der Rasenfläche, die im weiteren Verlauf der Infektion auf bis zu 30 Zentimeter heranwachsen können. Die Schadstellen gehen später ineinander über. Das Myzel zeigt sich in den Rasenflächen bei starkem Befall häufig watteartig grau bis weiß.

Vom Schneeschimmel können nahezu alle Rasengräser befallen werden, seine Dauersporen können das ganze Jahr in der Filzschicht ausharren. Ein beginnender aktiver Befall kann sich deshalb unbesehen in der Filzschicht entwickeln. Bei günstigen Witterungsbedingungen mit hoher Luftfeuchtigkeit und Temperaturen zwischen 0 bis 10 Grad Celsius können die aktiven Sporen innerhalb von wenigen Stunden die ersten Blätter befallen, sie können aber auch durch den Rasenmäher oder das Betreten des gesamten Rasens um sich greifen. Die grauen oder pinkfarbenen Sporen (Konidien) breiten sich über Wassertropfen auf den Blättern aus. Da es sich bei dem Schneeschimmel um eine Blattkrankheit handelt, werden der Vegetationspunkt, der Stiel und die Wurzel der Pflanze nicht befallen. In Verbindung mit Schäden unter einer geschlossenen Schneedecke kann es zu einem Totalausfall der befallenen Rasengräser kommen.

VORBEUGUNG UND BIOLOGISCHE BEKÄMPFUNG: Hilfreich ist ein intensives Vertikutieren nach dem Winter zur Beseitigung der infizierten Pflanzenteile, während der Rasensaison ist ein wiederholendes Vertikutieren oder Auskämmen zur Filzreduzierung zu empfehlen. Um Staunässe zu verhindern, kann regelmäßig

Schneeschimmel tritt nach dem Winter auf, wenn im Herbst zu viel gedüngt wurde.

gesandet werden, und ab Anfang November nicht mehr zu tief mähen. Neben dem Mechanischen kann auch biologisch etwas getan werden, etwa: in den Herbstmonaten nicht mehr kalken. In den Herbstmonaten auch nicht mehr den Rasen mit Mengen von Stickstoff düngen, stattdessen eisenhaltige Produkte zugeben und während der Wintermonate eine ausreichende Kali-, Magnesium- und Manganversorgung gewährleisten. Der Einsatz von Bodenhilfsstoffen und Pflanzenstärkungsmitteln, zum Beispiel ein Acker-Schachtelhalmtee (siehe S. 22, 37), sorgt für gesündere, stabilere Gräser.

Schimmel auf der Blumenerde

Ein weißer Belag zeigt sich auf der Blumenerde? Erst einmal sollten Sie überprüfen, ob es sich hier wirklich um Schimmel handelt, denn sollten Sie mit sehr hartem Wasser Ihre Pflanzen gießen, kann es sich hier auch um Ablagerungen von Kalk oder anderen Mineralien (Dünger) handeln. Kratzen Sie, um das heraus-

Ein weißlicher Belag auf der Blumenerde kann auf Schimmel hinweisen, es können aber auch Kalkablagerungen sein.

zufinden, ein wenig von dem Belag ab: Ist dieser weich, ist es ein Pilzrasen, sollte er aber hart und krümelig sein, sind es mineralische Ablagerungen, die einfach untergegraben werden können. Bei der Diagnose Pilzrasen sollten Sie jedoch die betroffenen Pflanzen am besten ins Freie bringen, sie aus dem Topf nehmen, die verschimmelte Erde entfernen, den Topf mit heißem Wasser waschen und die Pflanze mit frischer Blumenerde erneut eintopfen. Anschließend die Oberfläche der Erde möglichst trocken halten, immer wieder auflockern und sparsam gießen. Eine Sandschicht auf der Oberfläche kann helfen, da eine solche rasch abtrocknet – und nebenbei können sich keine weiteren Sporen verbreiten. Ideal wäre es, die Pflanze von unten zu wässern, doch dabei wäre darauf zu achten, dass sie nicht dauernd «nasse Füße» bekommt: Gefahr von Staunässe. Das Gießen mit Kamillentee wirkt desinfizierend und kann unter Umständen helfen. Dazu nehmen Sie 2 bis 3 Teebeutel Kamillentee auf 1 Liter kochendes Wasser. 3 bis 4 Stunden ziehen lassen, abgekühlt können Sie damit die schimmelnde Blumenerde wöchentlich durchdringend besprühen – bis der Schimmel nicht mehr zu sehen ist. Wichtig: Bei Menschen mit chronischen oder allergischen Atemwegserkrankungen können die Schimmelsporen Asthmaanfälle auslösen.

Schrotschusskrankheit

Der Erreger der Schrotschusskrankheit tritt an den Blättern von Süß- und Sauerkirsche, Pflaume, Pfirsich oder Mirabelle auf, aber auch an Ziergehölzen wie zum Beispiel Kirschlorbeer. Dabei entstehen kleine rundliche bis ovale dunkelrote, gar braune Flecken. Das befallene Blattgewebe stirbt kreisrund ab und fällt heraus – die Blätter bekommen Löcher. Das sieht dann so aus, als ob jemand voller Wut mit Schrot in die Büsche oder Bäume geschossen hätte. Daher der Name Schrotschusskrankheit.

Bei Steinobstbäumen kann diese Krankheit viel Schaden anrichten, die Blätter können insgesamt vorzeitig abfallen, selbst die Früchte bleiben oft nicht verschont, erkranken, sodass der Ernteausfall erheblich sein kann. Verursacher für dieses löcherige Dilemma ist der Pilz *Stigmina carpophila*. Er überwintert mit seinen Sporen an erkrankten Trieben und Zweigen, bevorzugt aber ebenso die ausgestanzten Löcher. Zudem macht er sich vorwiegend an junge Blätter ran, denn die älteren sind wesentlich widerstandsfähiger. In verregneten Frühjahren tritt die Schrotschusskrankheit vermehrt auf, da viel Feuchtigkeit ihre Verbreitung begünstigt.

Die durchlöcherten Blätter sehen bei der Schrotschusskrankheit aus, als ob jemand wild um sich geschossen hätte.

VORBEUGUNG UND BIOLOGISCHE BEKÄMPFUNG: Beim Sichtbarwerden dieser heimtückischen Blattflecken sollten Sie die jungen Triebe zurückschneiden. Ist das Frühjahr ziemlich nass, können Sie Ihre Bäume oder Sträucher präventiv mit einem Tee aus Meerrettich behandeln: Dazu nehmen Sie 200 Gramm frische zerkleinerte Meerrettichwurzeln (am besten im Spätsommer geerntet) oder 20 Gramm getrocknete auf 1 Liter Wasser. Unterrühren, aufkochen und dann 20 bis 30 Minuten ziehen lassen. Anschließend in eine oder zwei Flaschen abfüllen und den Tee 1:5 verdünnt auf die Blätter sprühen.

Schuppenbräune

Die Schuppenbräune (*Didymascella thujina*) ist eine Pilzkrankheit, die auf Thuja-Sorten spezialisiert ist. Erste Anzeichnen zeigen sich im Frühjahr, besonders im unteren Bereich der Lebensbäume, durch einzelne, später dann auch mehrere bräunliche Schuppenblätter an Vorjahrstrieben. Bei einem wiederholt starken Befall können die Triebe vertrocknen und absterben. Der Pilz überwintert in den befallenen Blattschuppen. Ab Mai bilden sich auf ihnen rundliche bis ovale olivbraune Fruchtkörper, die erst gelbbraun, später dunkelbraun und kissenartig erscheinen. Die bräunlichen reifen Sporen werden von den Fruchtkörpern abgegeben und infizieren die jungen Triebe – besonders bei feuchtem Wetter. Die Bildung und Abgabe der Sporen erfolgen äußerst produktiv, und zwar das ganze Jahr über. Frisch gepflanzte Hecken oder im Schatten stehende Althecken sind anfällig; ältere frei stehende Exemplare deutlich weniger.

VORBEUGUNG UND BIOLOGISCHE BEKÄMPFUNG: Die Schuppenbräune der Thuja wird durch Feuchtigkeit und einen schlecht belüfteten Standort be-

Starke Pflanzen können die Pilzkrankheit Schuppenbräune ohne großen Schaden überstehen.

günstigt. Befallene Triebe sind frühzeitig herauszuschneiden. Der Standort der Pflanzen sollte optimiert werden, so kann ein Bodenaktivator, ein pflanzenstärkender Heubazillus, helfen, die Hecken widerstandfähig zu machen. Zudem die Nadeln mit einem Koniferenfluid besprühen und einen Blattdünger benutzen.

Für einen Tee nehmen Sie Birke: Dazu 100 Gramm grüne frische Blätter auf 1 Liter Wasser geben. 24 Stunden ziehen lassen, danach kurz aufkochen, wieder eine Weile ziehen lassen. Im Verhältnis 1:5 verdünnt die Heckenpflanzen vorbeugend besprühen.

Spitzendürre *(siehe: Monilia)*

Sprühfleckenkrankheit

Ist das Frühjahr sehr verregnet, leiden besonders die Kirschbäume. Viele bekommen dann die Schrotschusskrankheit, die Monilia-Fruchtfäule oder eben die Sprühfleckenkrankheit (*Blumeriella jaapii*). Schnell zu erkennen sind ihre Erreger auf der Blattoberseite: fein verteilte, kleine rotbraune Flecken. Manchmal treten diese schon Anfang Mai auf. Auf der Blattunterseite haben sich aber ebenfalls kleine Flecken eingenistet, die mit weißen Sporen bedeckt sind. Bei Regenwetter sind diese schleimig, bei Trockenheit haben sie Ähnlichkeiten mit weißen Sprühflecken (daher der Name). Die Infektion erfolgt über Spaltöffnungen im Blatt; schnell werden benachbarte Blätter und Bäume befallen (meist im unteren Bereich, weil hier die Feuchtigkeit am größten ist). Bei einer starken Infektion kann es ähnlich aussehen wie bei der Schrotschusskrankheit und ihren Löchern. Die Blätter werden gelb und fallen ab, in manchen Jahren sind im Juli die Bäume völlig kahl. Die Kirschernte fällt dann ins Wasser. Bei wiederholter Infektion können ganze Bäume absterben. Die Pilze überwintern im Falllaub.

VORBEUGUNG UND BIOLOGISCHE BEKÄMPFUNG: Ein fachgerechter Kirschbaumschnitt mit einem lockeren Kronenaufbau ist ratsam. Kirschbäume sollten grundsätzlich nicht zu dicht gepflanzt werden. Die wichtigste Maßnahme ist aber das Entsorgen des Falllaubs, doch nicht auf den heimischen Kompost, weil dort die Sporen meistens überdauern. Also ab zum Entsorgungszentrum. Eine Behandlung gleich beim Austrieb kann wie bei der Schrotschusskrankheit erfolgen (siehe S. 61).

Der Name verrät es: Bei der Sprühfleckenkrankheit sind gleichmäßig verteilte Flecken an den Blättern zu erkennen, sie sehen wie aufgesprüht aus.

Sternrußtau

Die Erreger – ein Schlauchpilz – von Sternrußtau (*Diplocarpon rosae*) befallen vielfach Rosen, aber auch Lorbeer oder Oleander. Auf der Blattoberseite bilden sich anfangs kleine, später größer werdende, braune bis schwarze Flecken mit unregelmäßig gezackten Rändern. Diese schwarzen Mini-Fruchtkörper sind ungleichmäßig verteilt oder in Kreisen angeordnet. Mit den Fruchtkörpern breitet sich der Pilz weiter auf der Pflanze aus, die Fruchtkörper selbst werden durch Spritzwasser, Werkzeuge oder Insekten vermehrt. Auf allen grünen Pflanzenteilen können diese Schadbilder auftreten. Schnell vergilben die Blätter und fallen ab.

Der Sternrußtau geht konsequent vor: Schon bald steht die einstige Rosenpracht völlig entblättert und kahl im Beet, geradezu explosionsartig. Und das oft im Frühsommer. Die fehlenden Blätter können nun keine Reservestoffe einlagern, sodass die Rose geschwächt in den Winter geht. Oft leidet sie dann an Frostschäden. Am unausgereiften Holz der einjährigen Triebe erkennt man leicht dun-

Rosen sind anfällig, und der Sternrußtau ist eine der häufigsten Pilzkrankheiten der Rose.

kelrote, hervorstehende Flecken, die später schwarz werden. Hier überdauern die Sporen und sorgen für den Befall im nächsten Jahr.

VORBEUGUNG UND BIOLOGISCHE BEKÄMPFUNG: Befallene Blätter sollten Sie absammeln. Keineswegs sollten Sie die betroffenen Rosen mit zu viel Stickstoff düngen, das heißt: kein Blaudünger. Verwenden Sie lieber organischen Dünger mit einer Extraportion Kali zur Stärkung der Pflanzen.

Präventiv hilft ein Tee aus Acker-Schachtelhalm plus Knoblauch und Zwiebeln. Sammeln Sie dazu grüne Pflanzenteile des Schachtelhalms im Sommer. Wenn Sie den Tee zubereiten, nehmen Sie 150 bis 200 Gramm frisches oder 15 bis 20 Gramm getrocknetes Kraut in 1 Liter Wasser. 24 Stunden einweichen, danach mit 1 Knoblauchknolle und 3 Zwiebeln kurz aufkochen und 15 bis 30 Minuten ziehen lassen. Durch ein Sieb abgießen. Das Konzentrat kann auf 5 Liter verdünnt werden. Am besten vormittags, bei möglichst regenfreiem Wetter, Blätter und Zweige einsprühen – vorbeugend ab Frühjahr jede Woche, später dann alle zwei Wochen.

Umfallkrankheit

Die Umfallkrankheit (*Phoma lingam*), auch unter der Bezeichnung «Schwarzbeinigkeit» bekannt, ist eine Pilzinfektion, die meist mit dem Saatgut übertragen wird und sich bereits bei der Anzucht von Jungpflanzen bemerkbar macht. Auf den Keimblättern der befallenden Sämlinge oder Stecklinge werden runde, graue Flecken sichtbar, auf denen sich die Fruchtköper des Pilzes bilden. Befallene Sämlinge fallen um und sterben ab, da die Wurzel abgestorben ist.

Wird der Pilz mit Sämlingen in das Gartenbeet verschleppt, kann die Krankheit auch ausgewachsene Pflanzen befallen. Dann bilden sich graue Flecken (Sporenlager) auf Blättern und Stängeln, die bei feuchter Witterung aufquellen; daraus treten in Massen dann die Sporen. In der Folge werden die Leitungsbahnen zerstört – und die Pflanzen kippen um.

Für den Ausbruch der Umfallkrankheit sind meist mehrere Ursachen verantwortlich: zu feine Erde bei der Aussaat, zu dichte Saat, zu wenig Luft, zu hohe Boden- und Lufttemperaturen. Der Phoma-Pilz breitet sich vor allem bei Regen und zu hoher Luftfeuchtigkeit im Gewächshaus aus. Die Sporen überdauern in den Samen sowie an Pflanzenresten im Boden und sind sehr langlebig. Anfällig sind besonders alle Kohlgewächse und Kreuzblütler.

VORBEUGUNG UND BIOLOGISCHE BEKÄMPFUNG: Auf gesundes Saatgut

Die Umfallkrankheit trifft oft frische Aussaaten im Frühjahr, die Keimlinge fallen um oder knicken ein.

achten, die Saatschalen oder Pflanzgefäße vor der Aussaat mit heißem Wasser oder Alkohol reinigen. Perfekte Bodenverhältnisse können durch regelmäßiges Mulchen und durch Kompostgaben geschaffen werden. Regelmäßige Spritzungen mit einer Acker-Schachtelhalm-Brühe wirken vorbeugend gegen die Umfallkrankheit bei Sämlingen. Dazu 200 Gramm frische oder 20 Gramm getrocknete Pflanzenteile 24 Stunden am besten in 2 Liter Regenwasser einweichen, danach 15 Minuten leicht auskochen und auf 5 Liter verdünnen. Und überhaupt: Kontrollieren Sie regelmäßig die Jungpflanzen und entfernen Sie kranke Pflanzen.

Verticillium-Welke

Diese Pflanzenkrankheit findet sich an Laubbäumen und Laubsträuchern, tritt aber auch an verschiedenen Arten von Obstbäumen auf und an Chrysanthemen. Erkennbar an den Laubbäumen ist sie am Absterben der Triebspitzen sowie dem Eintrocknen und Schwarzwerden einzelner Äste. Der Pilz, der die Verticillium-Welke verursacht, hat die unangenehme Eigenschaft, Wasserleitbahnen zu verstopfen. Für die Pflanze bedeutet das, dass diese mit viel Aufwand ersetzt werden müssen, eine mühsame Angelegenheit. Es gibt zudem verschiedene Verticillium-Arten, alle nicht minder aggressiv, und da es sich hierbei um Pilze handelt, die mit ihren Dauersporen den Boden über Jahre verseuchen können, ist nicht immer gewiss, dass die Pflanzen am Ende den Kampf gewinnen. Zudem können über abgestorbene Pflanzenteile oder nicht professionelles Kompostieren ständig neue Pilze in den Boden gelangen. Ebenso können durch Schnittwerkzeuge die Pilze von kranken zu gesunden Pflanzen übertragen werden.

Der Schwächepilz der Verticillium-Welke lauert im Boden und hat so einige Pflanzen in seinem Visier, hier ist der Fächerahorn und Rhododendron sein Opfer.

Die zur Gattung Verticillium gehörenden Pilze werden auch als Schwächepilze bezeichnet, denn Pflanzen, die unter Stress stehen, sei es durch Staunässe, Trockenheit oder falsche Düngung, sind besonders pilzanfällig. Der Krankheitsverlauf ist dann sehr rapide, dem Ableben der Pflanze kann man mehr oder weniger zusehen. Manchmal aber, so bei Hartriegel (Cornus) oder dem Japanischen Ahorn (*Acer japonicum*), ist es ein Sterben auf Raten und zieht sich über Jahre. Hin und wieder scheinen Pflanzen gesund in den Winter zu gehen, treiben dann im Frühjahr jedoch nicht mehr aus. Ein sicherer Nachweis, um welche Erregerart es sich handelt, kann nur im Labor erfolgen.

VORBEUGUNG UND BIOLOGISCHE BEKÄMPFUNG: Der Standort gefährdeter Pflanzen sollte unbedingt optimiert werden. So sollte Staunässe vermieden und der Boden bei Verdichtung mit Blähton (Tongranulat) oder Sand durchlässig gemacht werden. Legen Sie gerade einen Garten neu an, empfehle ich Gründung mit Weißem Senf oder Ölrettich unterzugraben, das reduziert den Befall. Erkrankte Pflanzen werden von mir mit einem Wurzelaktivator behandelt, der den pH-Wert absenkt und die Wurzelbildung anregt. Enthalten ist darin der *Bacillus subtilis*, der Heubazillus, der die Pflanzen widerstandfähig macht und sie perfekt versorgt. In Gartenfachmärkten bekommt man dieses Stärkungsmittel zu kaufen, es nennt sich Wurzelfit oder Bodenaktivator.

Weiß- und Rotfleckenkrankheit an Erdbeeren

Hierbei handelt es sich um zwei Pilzkrankheiten mit ähnlichen Krankheitsbildern und -symptomen. Dabei bekommen die Blätter der Erdbeeren auf einmal Flecken, wobei die beiden Krankheitserreger fast immer gemeinsam auftreten. Sie unterscheiden sich zwar in der Stärke der Flecken, die Vorbeugung und Bekämpfung ist jedoch bei beiden identisch. Daher fasse ich sie zusammen.

Die Rotfleckenkrankheit (*Diplocarpon earliana*) beginnt schon oft während der Erntezeit. Die purpurfarbenen Flecken bekommen eine Größe von 1 bis 4 Millimetern und haben eine etwas dunklere Mitte. Die befallenden Blattbereiche sind vielfach gelblich verfärbt. Die etwas später einsetzende Weißfleckenkrankheit (ebenfalls: *Diplocarpon earliana*) zeigt sich meist mit kreisrunden hellen Flecken sowie einer roten Umrandung. In der Mitte der Flecken stirbt das Blattgewebe ab. Bei einem starken Befall berühren sich die Flecken beider Krankheiten und bedecken das Blatt großflächig. Sie reduzieren die Blattfläche und dadurch die Fotosynthese-Leistung der Pflanzen – und das kann die Erdbeeren stark schwä-

Zwei verschiedene Pilzerreger mit ähnlichen Krankheitsbildern: Weiß- und Rotfleckenkrankheit an Erdbeeren.

chen. Befallen werden nicht nur die Laubblätter, manchmal sind auch Frucht- und Blattstiele sowie die Kelchblätter betroffen. Die Pilzsporen beider Blattfleckenkrankheiten überwintern auf dem befallenen Laub. Ihre Sporen verbreiten sich von dort aus auf die neuen Blätter, indem sie über Regentropfen, durch direkten Kontakt oder Windbewegungen übertragen werden.

VORBEUGUNG UND BIOLOGISCHE BEKÄMPFUNG: Wie die meisten Pilzkrankheiten brauchen auch die Sporen der Rotflecken- und Weißfleckenkrankheit eine feuchte Umgebung, damit sie auf den Blättern keimen können. Es ist deshalb wichtig, dass das Laub der Erdbeeren nach dem Regen oder Gießen schnell wieder trocknen kann. Pflanzen Sie Ihre Erdbeeren mit ausreichend Abstand: mindestens 30 Zentimeter in der Reihe und 60 Zentimeter zwischen den einzelnen Reihen. Wässern Sie Ihre Erdbeeren nur morgens, und vermeiden Sie es, die Blätter dabei zu benetzen.

Die Fleckenkrankheiten auf Erdbeerblättern können durch eine ausgewogene, kaliumbetonte Düngung vermieden werden, und vorbeugende Spritzungen mit stärkender Acker-Schachtelhalmbrühe machen die Pflanzen ebenfalls widerstandsfähiger: 200 Gramm frische oder 20 Gramm getrocknete Pflanzenteile 24 Stunden am besten in 2 Liter Regenwasser einweichen, danach 15 Minuten leicht auskochen und auf 5 Liter verdünnen.

Die Sortenwahl spielt ebenfalls eine Rolle. Zu den weniger anfälligen frühen Sorten zählen ‹Clery›, ‹Darselect›, ‹Elvira› oder ‹Lambada›, zu den mittleren Sorten ‹Elsanta›, ‹Polka› und ‹Sonata› und zu den späten ‹Neid›, ‹Pandora›, ‹Symphony› sowie ‹Korona›. Gezeigt hat sich zudem, dass Erdbeeren im Alter immer anfälliger für Fleckenkrankheiten werden. Deshalb sollten Sie das Beet nach spätestens drei Erntejahren wechseln und ein neues anlegen. Im Spätsommer sollten Sie die Blätter der Erdbeerpflanzen oberirdisch abschneiden. Entfernen Sie alle Ableger sowie die älteren äußeren Blätter dicht über dem Boden. Stehen bleiben nur die jüngeren Blätter in der Mitte, sofern sie nicht ebenfalls mit den Fleckenkrankheiten infiziert sind. Das sollte eine Infektion mit Rot- und Weißflecken auf ein erträgliches Maß reduzieren. Grundsätzlich sollten befallene Blätter so früh wie möglich aus dem Beet entfernt werden, damit die Pilze sich nicht ausbreiten.

Weymouthskiefern-Blasenrost

Auslöst wird diese Infektion durch den Rostpilz (*Cronartium ribicola*), der es auch noch draufhat, den Wirt zu wechseln. Das gelingt ihm, indem er unterschiedliche Sporen bildet. Bei den Kiefern beginnt das Drama, dort präsentiert sich der Rost im Herbst/Winter mit spindelförmigen und rissigen Anschwellungen im Bereich des Stamms und der Äste. Häufig harzen daraufhin die Kiefern stark. Junge befallene Bäume sterben recht schnell ab, ältere können über Jahre dahinsiechen. Die über den Wind verbreiteten Sporen nehmen sich dann im Sommer die Johannisbeeren vor, besonders gerne die Schwarze Johannisbeere, aber ebenso die Stachelbeere. Sie machen es sich auf den Blättern gemütlich und bilden weitere Sporen auf der Blattunterseite. Die Blätter bekommen frühzeitig auf der Blattoberseite gelbe Verfärbungen (etwa ab Mai oder Juni). Bei einem starken Befall befinden sich die Blätter rasch im freien Fall. Kurz darauf erfolgt wieder auf der Blattunterseite meist flächig die Ausbildung der säulenförmig angeordneten Sporenlager (Säulenrost). Die dort gebildeten Sporen stecken noch im selben Jahr, im Spätsommer oder Herbst, die Nadeln der Kiefern an. Ohne groß erkennbare Symptome wächst

Ein Wirtswechsler zur Johannisbeere ist der Weymouthskiefern-Blasenrost.

der Pilz in Richtung Stamm. Erst nach etwa drei bis sechs Jahren erkennt man die Symptome im Stamm- und Astbereich. Der Pilz selbst ist mehrjährig und überdauert in der Kiefer, während Johannis- und Stachelbeeren jedes Jahr neu befallen werden müssen.

VORBEUGUNG UND BIOLOGISCHE BEKÄMPFUNG: Am besten wäre es, weniger anfällige Strauchbeeren anzupflanzen, die Klassiker wären hier ‹Jonkheer Van Tets›, ‹Jungfer› und ‹Titania›; ‹Hedda» ist die süßeste Sorte unter den Schwarzen Johannisbeeren und bei den Stachelbeeren empfehle ich ‹Invicta›, sie ist gelbgrün, aromatisch, resistent und süß-säuerlich.

Noch besser ist: Auf die Nähe von fünfnadeligen Kiefern zu verzichten. Sind die Äste bei Kiefern befallen, hilft nur ein Rückschnitt. Strauchbeeren können Sie mit einem Meerrettichtee behandeln Nehmen Sie dazu 500 Gramm zerkleinerte Blätter und Wurzeln auf 1 Liter Wasser. Unter Rühren aufkochen und 30 Minuten ziehen lassen. Mischen Sie den Tee auch mit Acker-Schachtelhalm: 200 Gramm frische grüne Triebe oder 15 bis 20 Gramm getrocknetes Kraut in 1 Liter Wasser 24 Stunden einweichen, aufkochen und 30 Minuten ziehen lassen. Anschließend abgießen und 1:2 verdünnt vormittags bei möglichst sonnigem Wetter die Blätter und die Erde damit besprühen.

Wurzelbräune

Die Wurzeln faulen und werden matschig, die Pflanzen welken ganz oder in Teilen und sterben oft schnell ab – die Ursachen für Wurzelfäule sind jedoch vielfältig. Die Krankheit kann jede Pflanze treffen, sie kann bei Gemüse- oder Zimmerpflanzen, bei Gehölzen, im Garten oder auf der Terrasse auftreten. Wenn sich Wurzelfäule unsichtbar in den Wurzeln oder in dem Pflanzeninnern ausdehnt, zeigen uns die Pflanzen meist schon vorher, dass etwas nicht in Ordnung ist, sodass man die Wurzelfäule in der Regel leicht erkennen kann.

Typische Symptome: Einzelne Triebe welken innerhalb kurzer Zeit. Oft wird das mit Wassermangel verwechselt, es kann aber auch ein Hinweis auf Wurzelfäule sein. Wenn man dann gießt, breitet sich die Pilzkrankheit erst recht aus, und die Pflanzen leiden unter Staunässe. Die Wurzeln faulen dann wegen des Sauerstoffmangels. Kontrollieren Sie also vorher, ob die Pflanzen wirklich trocken sind. Welken nur einzelne Triebe, ist Vorsicht geboten, das kann ebenfalls an Anzeichen für Wurzelfäule sein. Ebenso gelbe Blätter (Chlorosen): Blockierte Wurzeln und verstopfte Leitungsbahnen machen sich schnell an der Pflanze bemerkbar, zu wenige Nährstoffe und Wasser werden weitertransportiert. In der Folge lässt der Zelldruck nach und die Pflanze schlappt. Die Verfärbungen sind oft mit denen von einem Nährstoffmangel schnell zu verwechseln, treten aber nicht selten nur an einzelnen Pflanzenteilen auf. Und stehen Pflanzen wackelig im Topf oder in der Erde, sind die Wurzeln oft schon beschädigt. Bei einer Wurzelhalsfäule schnürt sich der Wurzelhals ein und wird braun, was schließlich ebenfalls zum Wackeln der Pflanze führen kann. Sind die Wurzeln verfault, kann man die ganze Pflanze leicht aus der Erde ziehen. Hier ist jede Rettung zu spät.

Topfpflanzen lassen sich leicht auf Wurzelfäule überprüfen – ziehen Sie die Pflanzen aus dem Topf und sehen Sie nach. Steht Gießwasser im Übertopf, wird das die Ursache sein. Bei einem weiteren Verdacht sollten Sie die Wurzeln freilegen: Gesunde Wurzeln sind weißlich, hellbeige oder hellbraun und fest. Dunkelbraune, weiche oder gar matschige Wurzeln verweisen auf Wurzelfäule.

Bei dieser Krankheit, verursacht durch den Pilz *Thielaviopsis basicola*, wird die Wurzel braun und vertrocknet am Ende, die Wurzelspitze bleibt aber hell. Die Krankheit trifft besonders Pflanzen mit weichen Trieben wie Alpenveilchen (Cyclamen) oder Geranien (Pelargonium) im Topf, aber auch Salat, Tomaten, Petersilie, Sellerie, Zwiebeln und Gehölze wie Holunder. Bei Möhren kommt es zur Schwarzen Möhrenfäule oder Möhrenschwärze (*Alternaria radicina, dauci*). Die

Sporen überwintern im Boden oder am Kraut und haben eine Lebensdauer von sieben Jahren. Das Kraut wird braun, dann dunkel, später fault es. Keime werden befallen und gehen nicht auf. An den Möhren zeigen sich schwarze Flecken, die sich später im Winterlager ausbreiten.

VORBEUGUNG UND BIOLOGISCHE BEKÄMPFUNG: Da es keine Behandlungsmöglichkeit für diese Erreger gibt, sollte man befallene Pflanzen zügig entfernen, damit die Nachbarpflanzen nicht auch noch angesteckt werden. Wegen der schwierigen direkten Bekämpfung ist es am besten, wenn die Pflanzen gar nicht erst krank werden. Das können Sie folgendermaßen erreichen: Der Boden darf nicht unter Staunässe leiden oder verdichtet sein, das fördert die Wurzelfäule. Lockern Sie den Boden regelmäßig und verbessern Sie schwere Böden mit Sand und Kompost. Sand oder Kies erhöht die Drainage im Boden, sodass Wasser besser ablaufen kann und die Wurzeln nicht dauerhaft im Nassen stehen. Wasser im Übertopf ist bei Zimmerpflanzen und Kübelpflanzen allgemein der Hauptgrund

Wurzelspitzen werden trocken und braun – ein Hinweis für die Wurzelbräune.

für Wurzelfäule. Bleibt Gießwasser unbemerkt im Topf, ist der Pflanze meistens nicht mehr zu helfen. Kontrollieren Sie die Übertöpfe regelmäßig und entleeren Sie überschüssiges Gießwasser.

Im Gemüsebeet lassen sich viele Pilzkrankheiten durch einen regelmäßigen Fruchtwechsel vermeiden. Besonders wichtig ist es, anfällige Pflanzen oder Mitglieder einer anfälligen Pflanzenfamilie nicht nacheinander in dasselbe oder auch nur ins benachbarte Beet zu pflanzen.

Pflanzenjauchen wie eine Acker-Schachtelhalm-Brühe oder ein Knoblauchtee machen jede Pflanze stark, sodass die Wurzelfäule (und viele andere Krankheiten) keine Chance haben. Die Pflanzen werden mit den verdünnten Brühen und Tees besprüht. Hierzu 200 Gramm frische oder 20 Gramm getrocknete Pflanzenteile 24 Stunden am besten in 2 Liter Regenwasser einweichen, danach 15 Minuten leicht auskochen und auf 5 Liter verdünnen. Für den Knoblauchtee eine große Knolle Knoblauch in 1 Liter Wasser auskochen und auf 5 Liter verdünnen.

Wurzelfäule

Die häufigsten Erreger von Wurzelfäulen sind unterschiedliche Arten des klassischen Pilzes *Phythium* oder des Eipilzes *Phytophtora*, aber auch viele andere Pilze können Fäulnis an Pflanzenwurzeln verursachen. Weitere bekannte Erreger sind *Rhizoctonia*, *Fusarium* oder *Phoma*. Eine genaue Diagnose ist allerdings meist schwierig, denn das Wurzelsystem ist unter der Erde, und die oberirdischen Teile zeigen oftmals erst spät Symptome. Die Anwesenheit eines dieser Pilze sorgt jedoch dafür, dass selbst stattliche Pflanzen absterben. Verfaulungen am Wurzelhals sind deutliche Anzeichen, gräbt man die betroffenen Pflanzen aus, sind die Wurzeln meist schon abgestorben, braun verfärbt und matschig. Die Versorgung mit Wasser und Nährstoffen kann nicht mehr aufrechterhalten werden, wodurch das Wachstum ins Stocken gerät, eine oberirdische Welke setzt ein. Bei Gehölzen zeigen sich die Symptome zuerst an den jungen Ästen und Zweigen, die absterben und ihre Blätter verlieren. Nach und nach breitet sich der Schaden dann weiter aus.

Meist wird eine zu geringe Wasserversorgung vermutet, was Gartenbesitzer und -besitzerinnen vielfach auszugleichen versuchen, indem sie der Pflanze mehr Wasser geben. Leider führt das nur zu einer rascheren Ausbreitung der Pilze. Viele Pflanzen mögen keine nassen Füße. Denn durch nasse Bodenbedingungen, durch verdichtete Böden (wenn das Wasser nicht versickern kann und es zu Stau-

Wurzelfäule macht Pflanzen den Garaus; hier gut zu erkennen am Wurzelballen, der an Staunässe litt.

nässe kommt) vermehrt sich die Wurzelfäule rapide. Dieser Pilz kann mit seinen Sporen mehrere Jahre im Boden überdauern.

Die Wurzelbräune, um den Unterschied herauszustellen, wird verursacht durch den Pilz *Thielaviopsis basicola*. Durch ihn wird die Wurzel braun und vertrocknet, die Wurzelspitze bleibt aber hell.

VORBEUGUNG UND BIOLOGISCHE BEKÄMPFUNG: Abgestorbene Pflanzen sollten komplett mit Wurzelballen entsorgt werden (doch keinesfalls auf dem Kompost landen). Bei einer Neupflanzung ist ein Bodenaustausch ratsam. Gehölze und andere Pflanzen können mit einem Bodenaktivator (siehe S. 70, 77) vorbeugend behandelt werden – in ihm befinden sich viele bodennützliche Bakterien, die sie widerstandsfähig machen.

PFLANZENSCHÄDLINGE UND WIE MAN SIE ERKENNT UND BEKÄMPFT

Ob Kartoffel, Palme, Kaktus, Orchidee oder Tomate – alle Kultur-, Gemüse- und Zierpflanzen in Feld und Garten können von Insekten befallen werden. Zum Leid der Pflanzenfreunde fressen sie Pflanzenteile, übertragen Krankheiten oder saugen Pflanzensäfte aus – all dies kann zum Absterben der Gewächse führen. Die Erderwärmung vorrangig in gemäßigten Klimazonen kann zudem dazu beitragen, dass sich die Schadinsekten schneller vermehren. Außerdem sind hitzegestresste Pflanzen anfälliger für Schädlinge und Krankheiten.

Während manche Schadinsekten – unter anderem Blattläuse, die Weiße Fliege oder Thripse – viele Pflanzenarten befallen, bevorzugen andere bestimmte Gewächse. Diese geben dann den Schädlingen ihre Namen, etwa Rapsglanzkäfer, Kartoffelkäfer oder Maiszünsler. Sie alle können große Schäden hervorrufen, besonders in der Landwirtschaft. Bei Kleingärtnern und -gärtnerinnen oder Zimmerpflanzenfreaks können wir viele Schädlinge durch eine etwas aufwendigere, aber effiziente Methode händisch absammeln. Oder mit der Küchenrolle alle Pflanzenteile akribisch abwischen. Das sollten Sie aber wirklich genauestens machen, da das Ungeziefer in allen Ritzen und Verzweigungen steckt.

Nachfolgend erfahren Sie Tipps, wie Sie die Plagegeister in den Griff bekommen. Aber denken Sie daran, Ihre Schützlinge im Auge zu behalten, denn auch nach erfolgreicher Behandlung können Wolllaus und Co. sich rasch wieder breitmachen.

Ameise

Wussten Sie, dass alle Ameisen auf der Welt zusammengenommen das gleiche Gewicht auf die Waage bringen wie sämtliche Menschen dieser Erde? Ich wollte es erst nicht glauben, als ich das hörte, aber die Berechnungen jener Forscher, die sich damit beschäftigt haben, sollen stimmen, davon ist auch die Technische Universität Chemnitz überzeugt.

Ameisen sind etwas ganz Besonderes. Sie gehören, wie die Bienen und Wespen, zu den Hautflüglern. Wissenschaftler sprechen von weltweit 12 000 bis 13 000 bekannten Ameisenarten, wobei sie sich einig sind, dass noch längst nicht alle entdeckt wurden. Trotz dieser beeindruckenden Zahl leben in Europa nur 200 Arten, und in Deutschland sind es noch mal 100 weniger. Und von diesen 100 sind mir nur wenige in meinem Garten oder denen anderer persönlich über den Weg gelaufen. Ameisen sind von unseren hiesigen niedrigen Temperaturen nicht sonderlich begeistert, sie lieben die Wärme.

Allgemein gilt: Ameisen sind ein unverzichtbarer Bestandteil des Ökosystems. Sie sorgen für die Durchlüftung des Bodens, reduzieren Pflanzenschädlinge wie etwa Borkenkäfer oder Drahtwürmer und verteilen die Saat. Sie sind soziale Wesen, nutzen Pheromone, also Botenstoffe, zur Verständigung oder kommunizieren durch Berühren ihrer Fühler. Meist leben sie in einem unterirdischen Dorf, manchmal sogar in einer Großstadt, in ihrer Mitte residiert die Königin. Alle Ameisen sind weiblich, sie haben ihre Fruchtbarkeit zugunsten der Königin aufgegeben. Allein sie ist für die Weitergabe der Gene verantwortlich, dafür wird sie von den Arbeiterinnen versorgt. Zu erkennen ist die Königin daran, dass sie wesentlich größer ist als ihre Arbeiterinnen. Ameisenköniginnen können in

Ameisen sind wichtige Unterstützer im Ökosystem Garten.

Deutschland bis zu 15 Jahre alt werden, in wärmeren Regionen schaffen sie lässig das Doppelte.

Meist sind Ameisen zu Tausenden unterwegs, und wenn man von der menschlichen Perspektive aus gen Boden blickt, scheinen sie in einem Chaos zu leben, dann beobachten wir nur ein Gewimmel und Gewusel, doch ihr Dorf, ihre Großstadt ist strikt und staatlich organisiert. Jede Ameise hat ihre Aufgabe und erfüllt diese unermüdlich. Junge Ameisen kümmern sich um die Aufzucht der künftigen Generationen, je älter sie werden, umso mehr entfernen sie sich vom Bau. Sie kümmern sich dann darum, dass genug zum Fressen da ist, oder übernehmen Verteidigungsaufgaben. Sogenannte Kundschafter spähen die Umgebung aus. Zum Ärger vieler Gartenbesitzer und -besitzerinnen haben einige Ameisen sehr schlau entdeckt, dass man über die Terrasse in die Küche oder ins Esszimmer gelangen und dort die eine oder andere ertragreiche Nahrungsquelle finden kann. Ritzen oder Löcher im Mauerwerk erleichtern es ihnen ebenfalls, ihre Straßen zu den Vorräten zu legen. Sorgt man dafür, dass Schlupflöcher versperrt und Nahrungsquellen ameisensicher verschlossen werden, verschwinden sie wieder.

VORBEUGUNG UND BIOLOGISCHE BEKÄMPFUNG: Sollten Ameisen aber doch mal überhandnehmen, müssen Sie nicht gleich die Chemiekeule einsetzen. Im Garten, im Rasen können Ameisennester einfach mit einem mit Holzwolle gefüllten Tontopf entfernt werden, der über die Nester gestülpt wird. Das Ameisenvolk zieht in wenigen Tagen in den Topf und kann so bequem umgesiedelt werden. Damit keine neuen Ameisen einziehen, sollte das leere Nest mit Brennnessel-Oregano-Jauche begossen werden: Dafür am besten eine Regentonne zur Hälfte mit Brennnesseln füllen und zwei bis drei Hände voll Oregano (*Origanum vulgare*) dazugeben. Danach die Tonne bis zum Rand mit Regenwasser füllen und mit einem Brett abdecken, damit kein Vogel hineinfällt. Etwa zehn Tage ziehen lassen und regelmäßig umrühren. Achtung: stinkt! Nach dieser Zeit die Jauche abseihen, wobei die Pflanzenreste auf den Kompost kommen. Die Jauche kann vor ihrem Einsatz 1:1 mit Wasser gestreckt werden.

Im Haus besteht die Möglichkeit, die Wanderwege der Ameisen mit Zimt zu überstreuen, auch Zitronensaft oder Essigsäure bringen sie vom Weg ab. Eine Jauche aus Wermut (*Artemisia absinthium*) vertreibt sie aus ihren Nestern: dazu einen Eimer, eine Tonne oder ein anderes Gefäß wie bei der Brennnesseljauche zur Hälfte mit Wermut füllen und alle Pflanzenteile zwei bis drei Tage verjauchen lassen. Anschließend 1:1 verdünnen und in die Nester gießen. Ach so, natürlich auch hier abseihen!

Apfelblütenstecher

Der dunkle, 3,5 bis 6 Millimeter große Apfelblütenstecher (*Anthonomus pomorum*) gehört zu den vielen Rüsselkäfern, die es gibt. Er überwintert in der Obstbaumrinde oder im Wald. Das Weibchen legt ab Mitte März seine Eier in die aufbrechenden, noch grünen (Apfel-)Blütenknospen. Die Larven fressen die Knospe von innen aus, dann verpuppen sie sich und verlassen die Knospe als ausgewachsene Käfer. Die Blüte kann sich nicht richtig öffnen und vertrocknet, mit der Folge, dass es dadurch weniger Früchte gibt. In Jahren mit vielen Blüten sorgt der Apfelblütenstecher für eine natürliche Fruchtausdünnung, denn wird die Anzahl der Früchte reduziert, optimiert das die Qualität der verbleibenden Früchte. Sie werden größer und reifen besser.

VORBEUGUNG UND BIOLOGISCHE BEKÄMPFUNG: Sollte der kleine Käfer mal überhandnehmen, gibt es einfache sowie schonende Maßnahmen, um den Käfer zu reduzieren. Sobald die Obstbäume austreiben, sollten Sie einen Wellpappering in 1 Meter Höhe um den Baumstamm wickeln. Frühmorgens verstecken sich darin die Käfer, nun müssen Sie diese nur noch absammeln. Auch sollten die

Der Apfelblütenstecher kann auch dabei helfen, dass ein Apfelbaum sich mit der Früchtebildung nicht übernimmt.

vertrockneten Knospen abgeschnitten und vernichtet werden, damit sich die Käfer nicht bis zum Ende entwickeln können. Die Natur kann ebenfalls etwas zur Minimierung der Apfelblütenstecher beitragen: Der Käfer wird durch Singvögel wie Meisen verspeist. Außerdem werden seine Larven von Schlupf- und Erzwespen heimgesucht.

Apfelsägewespe

Da sich der Bewohner im Apfel selten vorstellt, wird oft der Apfelwickler (siehe S. 83 f.) beschuldigt, der dort seine Kinderstube eingerichtet hat. Der Übeltäter ist aber in diesem Fall kein Falter, sondern eine Wespenart, genauer gesagt die Apfelsägewespe (*Hoplocampa testudinea*). Gern schaut sie im heimischen Garten an den Apfelbäumen vorbei, bei einer kleinen Ernte kann sie schon mal für einen großen Schaden sorgen.

Am Ende ist es ein Wurm – die Apfelsägewespe ist ein Parasit, der ausschließlich Apfelbäume befällt und den Apfel durch den Fraß ihrer Raupen schädigt.

Die Apfelsägewespe gehört zu den Blattwespen, 7 Millimeter ist sie lang, erkennbar ist sie am glänzenden, schwarzbraunen Körper, jedoch ohne Wespentaille, dafür mit orangebraunen Beinen. Der Besuch der Apfelbäume erfolgt zur Blütezeit und dauert nur bis kurz danach. Die Wespen werden von der weißen Farbe der Blüten angelockt. Mit ihrem sägeartigen Werkzeug legen sie Ritze in Blütenkelchnähe an, um dort ein Ei hineinzulegen. Jede weibliche Wespe kann so bis zu 20 Eier verteilen. Sind die Blüten verblüht, schlüpfen die Larven und nehmen sich bis zu fünf Früchte vor, die sie nacheinander in Spiralen zerstören, indem sie diese auffressen. Nach drei bis vier Wochen hören sie auf mit ihren Fressattacken. Dann lassen sie sich zu Boden fallen und überwintern in der oberen Bodenschicht. Im darauffolgenden März verpuppen sie sich.

Die jungen Äpfel bekommen ziemlich früh einen violetten Fraßgang, der später durch Spiralen an der reifen Frucht zu erkennen ist. Danach wird es etwas unappetitlicher: An jungen Früchten kann man auch Bohrlöcher ausmachen, die bis ins Kerngehäuse reichen und aus denen jauchig riechender Madenkot austritt. Befallene Früchte fallen zum Glück frühzeitig ab, so ist die Gefahr, dass man da reinbeißt, eher gering.

VORBEUGUNG UND BIOLOGISCHE BEKÄMPFUNG: Eine einfache und kostengünstige Maßnahme, um den Sägewespen an den Kragen zu gehen, sind beleimte Weißtafeln, die man kurz vor der Blüte in die Bäume hängt. Wählen Sie dazu den äußeren Kronenbereich, und zwar die Sonnenseite, in einer Höhe von etwa 1,80 Meter. Um nicht unnötig viele andere Nützlinge zu fangen, sollten Sie die Tafeln etwa eine Woche nach Blühende wieder entfernen. Haben Sie keine Sägewespen gefangen, brauchen Sie auch keinen Sägewespenschaden zu befürchten.

Eine Behandlung mit Wermut hilft bei einem eindeutigen Befall. Dazu 300 Gramm frisches oder 30 Gramm getrocknetes Kraut in 1 Liter Wasser kurz aufkochen. Abkühlen lassen und unverdünnt nach dem Abfall der Blütenblätter direkt auf die kleinen, angesetzten Früchte sprühen, zwei- bis dreimal wiederholen.

Apfelwickler

Der Apfelwickler (*Cydia pomonella*), auch als Obstmade bekannt, zählt zu den bekanntesten Schädlingen an Apfelbäumen. Die braungrauen Falter haben eine Spannweite von knapp 2 Zentimetern und besitzen helle Streifen und einen kupferfarbenen Fleck am Ende der Flügel. Besonders aktiv sind sie in der Dämmerung bei Temperaturen unter 20 Grad Celsius. Die geschlüpften Raupen des Apfelwicklers sind nur 2 Millimeter lang, weiß oder gelblich mit dunklem Kopf. Im letzten Entwicklungsstadium wachsen sie auf anderthalb bis 2 Zentimeter Länge heran. Sie überwintern an der Rinde des Apfelbaums geschützt in einem festen Gespinst. Erst ab April kommt es dort zur Verpuppung, bis etwa Mitte Mai die ersten Falter schlüpfen. Schon bald danach legen die Weibchen ihre 20 bis 80 Eier einzeln an den jungen Äpfeln ab. Sie haben die Form von ovalen, glänzenden Schilden. Nach etwa zwei Wochen schlüpfen die ersten Raupen und ernähren sich sowohl von der Apfelschale als auch vom Fruchtfleisch und von den Kernen. Nach drei bis vier Wochen verlassen die Raupen die Frucht wieder und kriechen zurück zum Stamm, um dort unter der Rinde zu überwintern. Übers Jahr gibt es meist zwei oder mehr Generationen der Apfelwickler, die unsere Äpfel anfressen, darum können manche Ernten so ausfallen, also gefühlt alle Äpfel Würmer haben. Ende Juli startet die zweite Generation der Falter, sie sorgt für den größten Schaden.

Einen Befall mit Apfelwicklern können Sie an dem nur wenige Millimeter großen Bohrloch in der Schale der noch unreifen Äpfel erkennen. Die Raupen der

Mit Beginn des Frühjahrs treibt der Apfelwickler sein Unwesen, die Fraßgänge seiner Larven können einem die Laune verderben.

unscheinbaren Falter fressen sich von außen nach innen durch das Fruchtfleisch und verunreinigen die Fraßgänge und das Kerngehäuse zusätzlich mit ihren Ausscheidungen. Spätestens beim Aufschneiden oder Reinbeißen der Äpfel werden die Fraßgänge der Maden gut sichtbar. Von *Cydia pomonella* befallene Früchte fallen vorzeitig ab oder sind nicht mehr lagerfähig und müssen kurzzeitig verwertet werden.

VORBEUGUNG UND BIOLOGISCHE BEKÄMPFUNG: Im Winter und Frühjahr, von Januar bis April, sollten Apfelbäume unbedingt auf verpuppte Apfelwickler-Larven abgesucht werden. Ein regelmäßiges Abbürsten der Rinde der Bäume reduziert die Population deutlich. Befallene Äpfel sollten so früh wie möglich entfernt werden.

Ab Ende Juni können Sie Wellpappe als Falle um den Stamm wickeln. Einfach einen 10 bis 20 Zentimeter breiten Streifen aus Wellpappe dazu nehmen. Die Raupen der ersten Generation nutzen die Pappe, um sich dort zu verpuppen. Auch Stützpfähle sollten Sie mit Pappe umwickeln. Ab Ende September werden die Fallen mitsamt den Raupen, die sich darin eingenistet haben, wieder entfernt.

Es gibt zudem Pheromonfallen (Lockstofffallen) gegen Apfelwickler. Diese können Sie zwischen Mai und August 2 bis 3 Meter vom Baum entfernt aufhängen. Die Apfelwickler-Männchen werden von dem Sexuallockstoff angezogen und bleiben am Leim kleben. So reduziert sich die Zahl der befruchteten Weibchen und damit auch die der befruchteten Eier.

Mithilfe von Nützlingen lassen sich Apfelwickler ebenfalls reduzieren. Hierzu werden Schlupfwespen eingesetzt, die die Eier der Schädlinge parasitieren. Zum Aussetzen werden kleine Kärtchen mit den Nützlingen in den Apfelbäumen angebracht. Generell sollten diese Nützlinge möglichst frühzeitig, bei beginnendem Apfelwickler-Befall oder sogar vorbeugend angewendet werden. Helfen kann auch eine Wermut-Jauche, wie ich Sie bei den Ameisen beschrieben habe (siehe S. 78 f.), das wäre immerhin eine preiswerte Alternative.

Asiatischer Laubholzbockkäfer

Invasive Schädlinge sind eingeschleppte Plagegeister, auf die man nicht besonders gut zu sprechen ist, weil sie sich gegen Integrationsmaßnahmen jedweder Art sträuben. Sie genießen es, in Holzkisten zu reisen und bei ihrer Ankunft von keinen heimischen Strategen besiegt zu werden. Denn Abwehrmechanismen wurden gegen sie noch nicht ausgebildet. Das kann Pflanzen zur Strecke bringen

Er ist meldepflichtig, der Asiatische Laubholzbockkäfer, ein invasiver Geselle.

und Biodiversität gefährden. Ganz oben auf der «Verbrecher»-Liste steht der Asiatische Laubholzbockkäfer (*Anoplophora glabripennis*, oft wird er auch als ALB abgekürzt, nach der englischen Bezeichnung «Asian Longhorn Beetle»). Der entscheidende Unterschied zu unseren europäischen Käfern ist, dass diese nur totes Holz angehen, um dort für ihre Vermehrung zu sorgen, während die invasiven Käfer es mit den lebenden Bäumen aufnehmen. Bei einer Invasion können sie den Bäumen in kurzer Zeit so schaden, dass diese nicht mehr lebensfähig sind. 2004 wurde in Deutschland erstmals der ALB nachgewiesen, er erreicht eine stattliche Länge von 4 Zentimetern. Dabei übertreffen die Fühler der Weibchen – ganz typisch für Bockkäfer – die Körperlänge noch einmal um das Doppelte, bei den Männchen sogar um das Zweieinhalbfache. Die Grundfarbe des Käfers ist schwarz mit etwa 20 weißen Flecken auf der Flügeldecke. Die Basis der Flügeldecken ist im Gegensatz zum nah verwandten (und deshalb nicht weniger gefährlichen) Chinesischen Laubholzbockkäfer (*Anoplophora chinensic*; CLB) glatt statt gekörnt.

Jetzt kann man natürlich mutmaßen, warum all diese gemeinen Käfer aus Asien zu uns kommen. Will da jemand etwas Böses? Nein. Die Schuld tragen wir selbst mit den vielen Importen, da ist es nur natürlich, dass der eine oder andere blinde Passagier mit an Bord ist. Die Ablage der Eier erfolgt ausschließlich in Lebendholz, die Entwicklungsdauer des Käfers ist vom Wetter abhängig. Während in seiner Heimat in der Regel innerhalb eines Jahres alles über die Bühne gebracht ist, kann es bei uns bis zu zwei Jahre dauern.

Für die Kinderstube wird der Ahorn bevorzugt. Die Weibchen fressen in die Rinde von Ästen und dünneren Stämmchen trichterförmige Eiablagestellen von bis zu 2 Zentimetern Durchmesser (bei dickborkigen Stämmen) oder kurze waagerechte Schlitze (bei einer glatten Borke). In diese legen sie jeweils ein reiskorngroßes Ei ab. Im näheren Umfeld kommt es zur Ausbildung einer Nekrose, das heißt, ringsum stirbt das Pflanzenmaterial ab. In dieser Umgebung mausern sich die weißen Larven, die im Endstadium eine Länge von 5 Zentimetern erreichen. Im Holz hinterlassen sie ovale, vergleichsweise kurze und stammaufwärts verlaufende 20 bis 30 Zentimeter lange Gänge mit einem Durchmesser von bis zu 2 Zentimetern. Betroffene Einzeläste sind stark windbruchgefährdet. Kennzeichen für einen Befall sind oft grobe Bohrspäne (kein Bohrmehl, das die Larven aus den Gängen herausdrücken und das sich am Stamm sammelt). Die Larve überwintert, bis sie sich im Frühjahr verpuppt, ebenfalls im Holz. Über ein etwa centgroßes kreisrundes Ausflugloch verlässt der Käfer dann den Baum. Ziemlich träge ist er, weit mag er nicht fliegen, höchstens peilt er einen Radius von 500 Metern an. Sechs bis acht Wochen sind ihm nur gegönnt, dann haucht der stattliche Käfer mit lautem Summen sein Leben aus, natürlich nur, um damit noch einmal Eindruck zu schinden.

VORBEUGUNG UND BIOLOGISCHE BEKÄMPFUNG: Ein Einsatz von irgendwelchen Bekämpfungsmitteln ist nicht möglich. Es bleibt: Sofort die betroffenen Bäume fällen, bevor es zum Ausflug der Käfer kommt. Das Holz noch vor Ort häckseln und verbrennen. Der ALB wurde von der EU als Quarantäneschädling eingestuft, weshalb es notwendig ist, eine Quarantäne einzurichten, meist im Umkreis von 500 Metern. Entdecken Sie ein Auftreten dieses Käfers, müssen Sie das folglich dem zuständigen Pflanzenschutzdienst oder dem nächsten Forstamt melden. Funde beziehungsweise Nachweise liegen bisher aus verschiedenen Bundesländern vor (Bayern, Nordrhein-Westfalen, Berlin, Sachsen-Anhalt). Spürhunde, die spezifisch auf ALB sowie CLB abgerichtet sind, können die Larven insbesondere an Verpackungsmaterialien, aber auch unmittelbar am Baum (bis zu einer Höhe von 2,5 Metern) oder in Hecken wirkungsvoll aufspüren.

Blatthornkäfer

Zu den Blatthornkäfern (Coleoptera: Scarabaeoidea) gehören viele schützenswerte und sogar unter Naturschutz stehende große Käfer: Mistkäfer, Rosenkäfer, Maikäfer und Hirschkäfer. Ihre blattartig gefächerten Fühlerenden dienen ihnen als Geruchsorgane und sind vor allem bei den verwandten Maikäfern stark entwickelt. Viele Blatthornkäferarten besitzen außerdem kräftige Beine zum Graben; ihre gekrümmten Larven leben im Boden, auf dem Kompost oder neuerdings auch in Hochbeeten und werden als Engerlinge bezeichnet. In Deutschland leben insgesamt 174 Arten. Wichtig ist, dass die allermeisten keine Schädlinge sind, höchstens mal lästig. Die Ernährung der Larven und noch mehr die der erwachsenen Käfer ist sehr unterschiedlich: Einige sitzen in alten Holzstümpfen und fressen das in Zersetzung befindliche Holz, andere ernähren sich von abgestorbe-

Manche Blatthornkäfer sind Schädlinge, dieser Rosenkäfer ist es aber allemal nicht.

nen Pflanzen, und wieder andere entwickeln sich im Kot oder in Aas. Arten wie der Junikäfer (siehe S. 118 f.), dessen Larven an Wurzeln nagen, während sich die erwachsenen Tiere von jungem Laub ernähren, sind besonders von Rasenfreaks gefürchtet. Rosenkäfer dagegen laben sich an den Pollen von Rosengewächsen.

Sollten irgendwo Engerlinge in Blumenkübel oder Hochbeeten in Erscheinung treten, dann bitte nicht töten, sondern bringen Sie diese auf den Kompost aus und graben sie diese ein wenig ein, dann können sie dort ihre Arbeit fortführen und Pflanzenreste zu Humus verarbeiten.

VORBEUGUNG UND BIOLOGISCHE BEKÄMPFUNG: Sollten die Engerlinge doch mal unerwartet massenhaft auftreten und an den Pflanzenwurzeln fressen, helfen Insektennetze, Wurzelschutzgitter und eine regelmäßige Bodenbearbeitung. Sie können neben dem Absammeln der Käfer auch biologische Mittel wie Nematoden und die Förderung natürlicher Fressfeinde in Ihrem Garten ins Auge fassen.

Blattlaus

Läuse gibt es in unterschiedlichen Arten: grüne, gelbe, schwarze, rosa, große, kleine, mit und ohne Flügel. Sie tauchen gefühlt einfach aus dem Nichts auf. Die Besonderheit an ihnen allen ist, dass sie sich schnell und massenhaft durch Jungfernzeugung vermehren können. Das heißt, es werden nur Weibchen lebend geboren, die ebenfalls nur Weibchen lebend zur Welt bringen. Ohne schlechtes Gewissen machen sie sich sofort an unsere Pflanzen ran. Mit ihren Saugrüsseln haben sie es auf junge Blätter und Triebe abgesehen. Diese kleinen Tierchen können auch manchmal mir das Leben schwermachen. In kürzester Zeit wachsen sie zu großen Kolonien heran und saugen wie kleine Vampire die Pflanzen aus. Und dabei können sie, was das größere Übel ist, Krankheitserreger übertragen, vor allem Viren und Bakterien, die oft unheilbare Krankheiten ausbrechen lassen. Unsere schönen Pflanzen gehen dann ein.

Grundsätzliches: Blattläuse sind (besonders in unseren Gärten) ein wichtiger Bestandteil unseres Ökosystems. Sie stehen ganz unten in der Nahrungskette. Viele kleine und große Tiere sind von ihnen abhängig, vom kleinen Marienkäfer bis hin zur Blaumeise. Gerade die Blaumeisen haben in der letzten Zeit stark unter einer bakteriellen Infektion gelitten, die oft zum Tod der Vögel führte. Unsere Aufgabe ist es, besonders den Meisen durch Nisthilfen und genügend Futterangebot zu helfen.

Blattläuse sind alles andere als Einzelgänger, manchmal hocken sie zu Tausenden an den Pflanzen.

VORBEUGUNG UND BIOLOGISCHE BEKÄMPFUNG: Grundsätzlich greifen wir Biogärtner und Biogärtnerinnen nur schonend ein und verzichten auf chemische Pflanzenschutzmittel. Unsere Pflanzen sollten nicht überdüngt werden, das fördert nämlich einen Schädlingsbefall. Manchmal reicht es schon, wenn wir einzelne Läuse mit dem Finger abstreifen. Auch ein scharfer Wasserstrahl hilft, sie loszuwerden. Blattläuse sind nicht so gut zu Fuß, die Gefahr, dass sie zurückkommen, ist sehr gering.

Klassiker Nummer eins bei einem schweren Läusebefall ist wohl die Schmierseife, das Hausmittel aus Großmutters Zeiten. Dazu benötigen wir 30 bis 50 Gramm Schmierseife, die wir in 1 Liter warmem Wasser auflösen; leicht abgekühlt verteilen wir das Gemisch mit einer guten Sprühflasche auf die betroffenen Pflanzenteile. Ein Spritzer Spiritus verstärkt die Wirkung, aber Vorsicht, zu viel davon löst die schützende Wachsschicht auf den Blättern unserer Pflanzen. Auch kalter Kaffee oder schwarzer Tee hilft, also, sollte mal Tee oder Kaffee übrig bleiben, aufheben und bei Befall mittels einer Sprühflasche einsetzen.

Was man auch ausprobieren kann: Wasser, Rapsöl und ein Spritzer Biospülmittel. Dazu 20 Milliliter Rapsöl in 1 Liter warmes Wasser geben und anschließend etwas Biospülmittel als Emulgator hinzufügen. Pflanzen bei Bedarf tropfnass einsprühen. Diese werden glitschig, und die Atemorgane der Läuse verkleben. Ich weiß, kein schöner Tod.

Blattrollwespe

Die Blätter an den Rosen drehen sich auf einmal ein, und wenn man nachschaut, sieht man nichts. Meistens. Denn manchmal ertappt man die Rosenblattrollwespe (*Blennocampa phyllocolpa*) auf frischer Tat. Aufgrund ihrer geringen Größe (etwa 4 Millimeter lang) ist sie eher unscheinbar. Auffällig sind hingegen die Schäden. Nach dem Schlupf der Blattrollwespen im Mai/Juni (in warmen Frühjahren bereits im April) legen diese ihre Eier einzeln oder zu zweit, zu dritt am Rand der Blattunterseite ab. Durch die Einstiche des Weibchens in der Nähe der Mittelrippe nach der Eiablage rollen sich die Fiederblätter vom Blattrand zur Mittelrippe nach unten ein. So kommt es zum auffälligen Schadbild.

Da sich nicht aus jedem Ei eine Larve entwickelt, findet man nicht immer eine im eingerollten Blatt. Wohnt jedoch eine in der Blattrolle, ist sie anfangs weißlich, später hellgrün – und das bei einer Länge um die 10 Millimeter. In der Röhre ist die Larve gut vor Wind und Wetter geschützt, angenehm lässt es sich dort in

Blattrollwespen haben die unangenehme Eigenschaft, Rosenblätter zum Einrollen zu bringen – für die Insekten jedoch eine perfekte Kinderstube.

Ruhe fressen. Im Juli/August verlassen die Larven ihr kuscheliges Zuhause und tauschen es gegen den Boden ein. Hier erfolgt dann auch im Frühjahr die Verpuppung – und alles fängt wieder von vorn an.

VORBEUGUNG UND BIOLOGISCHE BEKÄMPFUNG: Eingerollte Blätter vor dem Ausziehen der Raupen entfernen und gut entsorgen. Eine Boden- und Blattbehandlung mit Wermut kann helfen, siehe dazu die Anleitung bei den Blattwespen, S. 95 f. Wirkungsvoll ist auch eine frühe Spritzung mit Neem. Neem, seit Jahrtausenden Teil der Ayurveda-Medizin, wird aus den Samen, der Rinde, den Blüten und den Blättern des Neembaums (*Azadirachta indica*) hergestellt, es gibt dieses Mittel in jedem Gartenfachmarkt und wird nach Gebrauchsanweisung angewendet.

Blattwanze

Wanzen (Heteroptera) sind Insekten, weltweit gibt es von den kleinen Tieren rund 40 000 Arten, doch nur wenige von ihnen sind auf Pflanzen spezialisiert (circa 100 Arten). Jene Wanzen, die sich von Pflanzensäften ernähren, werden unter dem Oberbegriff «Blattwanzen» zusammengefasst, zu ihnen gehören zum Beispiel die Beerenwanzen (*Dolycoris baccarum*) oder die Gemeinen Feuerwanzen (*Pyrrhocoris apterus*).

Blattwanzen werden meist zwischen 5 und 10 Millimeter groß, sind breit gebaut und recht flach. Die Insekten sind geflügelt und gelbgrün bis gelbrot oder gelbbraun gefärbt – im Grunde recht hübsch. Die Entwicklung der Tiere verläuft vom Ei über ungeflügelte Larven mit mehreren Häutungen bis hin zur ausgewachsenen Wanze. Auch die Überwinterung erfolgt als erwachsenes Insekt, daher findet man Arten wie die Feuerwanzen bereits an den ersten warmen Tagen im Jahr. Blattwanzen vermehren sich besonders dann stark, wenn es sehr heiß und für längere Zeit trocken ist.

Sie befallen häufig verschiedene Obstarten, vor allem Erdbeeren und anderes Beerenobst sowie Äpfel und Birnen. Auch an Gemüse kommen die Insekten vor, zum Beispiel an Bohnen, Kartoffeln oder Kohlgewächsen. Besonders gefährdet für einen Befall sind Jungpflanzen – die Schäden an älteren Pflanzen sind oft zu vernachlässigen. Verschieden große, rundliche Löcher auf Blättern gehören zu den ersten Anzeichen für einen Blattwanzenbefall. Neben dem Lochfraß erkennen Sie die Tiere an ihrem kräftigen Mundstachel. Mit diesem saugen die ausgewachsenen Wanzen sowie ihre Larven an jungem Pflanzengewebe und Früchten. Dabei entstehen kleine, oft gelb verfärbte Einstichstellen. Stark in Mitleidenschaft gezogene Blätter sind meist zersiebt, Früchte zeigen oft Missbildungen. Durch ihre Saugtätigkeit können Virusinfektionen übertragen werden, denn Blattwanzen geben mit ihrem Speichel oft Giftstoffe in die betroffenen Pflanzenteile ab. Verkrüppelte Triebe sowie verkümmerte Blüten und Früchte an den Wirtspflanzen sind die Folge. Die Blütenknospen blühen nicht auf.

Stinkwanzen sind besonders unangenehm, sie sondern mit speziellen Drüsen bei Gefahr ein übel riechendes Sekret ab, es verdirbt oft den Appetit auf die befallenen Früchte. Trotz alledem sind die Schäden durch Blattwanzen jedoch meist nicht als schlimm einzustufen.

VORBEUGUNG UND BIOLOGISCHE BEKÄMPFUNG: Suchen Sie bereits im Frühjahr, sobald es warm wird, Ihre Pflanzen auf mögliche Schädlinge ab. Finden Sie Blattwanzen an ihnen, sollten Sie die Wanzen von den betroffenen Gewächsen abschütteln. Der beste Zeitpunkt dafür ist der frühe Morgen, denn dann sind die Insekten noch sehr träge. Es ist empfehlenswert, dabei Handschuhe zu tragen, damit eventuell versprühtes, stinkendes Sekret nicht auf die Haut gelangt. Das Ab-

Blattwanzen sehen sehr schön aus, können aber auch stinken und giftig sein.

decken der Pflanzen mit einem Gemüsefliegennetz hilft, die Blattwanzen erfolgreich von gefährdeten Gewächsen fernzuhalten. Insbesondere während heißer und trockener Sommer sind häufigere Kontrollen empfehlenswert.

Durch regelmäßiges Bewässern und Mulchen aller Pflanzen beugen Sie weiterhin einem Befall vor. Ein gleichmäßig feuchter Boden ist ideal, da Blattwanzen es sehr heiß und vor allem trocken lieben. Auch das gründliche Entfernen von Unkraut reduziert das Risiko auf Wanzenbesuch. Am besten ist es, Nützlingen wie Vögeln und Kröten durch eine naturnahe Gartengestaltung Unterschlupf und Nistplätze zu bieten, denn sie halten Blattwanzen auf natürliche Weise in Schach.

Wenn Ihre Lieblingspflanzen unter einem starken Wanzenbefall leiden, gibt es neben den vorbeugenden Maßnahmen auch eine Reihe von Bekämpfungsmethoden. Spritzungen mit einer Schmierseifenlauge sind hier hilfreich. Etwa 10 bis 20 Milliliter je 1 Liter Wasser. Sprühen Sie das Gemisch aus Schmierseife und Wasser mehrmals täglich auf die betroffenen Pflanzen. Bei einem sehr schlimmen Befall kann auch Rapsöl genutzt werden, um Eier und Larven in die Schranken zu weisen. Die Pflanzen dazu mit dem Ölgemisch besprühen: Dazu 10 bis 20 Milliliter Rapsöl in 1 Liter warmes Wasser geben, weiterhin einen Spritzer Biospülmittel als Emulsion hinzugeben. Die Schädlinge ersticken, da das Rapsöl ihre Atemorgane verstopft. Rapsöl ist zwar umweltverträglich, jedoch können auch nützliche Tiere geschädigt werden. Es sollte nicht unnötig verwendet werden.

Blattwespe

Die Familie der Blattwespen (Thendredinidae) ist sehr umfangreich und stellt mit mehreren Tausend verschiedenen Arten die größte Familie innerhalb der Pflanzenwespen dar. Von den schätzungsweise 600 in Deutschland vorkommenden Blattwespenarten werden einige aufgrund ihrer Fraßtätigkeit als Pflanzenschädlinge eingestuft. Wobei die von ihnen verursachten Schäden in erster Linie auf die gefräßigen Larven, die auch Afterlarven genannt werden, zurückzuführen sind. Diese leben teils frei, teils in Gallen oder Gespinsten auf ihren Nährpflanzen. Die erwachsenen Tiere sind Pflanzen- und Blütensaftfresser, einige Arten jedoch auch Räuber, was heißt, sie fressen andere Schädlinge, was sie wiederum nützlich macht. Zu den Blattwespen gehören Rosenblattwespen (*Allantus cinctus* und *Caliroa aethiops*), Kirschblattwespen (*Caliroa cerasi*), Kohlrübenblattwespen (*Athalia rosae*), Stachelbeerblattwespen (*Nematus ribesii*) oder die Gelben Pflaumensägewespen (*Hoplocampa flava*). Meist fallen die unscheinbaren, eher einer Fliege statt der gemeinhin bekannten Wespe ähnelnden Tiere gar nicht auf. Sie besitzen weder die typische Wespentaille, noch können sie stechen.

Die Larven sehen aus wie kleine Raupen, oft auch wie winzige, schleimige Nacktschnecken. Sie überwintern in Kokons im oberen Bereich des Erdbodens. Im Frühjahr schlüpfen die meist schwarzen, kleinen Blattwespen. Treten dann die ersten Blattwespen auf, ist es nur sehr schwer vorherzusagen, wie stark der Befall tatsächlich ausfallen wird. Denn die jungen Insekten können bis zu sechs Jahre lang im Boden überdauern. Es ist jedoch eher selten, dass die Wespen massenhaft auftreten. Die größten Schäden entstehen im Zeitraum von Mai bis August.

Fressen oft mit großer Leidenschaft Blätter: Blattwespen, wobei sie das Blattgerippe jedoch verschmähen.

Während die erste Generation der Blattwespen dabei nur einzelne Blätter annagt, führt vor allem die zweite Generation zum gefürchteten Kahlfraß. Dabei fressen die Larven Löcher in die Blätter. Je nach Blattwespenart können sich innerhalb eines Jahres und unter für sie günstigen Bedingungen bis zu fünf Generationen entwickeln, die sich teilweise überschneiden. Sie werden durch warme Temperaturen und früh beginnende Vegetationsperioden gefördert.

VORBEUGUNG UND BIOLOGISCHE BEKÄMPFUNG: Je nach Art des vorliegenden Befalls können die von den Blattwespenlarven verursachten Schäden mehr oder weniger stark ausfallen. Während manche von ihnen nur unbedeutende Beeinträchtigungen an den befallenen Pflanzen hervorrufen – hier ist zu hoffen, dass Raupenfliegen, Schlupfwespen und Vögel die Blattwespenpopulationen dezimieren (entsprechend Nistkästen und Vogelhäuser im Garten aufstellen) –, können andere zu jenem gefürchteten kompletten Kahlfraß führen, der die Pflanzen erheblich schwächt. Entsprechend sind die jeweiligen Gegenmaßnahmen zu wählen.

Bei Rosen sollten idealerweise robuste Sorten gewählt werden, achten Sie beim Kauf auf das ADR-Siegel. Bei der Allgemeinen Deutschen Rosenneuheitenprüfung bewertet ein Gremium von Experten aus unabhängigen Prüfungsgärten, dem Bund deutscher Baumschulen (BdB) und Rosenzüchtern neue Rosensorten aus dem In- und Ausland auf Kriterien wie Blattgesundheit, Winterhärte, Wüchsigkeit und Reichblütigkeit. Während der dreijährigen Prüfzeit kommen keine Pflanzenschutzmittel zum Einsatz.

Jene Rosen, die glatte, glänzende und gekräuselte Blätter haben, werden weniger befallen. Wichtig ist grundsätzlich eine regelmäßige Kontrolle mit Beginn des Frühjahrs, insbesondere sind die Blattunterseiten zu inspizieren. Werden Larven gefunden, so sollten sie abgesammelt und im Hausmüll entfernt werden, ebenso entdeckte Eigelege.

Um die Pflanzen zu stärken, empfehle ich eine Düngung mit Brennnesselbrühe: Hierzu werden etwa 1 Kilogramm Brennnesseln in 5 Liter Wasser circa 15 Minuten ausgekocht, abgeseiht und 1:3 verdünnt gesprüht. Algenpräparate, speziell Algenkalk, kann auf die Blätter gepudert werden, dann werden sie nicht mehr abgefressen, denn die alkalische Wirkung hält die Larven fern. Vorbeugend ist ein Rainfarn- oder Wermuttee zu spritzen: 200 Gramm Wermut frisch oder 20 Gramm getrocknet in 1 Liter Wasser leicht auskochen und auf 5 Liter verdünnen. Im Frühling bei Blattaustrieb jede Woche auf die Rosen sprühen, bis Ende Mai. Bei einem stärkeren Befall bestäube ich die betroffenen Pflanzen mit Gesteinsmehl.

Blausieb

Das Blausieb (*Zeuzera pyrina*) ist ein nachtaktiver Schmetterling aus der Familie der Holzbohrer (Cossidae). Das Weibchen erreicht eine Flügelspannweite von 35 bis 60 Millimeter, während die Männchen im Durchschnitt nur auf circa 16 Millimeter kommen. Die Flügel haben eine weiße Grundfärbung, auf der dunkelblau schillernde Punkte mehr oder weniger regelmäßig angeordnet sind. An Rumpf und Brust sind zwei Reihen zu je drei blau schillernden Punkten erkennbar, außerdem haben sie fadenförmige Fühler. Der Nachtfalter fliegt von Juni bis August. Die Weibchen legen ihre Eier in Baumwunden und in Rindenlücken ab.

Ziel sind verschiedene Laub- und Obstbäume. Die Raupen sind bis zu 6 Zentimeter lang, zuerst sind sie rosa, später gelb mit schwarzen Punkten. Kopf, Spitze des Hinterteils und Nackenschild haben eine Schwarzfärbung. Sie bohren sich in junge, dünne Zweige ein, danach werden auch dickere Äste bis rund 10 Zentimeter Durchmesser befallen. Entwicklung und Fraßtätigkeit der Raupe umfassen zwei bis drei Jahre. Die Fraßgänge können dabei eine Länge von 30 bis 40 Zentimeter erreichen. Sie sind gut zu erkennen, da rotbrauner Kot und zernagtes Holz nach außen befördert werden. Die Verpuppung erfolgt im Fraßgang.

Ein Schaden zeigt sich, indem die Blätter an den Ästen welken und absterben. Wenn sich die Raupe in den Stamm von Jungbäumen gebohrt hat, kann es zu einer starken Beeinträchtigung bis hin zum Absterben der jungen Bäume kommen. Anhand der Menge des ausgeworfenen Bohrmehls beziehungsweise Kots lässt sich schnell der Umfang des Befalls ausmachen.

VORBEUGUNG UND BIOLOGISCHE BEKÄMPFUNG: Jungbäume unbedingt zweimal jährlich kontrollieren, ob es irgendwelche Auffälligkeiten gibt. Mit Pheromonfallen, die Sexualduftstoffe enthalten, lässt sich der Falterflug überwachen. Nur Männchen werden dabei abgefangen. Die Fallen sollten ab Mitte Mai über den Baumkronen aufgehängt werden. Die Förderungen von natürlichen Gegenspielern sorgt für ein biologisches Gleichgewicht und reduziert das Blausiebauf-

Nachtfalter wie der Blausieb befallen vorzugsweise geschwächte und junge Bäume; das Schadbild, verursacht durch die Raupe, ist gut auszumachen.

kommen. Natürliche Fressfeinde der Falter sind Fledermäuse und Eulen. Die Raupen werden von Schlupfwespen parasitiert und von Spechten aus dem Holz geholt. Weiterhin sollten Sie die frisch befallenen Äste abschneiden und verbrennen. Larven, die noch nicht zu tief ins Holz vorgedrungen sind, können mit einem spitzen Draht getötet oder aus dem Gang gezogen werden.

Blutlaus

Blutläuse (*Eriosoma lanigerum*) sind Pflanzenschädlinge, die zu den Blattläusen (Aphidoidea) gehören. Die rotbraunen Plagegeister kommen ursprünglich aus Nordamerika, sie sind etwa 2 Millimeter groß und schützen sich mit einer weißen Wachswollschicht, die ihre Körper bedecken. Dadurch sind sie gut zu erkennen. Werden diese kleinen Tierchen zerdrückt, tritt eine blutrote Flüssigkeit aus ihnen heraus – dadurch erhielten sie ihren Namen.

Blutläuse überwintern als Junglarven. Da sie zu diesem Zeitpunkt noch keine Wachsschicht gebildet haben, kann man sie nur schlecht erkennen. Zum Überwintern nutzen sie die Rinde von Apfelbäumen, manchmal aber auch die oberen Wurzeln. Die Larven der Blutläuse ertragen Temperaturen bis zu minus 19 Grad Celsius, wird es kälter, ziehen sie in den Bereich des Wurzelhalses um. Im Frühling wandern die Larven auf die Äste und Zweige der Obstbäume. Ab Mitte bis Ende Mai beginnen sie mit der Wollbildung und der Ausbreitung erster großer Lauskolonien.

Die Vermehrung von Blutläusen erfolgt wie bei allen Blattläusen ungeschlechtlich. Besonders an schattigen und windgeschützten Standorten kann es schnell zu einem massiven Befall kommen, bis zu zehn Generationen jährlich ist keine Seltenheit. Zwischen Juni und Anfang Juli ist der Befall am größten. Im September gibt es einen zweiten, nicht so starken Anstieg. Wie bei fast allen Läusen können auch Blutläuse Flügel entwickeln, so können sie sich den Sommer über leicht auf andere Apfelbäume verteilen.

Durch ihre Saugtätigkeiten schaden sie der Baumrinde. An dieser zeigen sich dann krebsartige Wucherungen, das wird auch Blutlauskrebs genannt. Bei einem massiven Aufkommen entstehen knotenartige Risse, an diesen Wundstellen bilden sich oftmals Blutlauskolonien. Ein intensiver Befall über mehrere Jahre schwächt den gesamten Baum, mit Ertragseinbußen ist dann zu rechnen. Stark wachsende und geschädigte Apfelbäume bieten besonders gute Möglichkeiten zur Vermehrung.

Die Blutlaus ist perfekt geschützt durch weiße wollartige Wachsfäden, wodurch sie schwer zu bekämpfen ist.

Blutläuse lieben vor allem Apfelbäume. Einige Apfelsorten sind dabei anfälliger als andere. Zu den anfälligen Sorten zählen vor allem ‹Cox Orange›, ‹Goldparmäne›, ‹James Grieve›, ‹Jonathan›, ‹Klarapfel› und ‹Roter Boskoop›. Aber Blutläuse verschmähen auch nicht Ziergehölze mit apfelähnlichen Früchten, so die Zierquitte (Chaenomeles), die Zwergmispel (Cotoneaster), Feuerdorn (Pyracantha) sowie Weiß- und Rotdorn (Crataegus).

VORBEUGUNG UND BIOLOGISCHE BEKÄMPFUNG: Bei Neuanpflanzungen von Apfelbäumen sollten Sie darauf achten, wenig anfällige Sorten zu wählen. Kontrollieren Sie Ihre Bäume regelmäßig auf mögliche Blutlauskolonien, untersuchen Sie ab Anfang Mai Äste und Zweige. Entdecken Sie diese, kann eine Bürste Abhilfe schaffen. Ordentlich schrubben! Schneiden Sie entstandene Wucherungen des Blutlauskrebses sorgfältig aus den betroffenen Pflanzen heraus und verschließen Sie anschließend die Wunden mit einem Baumpflaster auf Naturharzbasis. Nur bei einem sehr starken Befall sollte Rapsöl oder Paraffinöl eingesetzt werden.

Ein frühes Ausbringen von Leimringen oder Sprühleim an der Stammbasis verhindert eine Ausbreitung der Blutläuse in die Baumkrone. Verzichten Sie auf mineralischen Stickstoffdünger. Besser ist es, um die Bäume Kapuzinerkresse zu pflanzen, ist sind eine gute Ablenkung für die Läuse. Auch eine Verwendung von Nützlingen ist sehr zu empfehlen, denn die Blutlauszehrwespe etwa parasitiert die Blutlaus, sie ist deshalb ein wichtiger Gegenspieler. Die Blutlauszehrwespe (*Aphelinus mali*) ist klein, nur 2 Millimeter groß, sie legt ihre Eier in die erwachsenen Blutläuse ab. Die Larven fressen die Laus von innen auf, verpuppen darin und verlassen als fertiges Weibchen die Blutlaushülle. Sechs bis acht Generationen im Jahr sind so möglich. Parasitierte Blutläuse produzieren nicht mehr Wachs und sind dadurch an ihrer violett-schwarzen Färbung erkennbar.

Die aus den USA eingeführte Blutlauszehrwespe kommt mittlerweile in vielen Obstanlagen natürlich vor, sie ist aber nur bedingt an unser Klima und den hiesigen Entwicklungszyklus der Blutlaus angepasst. Im Herbst befindet sie sich meist im frostempfindlichen Erwachsenenstadium, für die Überwinterung sind jedoch ältere Larvenstadien in parasitierten Läusen erforderlich. Im Frühjahr benötigt die Wespe höhere Temperaturen zur Entwicklung als die Blutlaus. Die Bestände leiden zudem oft unter kalten Frühjahrstemperaturen und erholen sich erst wieder im Sommer. Die Blutlauszehrwespe erreicht daher meist erst im Juli bis August eine wirksame Parasitierung der Kolonien. Um einen Wachstumsschaden durch Blutläuse abzuwenden, wäre eine gezielte Ausbringung der Wespen im Juni nötig.

Fördern Sie durch einen naturnahen Garten überhaupt Nützlinge wie Schwebfliege, Marienkäfer, Florfliege oder Ohrwürmer. Damit diese einen geeigneten Lebensraum finden, sollten Sie grundsätzlich auf den Einsatz von chemischen Pflanzenschutzmitteln verzichten.

Brombeergallmilbe

So winzig diese kleinen Gesellen sind, so ärgerlich sind sie. Da freut man sich auf eine tolle Brombeerernte, die Beeren beginnen sich schon saftig dunkel zu verfärben – und plötzlich werden etliche Beeren nicht wirklich reif. Teilweise bleibt die Frucht rot und vertrocknet. Die Ernte ist dann im Eimer. Will man der Ursache auf den Grund gehen, ist eine Lupe vonnöten. Mit dem bloßen Auge kann man den Übeltäter nämlich nicht entdecken, den Mini-Schädling Brombeergallmilbe (*Acalitus essigi*), mit einer Größe von nur etwa 0,2 Millimetern. Leider ist diese

Sind Brombeeren von der Brombeergallmilbe befallen, reifen die Früchte nicht aus.

Milbe Stammgast bei den Brombeeren, sie überwintert in den Blattachsen und unter den Knospenschuppen. Auch die vertrockneten Früchte bieten eine willkommene Überwinterungsmöglichkeit. Mit Beginn des Frühjahrsaustriebs wird die Milbe wieder aktiv und breitet sich aus. Das ungleiche Ausreifen der Früchte hat damit zu tun, dass die Frucht aus mehreren Einzelfrüchten besteht und von den Milben in Segmenten ausgesaugt wird.

VORBEUGUNG UND BIOLOGISCHE BEKÄMPFUNG: Um die Gefahr eines Milbenbefalls an den Früchten zu mindern, sollten Sie geschädigte Brombeerranken nach der Ernte im Herbst oder Winter stark zurückschneiden und entfernen. Falls erforderlich, kann im Frühjahr eine direkte Bekämpfung mit einem Rapsölpräparat erfolgen. Auch eine Behandlung mit Netzschwefel oder einer meiner Mischungen ist möglich. Dazu 200 Gramm frische oder 10 Gramm getrocknete Efeublätter mit 50 Gramm gehacktem Knoblauch kurz aufkochen und auf 3 Liter verdünnen. Die Spritzung sollte nach dem Austrieb der frischen Seitentriebe erfolgen, sobald sie eine Länge von etwa 10 Zentimetern haben. Eine mehrmalige Wiederholung der Behandlung ist empfehlenswert.

Buchsbaumblattfloh

Der grünliche, knapp 4 Millimeter große Buchsbaumblattfloh (*Psylla buxi*) ist in Deutschland, überhaupt in ganz Europa sehr verbreitet. Seine kleinen flachen Larven sind ebenfalls grünlich gefärbt und durch eine weiße Wachsschicht geschützt. Sie durchlaufen im Zeitraum von circa sechs Wochen fünf Stadien, bis sie erwachsen werden. Etwa ab Juni können wir die mit starken Hinterbeinen ausgestatteten erwachsenen Blattflöhe erkennen, bei Störungen springen sie schnell weg und sind so zu ihrem Namen gekommen. Die erwachsenen Tiere legen im Juli ihre Eier in das Gewebe der Buchsbäume ab, aus denen noch im selben Jahr neue Larven schlüpfen. Diese überwintern dann, geschützt durch ihre weißen Wachsausscheidungen, an der Pflanze und werden im Frühjahr aktiv. Es gibt nur eine Generation pro Jahr.

Wenn sich die jungen Blätter an den Triebspitzen der Buchsbäume löffelartig wölben, zeigt das auf einen Befall mit dem Buchsbaumblattfloh hin. In kugelartigen, kopfkohlähnlichen, 1 bis 2 Zentimeter großen Gallen befinden sich die Larven. Die Larven saugen an den Leitungsbahnen der Pflanze, dadurch rollen sich die jungen Triebspitzenblätter schalenförmig nach oben ein. So entsteht das typische Schadbild, die Löffelblättrigkeit.

Nach dem ersten Schnitt ist der Buchsbaumblattfloh zum Glück verschwunden.

Bei ihrer Saugtätigkeit scheiden die Larven viel klebrigen Honigtau aus, der wiederum Grundlage und Futter für die braunen bis schwarzen Rußtaupilze (siehe S. 104, 116) ist. Durch eine Reduzierung der Fotosynthese können die Pilze die Pflanzen schwächen und deren Zierwert beeinträchtigen. Befallene Blätter zeigen außerdem leichte Vergilbungen. Durch das Ausscheiden von Honigtau und die Wachsschicht wird der Blattfloh leicht mit Wollläusen verwechselt. Der Buchsbaumblattfloh hat sich wohl auf den Buchsbaum (Buxus) spezialisiert, denn ein Befall anderer Pflanzen ist bisher nicht bekannt.

VORBEUGUNG UND BIOLOGISCHE BEKÄMPFUNG: Durch das Pflanzen geeigneter Buchsbaum-Sorten lässt sich ein Befall mit dem Buchsbaumblattfloh vorbeugen. Als wenig anfällig gelten unter anderem die Sorten ‹Blauer Heinz›, ‹Herrenhausen› und ‹Elegantissima›. In der Regel lassen sich die Schädlinge gut bekämpfen, indem betroffene Blattspitzen abgeschnitten und entsorgt werden. Eine Pflanzenstärkung ist immer sinnvoll, entweder mit einem Rainfarntee, einem Acker-Schachtelhalm-Tee (siehe S. 22, 37) oder einem Knoblauchtee (siehe S. 76). Bei wiederholtem Befall hilft eine Austriebsspritzung im März mit einem rapsölhaltigen Mittel. Diese bekommt man im Handel als zugelassenes Pflanzenschutzmittel. Oder man gibt 20 Milliliter Rapsöl in 1 Liter warmes Wasser mit ein bisschen Biospülmittel, damit eine Emulsion entsteht.

Buchsbaumzünsler

Ganze Buchsbaumwälder wurden vollkommen durch den Buchsbaumzünsler (*Cydalima perspectalis*), ein schwarz-weiß gemusterter Kleinschmetterling, entlaubt. Der Falter legt seine Eier an den äußeren Blättern des Buchsbaums ab. Aus den Eiern schlüpfen Larven, die sich zu bis zu 5 Zentimeter langen, grünen Raupen mit schwarzen Punkten entwickeln. Bekämpft man die Raupen nicht, fressen sie sich im Buchsbaum von innen nach außen. Ein Buchsbaumzünslerbefall ist an weißen Gespinsten im Buchsbaum zu erkennen. Sind keine Blätter mehr vorhanden, nagen die Raupen an der Rinde, dadurch sterben meterhohe Bäume bis zum Grund ab und müssen nun von unten wieder neu austreiben. Ohne weiteren Zünslerbefall können sie sich auch wieder erholen. Zünsler können bis zu vier Generationen im Jahr entwickeln, es ist schwer vorherzusagen, wann die ersten in Erscheinung treten, da sie sich den Temperaturen anpassen. Je wärmer der Frühling ist, umso eher sind sie da. Auch ein verregneter Frühling macht ihnen nichts aus. Aktiv werden sie ab einer konstanten Temperatur von 7 Grad Celsius.

Zünsler reduzieren sich nach einem starken Auftreten meist selbst – aber nur deshalb, weil sie ihre eigenen Lebensgrundlagen wegfressen, sie sind eben wirklich sehr gefräßig. Dort, wo sie auftreten, sind bis zu 90 Prozent der Buchsbäume ohne Blätter, in den Städten können es sogar 100 Prozent sein. Und bis auf den Sperling, der vereinzelt beim Verputzen der Raupen beobachtet wurde, sind Feinde unbekannt. Das hat auch einen Grund: Der Zünsler speichert in seinem Körper die im Buchsbaum enthaltenen toxischen Alkaloide (darunter Buxin, Parabuxin, Buxinidin, Cyclobuxin und Buxamin). Die Vogelbrut kann sogar sterben, wird sie mit zu viel Zünsler gefüttert. Die Natur braucht wohl noch ein bisschen Zeit, bis sich der richtige und effektive Fraßfeind eingefunden hat. Häufig wird der Raupenbefall erst sehr spät bemerkt, denn die Raupen beginnen gut versteckt mit ihren Fressattacken. Der Falter ist nachtaktiv und sucht nur zur Eiablage den Buchsbaum auf.

Der Buchsbaumzünsler ist ursprünglich im ostasiatischen Raum beheimatet, in China und Südkorea. Dort frisst er ebenfalls am Buchsbaum herum, aber auch an Spindelsträuchern und Ilex-Arten. Da können wir schon mal einschätzen, was

Der Buchsbaumzünsler, ein ostasiatischer Kleinschmetterling, hat in ganz Deutschland den Buchsbaum auf dem Gewissen.

auf uns zukommt, wenn der Buchsbaum durch Ilex, wie oft empfohlen, im Garten ausgetauscht wird. Die große Verbreitung der Zünsler erfolgt weniger durch den Falterflug als vielmehr durch den (internationalen) Pflanzenhandel.

VORBEUGUNG UND BIOLOGISCHE BEKÄMPFUNG: Ein frühzeitiges Entfernen der Raupen und/oder Puppen hilft auf jeden Fall. Ebenso der Einsatz von *Bacillus thuringiensis*-Produkten gegen die jungen Larven im ersten Stadium (April und Anfang Juli). Ein Rückschnitt des Buchsbaums, bevorzugt nach der Eiablage des Falters, führt zu einer Bekämpfung der Eier und der jungen Larven. Man kann es weiterhin mit parasitären Nematoden (*Steinernema carpocapsae*) versuchen, um die Larven loszuwerden (siehe S. 292 unter «Nützlinge»). Durch (anliegende) Netze bei Buchsbaumkugeln lässt sich nach meinen Erfahrungen eine Eiablage wirkungsvoll verhindern. Anstatt Gift zu spritzen, können befallene Pflanzen sorgfältig abgeklopft oder mit einem Industriesauger abgesaugt werden. Ein Bestreuen der Buchsbäume mit Algenkalk hat zur Folge, dass die Raupen ihre Fraßtätigkeit einstellen. Der Algenkalk liefert auch wichtige Mineralstoffe, die den Buchsbäumen hilft, sich schnell zu erholen. Kombiniert mit dem Einsatz von Neem-Spritzungen in den Morgen- oder Abendstunden habe ich ebenfalls gute Erfolge erzielt. Zuerst wird der Buchsbaum gründlich mit Neem behandelt. Hatte der Wirkstoff genügend Zeit, ins Blatt einzudringen, ist der Buchsbaum für die nächsten zehn Tage gegen Fraßschäden geschützt. Am nächsten Tag ist dann der Algenkalk dran und bringt zusätzlichen Schutz.

Dickmaulrüssler

Unter den Insekten gibt es einige Bodenschädlinge, die als Larve oder Käfer in der Erde leben und über Beißwerkzeuge verfügen, mit denen sie mit großem Appetit über Wurzeln und Blätter herfallen. Zu ihnen zählen zum Beispiel die Dickmaulrüssler (Otiorhynchus). Die erwachsenen Käfer besitzen einen starken Chitinpanzer mit Deckflügeln, unter denen sich die dünnhäutigen Hinterflügel befinden. Bei wenigen Arten, etwa bei dem Gefurchten Dickmaulrüssler (*Otiorhynchus sulcatus*), sind die Flügeldecken verwachsen, sodass sie flugunfähig sind. Diese können sich aber flink durch Laufen fortbewegen, sie schaffen weite Strecken und lieben das Klettern.

Am gedeckten Outfit kann man die Dickmaulrüssler gut erkennen: Sie sind braunschwarz gefärbt und erreichen eine Länge von bis zu 1 Zentimeter. Der typische Rüssel ist relativ kurz und breit. Dickmaulrüssler sind nachtaktiv und verstecken sich tagsüber gern unter Töpfen, Brettern oder im Mulch. In kürzester Zeit können sie sich enorm vermehren; tausend Eier sind für ein Weibchen kein Problem. Und das alles allein durch Jungfernzeugung, das heißt, Männchen werden nicht zur Fortpflanzung benötigt. Die Larven sind weiß mit einer braunen Kopfkapsel und werden bis zu 1 Zentimeter groß. Ab Juli, abhängig von der Tageslichtlänge und der Temperatur, werden die Eier in Futternähe in den Boden gelegt. Nach zwei bis drei Wochen schlüpfen die Larven und fressen dann an den Wurzeln oder Knollen in ihrer Umgebung herum. Die erwachsenen Käfer machen sich nur über die Blätter her, das sieht zwar nicht schön aus, aber damit können die Pflanzen leben – wenn die Wurzeln nicht betroffen sind. Im Winter ziehen sich die Larven in tiefere Bodenschichten zurück, doch zeitig im Frühjahr wird das große Fressen fortgesetzt. Dickmaulrüssler sind Allesfresser, keine Pflanze bleibt verschont. Aber es gibt Lieblingsspeisen wie Hortensien, Primeln, Forsythien, Rosen, Azaleen, Fuchsien, Geranien, Himbeere, Pfingstrosen, Rhododendron, Flieder oder Weinrebe.

VORBEUGUNG UND BIOLOGISCHE BEKÄMPFUNG: Als Erstes sollten Sie im Garten Raum für natürliche Feinde schaffen, darunter befinden sich verschiedene

Ziemlich gefräßig ist der Dickmaulrüssler, die Larven des kleinen Rüsselkäfers machen sich über die Wurzeln von Pflanzen her, der Käfer selbst liebt dicke Blätter.

Laufkäfer, Vögel, aber auch Spitzmaus, Maulwurf und Igel. Beim Einsatz von Fadenwürmern, sogenannten Nematoden (*Heterorhabditis bacteriophora* oder *Heterorhabditis megidis*), dringen diese in die Körperöffnungen der Larven ein und geben dort ein Bakterium ab, das die Schädlinge innerhalb weniger Tage absterben lässt. Die Käfer, die sich am Tag unter Tontöpfen oder Holzplatten verkriechen, sollten abgesammelt werden. Der Einsatz von Nematoden namens *Steinernema carpocapsae* kann bei erwachsenen Käfern zusätzlich helfen. Die Fadenwürmer sind im Einzelhandel erhältlich.

Drahtwurm

Drahtwürmer sind die Larven des Schnellkäfers (Elateridae), gefräßig, wie sie sind, können sie einen Gemüsegarten geradezu verwüsten. Die Larven sind 2 bis 3 Zentimeter lang und haben einen harten, gelbbraunen Chitinpanzer. Nach der Verpuppung verwandelt sich der Drahtwurm in den braun bis schwarzen, etwa 1 Zentimeter große Schnellkäfer. Drahtwürmer besitzen am Vorderkörper drei Beinpaare, einen kräftigen Kiefer sowie Punktaugen auf der Kopfoberseite. In Europa existieren mehrere Hundert Arten, einige von ihnen leben räuberisch von anderen Larven und Maden, oftmals sind sie Kannibalen und fressen sich gegenseitig auf. Die im Erdboden wohnenden Arten sind Pflanzenfresser. Die Larven fressen vor allem im Frühjahr und im Herbst an verschiedenen Gemüsearten. Bei plötzlich aufkommender Trockenheit suchen Drahtwürmer Feuchtigkeit und bohren sich dann zum Ärger vieler Gärtner und Gärtnerinnen in erntereife Kartoffeln.

Das ideale Zuhause der Schnellkäfer ist das Grünland – dort findet man daher besonders viele Larven. Auf neu angelegten Gemüsebeeten oder Ackerflächen, die vorher mit Rasen oder Wiese bewachsen waren, können Drahtwürmer in den ersten Jahren schnell zur Plage werden. Vorzugsweise ernähren sie sich von Kartoffeln, Mais, Tomaten und Salat. Aber auch Blumenzwiebeln, Rote Bete, Möhren, Erbsen und Spargel sind häufig betroffen. Die ausgewachsenen Käfer sind dagegen harmlos, sie ernähren sich von Blüten, Getreideblättern und Gräsern. Manchmal können Drahtwürmer sogar in Blumentöpfen auftreten, wenn beispielsweise die neue Blumenerde mit den Larven oder Eiern verseucht war.

Die angefressenen Pflanzen beginnen schnell zu welken und fallen anschließend um. Oft lassen sie sich mühelos aus dem Boden ziehen und haben kaum noch Wurzeln. Bei Rüben und Knollen, beispielsweise von Möhren, Rote Bete oder

Kartoffeln, sind Fraßgänge zu erkennen. Drahtwürmer treten häufig in der kompletten Gartensaison auf. Oft sterben ganze Pflanzen ab.

VORBEUGUNG UND BIOLOGISCHE BEKÄMPFUNG: Um einem Befall mit Drahtwürmern vorzubeugen, sollten Sie auf frisch umgebrochenen Flächen in den ersten zwei Jahren keine besonders gefährdeten Pflanzen wie zum Beispiel Kartoffeln anbauen. Auch eine gründliche und tief reichende Bodenbearbeitung sowie eine häufige Lockerung der Erde sind wichtige präventive Maßnahmen. Kontrollieren Sie regelmäßig Ihre Pflanzen auf einen Schädlingsbefall.

Bei einem Befall mit Drahtwürmern sollten Sie sofort handeln. Wenn Sie die Schädlinge im Frühjahr oder Herbst in der obersten Bodenschicht entdecken, ist der Boden bei trockenem, sonnigem Wetter gut durchzuhacken, die Larven und ebenso die Eier reagieren empfindlich auf Trockenheit. Auch Umgraben hat einen positiven Effekt, die Drahtwürmer aus den tieferen Schichten sind dann an der Bodenoberfläche. Dort können Sie die Schädlinge per Hand absammeln oder

Die Kartoffeln faulen und werden ungenießbar durch die Fraßtätigkeit der Drahtwürmer.

ihren natürlichen Feinden überlassen, diese freuen sich über die proteinhaltige Mahlzeit. Bedanken werden sich Laufkäfer, Schlupfwespen, Maulwürfe, Igel, Spitzmäuse und verschiedene Vogelarten – vor allem Stare und Krähen fressen gerne Drahtwürmer und verfüttern die eiweißreiche Kost an ihre Jungen. Hühner sind ebenfalls eine große Hilfe bei ihrer Vertilgung.

Mit Kartoffeln lassen sich Drahtwürmer fangen, dazu schneiden Sie mehrere Kartoffeln in breite Scheiben und legen sie auf die Beete. Später sammeln Sie die Kartoffelstücke mitsamt den Drahtwürmern in einem Eimer und entleeren diesen an einer Stelle, wo die Larven keinen Schaden anrichten können. Anschließend platzieren Sie neue Kartoffelstücke auf die Beete und wiederholen die Prozedur.

Tagetes und Ringelblumen haben eine giftige Wirkung auf Drahtwürmer und sorgen dafür, dass der Befall mit den Schädlingen verringert wird. Setzen Sie diese Pflanzen zwischen Ihr Gemüse oder den Kartoffelreihen. Sobald die Larven an ihnen fressen, sterben sie ab.

Engerling (siehe: Junikäfer)

Erdbeerblütenstecher

Der Erdbeerblütenstecher (*Anthonomus rubi*) ist ein kleiner Rüsselkäfer, der eigentlich nichts anderes im Sinn hat, als einen sicheren Ort für seine Nachkommen zu suchen – und dabei arbeitet er mit erstaunlichen Tricks. Was ihn aber nicht daran hindert, zwischendurch großen Schaden anzurichten. Seinem Namen nach müsste er sich ausschließlich an Erdbeeren herumtreiben, was aber nicht stimmt. Den Erdbeerblütenstecher trifft man auch an Himbeeren, Brombeeren und Rosen (dort bekannt als Rosenblütenstecher) sowie an Nelkenwurz und Fingerkraut.

Der flugunfähige Käfer überwintert gut versteckt im vertrockneten Laub von Beeten. Bei warmem Wetter, etwa ab 18 Grad Celsius, werden die Stecher munter. Erst einmal müssen sie sich nach dem langen Winter satt fressen (Reifungsfraß). Das tun sie dann genüsslich an Blättern und Blüten ihrer ausgewählten Pflanzen. Mit dem Ergebnis, dass kleine Löcher zu erkennen sind. Dadurch wird aber nur der Zierwert beeinträchtigt, die Pflanzen stecken das gut weg. Das eigentliche Malheur kommt erst noch. Die weiblichen Käfer haben nämlich nur ein Ziel, das sind die noch geschlossenen Blüten. Mithilfe eines kleinen Einbohrlochs wollen sie in jede Blüte ein Ei ablegen. Und nun kommt der Clou: Unterhalb der Blüte

Bei einer Attacke des Erdbeerblütenstechers knicken die Blüten ab, und die Ernte fällt aus.

wird jetzt der Stiel kurz angenagt, sodass die Blüte abknickt und nicht aufblüht, manchmal sogar abfällt. Jedes Weibchen kann so bis zu hundert Blüten als Kreißsaal benutzen. Man will sich gar nicht vorstellen, wie die Erdbeerernte ausfällt, wenn mehrere Hundert Rüsselkäferweibchen an den Erdbeerblüten herumbohren. Erdbeerkuchen ade. In der geschlossenen Blüte schlüpft die Larve etwa nach einer Woche und ernährt sich gut zwei Wochen von ihrem Innenleben. Nach der Verpuppung bohrt sich der Käfer etwa im Juni/Juli aus der vertrockneten Blüte heraus und frisst einige Zeit an den Blättern seiner Wirtspflanze. Nach einer Sommerruhe geht's gleich in die Winterruhe, versteckt im Boden unter Blättern und Pflanzenresten.

VORBEUGUNG UND BIOLOGISCHE BEKÄMPFUNG: Entfernen Sie abgeknickte Knospen (noch vor dem Käferschlupf), das senkt die Käferplage fürs kommende Jahr. Bei starkem Befall können Sie im Frühjahr etwa ab Blühbeginn Neem einsetzen.

Erdfloh

Durchlöcherte Blätter stören mich nicht bei Rettich, Radieschen oder Kohlrabi. Doch wer mag Löcher im Rucola oder in Kohlblättern? Die Übeltäter sind winzig kleine und flinke Erdflöhe (Psylliodes). Sie lieben Kreuzblütler, Nachtschattengewächse und ganz besonders alle Kohlpflanzen. Bei dem Raps-Floh (*Psylliodes chrysocephalus*) zum Beispiel stehen auf seinem Speiseplan die Blätter von Radieschen, Rettich, Kohlrabi, Kopfkohl und Rucola ganz oben. Selbst Borretsch und Beinwell bleiben nicht verschont. Und den Kartoffel-Erdfloh (*Psylliodes affinis*) zieht es in Richtung Kartoffeln und anderer Nachtschattengewächse. Aber keine Angst, das durchlöcherte Gemüse kann man ohne Weiteres essen.

Erdflöhe sind in Wirklichkeit keine Flöhe, sondern 2 bis 3 Millimeter kleine Käfer mit einer ungemeinen Sprungkraft. Sie sind entweder schwarz-schillernd oder gelb-schwarz gestreift, und kaum zu glauben, ihre großformatigeren Verwandten sind die Kartoffelkäfer. Erdflöhe tauchen ab April bei Temperaturen um 5 Grad Celsius auf. Im Mai legen die Erdflöhe die Eier in die Erde, wo sich die Larven bei warmer und trockener Witterung besonders gut entwickeln, jedenfalls dann, wenn sie an Wurzeln und Keimlingen fressen können. Im Juni ist die Entwicklung der ersten Sommergeneration abgeschlossen. Je nach Wetterlage ent-

Erdflöhe lieben nur zu gern alle Kohlpflanzen – leider.

wickeln sich noch weitere Generationen, bis im August die letzten Eier abgelegt werden. Erdflöhe überwintern als Larven im Boden.

VORBEUGUNG UND BIOLOGISCHE BEKÄMPFUNG: Vorbeugend sind Mischkulturen mit Bohnenkraut, Spinat oder Salat anzulegen, doch bei trockenem Wetter hilft das wenig. Oft wird das Hausmittel Kaffeesatz empfohlen, die lästigen Erdflöhe vertreibt er leider nicht. Besser ist es, die kleinen Käfer ständig zu stören und den Boden regelmäßig zu lockern, zu hacken, zu mulchen.

Damit der Boden feucht bleibt, lohnt sich das Mulchen zum Beispiel mit Rhabarberblättern oder einem Brennnessel- und Holunderschnitt. Auch Rasenschnitt eignet sich. Algenkalk oder Gesteinsmehl hält die Käfer von den Blättern fern. Bei starkem Befall sollten Sie eine entsprechende Anwendung wöchentlich wiederholen. Ein altes Hausmittel hilft dennoch: Bestäuben Sie die Pflanzen leicht mit Roggenmehl, durch das Mehl werden sie für die Erdflöhe unattraktiv und fortan gemieden. Blühende Ginsterzweige zwischen den Saatreihen verderben ihnen wiederum den Appetit.

Hilfreich ist weiterhin ein sehr feinmaschiges Gemüseschutznetz, mit dem die Pflanzen abgedeckt werden. Das Netz rund um die Gewächse gut eingraben oder mit Brettern abdecken. Auch sollten Sie die Fruchtfolge beachten: Schädlinge haben grundsätzlich ein leichtes Spiel, wenn im Folgejahr Pflanzen derselben Pflanzenfamilie erneut angebaut werden. Die Einhaltung der Fruchtfolge spielt deshalb beim Eindämmen von allen Schädlingen eine wichtige Rolle. Dazu gehören auch die schon erwähnten Mischkulturen, denn die richtigen Pflanzennachbarschaften wirken vorbeugend oder abwehrend auf Schädlinge. Der starke Geruch von Tomaten in einer Mischkultur vertreibt nicht nur Erdflöhe, sondern ebenso andere Schädlinge. Entfernte Tomatenblätter lassen sich gut zum Mulchen verwenden. Zudem sollten Nützlinge gefördert werden. Zu den natürlichen Feinden der Erdflöhe zählen Laufkäfer, Raubkäfer, Schlupfwespen, Spitzmäuse und Igel.

Brühen aus Pflanzen sind besonders ideal, um zuverlässig zu helfen: Als Abwehr bei einem akuten Befall spritzen Sie zwei- bis dreimal die Woche einen Rainfarn- oder Wermut-Tee. Zu seiner Herstellung 200 Gramm frische Triebe von Rainfarn oder Wermut auf 5 Liter kurz aufkochen und 20 Minuten ziehen lassen (keine Jauche anfertigen!). Auch ein Zwiebel- und Knoblauch-Tee eignet sich (siehe S. 76).

Fliederblattrüssler (siehe: Dickmaulrüssler)

Gespinstmotte

Viele Pflanzen sind mit einem weißen Gespinst überzogen, sie sind zur Kinderstube der Gespinstmotten (*Yponomeutidae*) geworden. In Mitteleuropa gibt es über 50 Arten, die Falter sehen sich alle weitgehend ähnlich. Auffallend an der Gespinstmotte sind ihre schneeweißen, gefransten Vorderflügel mit mehreren schwarzen Punkten. Die Raupen sind schmutzig-gelb bis grün, etwa 20 Millimeter lang, Kopf und Nacken sind dunkel gefärbt. Der Falter taucht im Sommer auf, von Juni bis August. Nach der Hochzeit erfolgt die Eiablage in Form flacher, schuppenartiger Gelege an der Rinde von Trieben und Zweigen. Die Gelege werden von den Weibchen zum Schutz mit einem Sekret überdeckt, das schnell verhärtet. Die innerhalb von wenigen Wochen schlüpfenden Raupen durchbeißen die unterste Sekretschicht, lassen jedoch die oberste Schicht unversehrt und überwintern als winzige Jungraupen unter diesem Schutzmantel. Häufig fressen sie im zeitigen Frühjahr die jungen Knospen und Blätter, danach beginnen sie rasch mit einer Gespinstbildung, so können sie als Gruppe weiterfuttern.

Je nach Art der Gespinstmotte können Schäden an Apfel, Weißdorn, Süßkirsche, Traubenkirsche, Schlehe, Pfaffenhütchen oder an anderen Hecken oder gar Zierpflanzen auftreten. Bedrohlich wird es für die Pflanzen nur, wenn die Gespinstmotte sich dauerhaft bei ihnen einnistet.

VORBEUGUNG UND BIOLOGISCHE BEKÄMPFUNG: Unbedingt sollten Sie Nützlinge im Garten fördern oder aussetzen: insektenfressende Vögel, die Jagd auf die Falter machen, und räuberisch lebende Wanzen, die Eier und Raupen verzehren. Es nützt auch ein frühzeitiges Herausschneiden der lokalen Gespinste am Strauch oder Baum. Meistens erholen sich die Pflanzen durch einen Neuaustrieb (Johannistrieb).

Hortensienwollschildlaus

Bei den kleinen weißen Tieren, die sich zum Teil in Massen unter den Hortensienblättern vergnügen, sich aber auch an den Trieben breitmachen, handelt es sich um die Hortensienwollschildlaus (*Eupulvinaria hydrangeae*), in den Sechzigerjahren ist sie aus Asien nach Europa verschleppt worden. Die Laus ist aber nicht nur auf Hortensien anzutreffen. Beliebt sind ebenso Gehölzarten, besonders der Ahorn erfreut sich bei ihr großer Beliebtheit. Die Weibchen sind nur 3 bis 4 Millimeter groß, bilden jedoch im Spätfrühling oder im Frühsommer (Mai/

Gespinstmotten spinnen feine Schleier und finden sich oft in Massen an Gehölzen.

Seit einiger Zeit saugt die Hortensienwollschildlaus mehr und mehr an Hortensien, aber auch an anderen Gehölzen wie dem Hartriegel.

Juni) einen auffälligen, wachswollartigen weißlich gefärbten länglichen Eisack aus (damit wächst die Größe des Tiers auf etwa 8 Millimeter), in dessen Innern sich teils mehrere Tausend Eier befinden. Die Weibchen sterben nach der Eiablage bald ab. Ab Juni/Juli treten die kleinen, nur 1 Millimeter großen, grün bis gelblichbraunen, sehr unscheinbaren Larven auf, die sich auf der Pflanze ausbreiten, sich festsetzen und an den Blättern saugen (häufig entlang der Blattadern). Unmengen an Pflanzensaft kippen sie in sich hinein, was sie aber gar nicht alles verzehren können und bei Überhang als Honigtau wieder ausscheiden. Da freuen sich dann unbändig die herbeieilenden Ameisen. Rußtaupilze (Schwärzepilze) lassen ebenfalls nicht lange auf sich warten, sie ernähren sich wie die Ameisen von den Ausscheidungen der Läuse. Ausgesaugte und mit Pilzen befallene Blätter werden geschwächt und fallen alsbald ab.

Die Überwinterung erfolgt im dritten Larvenstadium, wozu gern Triebe und Äste der Hortensien ausgesucht werden. Im Frühjahr beenden sie ihre Entwicklung (Männchen treten kaum auf, alles läuft unisexuell ab), und die Weibchen mit ihren Eiwollsäckchen gehen wieder hinaus auf ihren Blätterlaufsteg. Es wird nur eine Generation pro Jahr ausgebildet. Schildläuse wie die Hortensienwollschildlaus haben natürliche Feinde, die den Bestand jedoch leider nur in Grenzen reduzieren, zu den Gegenspielern zählen Marienkäferlarven.

VORBEUGUNG UND BIOLOGISCHE BEKÄMPFUNG: Die besten Erfolge konnte ich mit Orangenöl (siehe S. 252 f.) erzielen. Das Öl trocknet die Läuse aus. Ein Speiseöl verklebt die Atemorgane und reduziert den Befall, ohne die natürlichen Feinde zu stören, wenn diese nicht eingesprüht werden: 20 Milliliter Rapsöl auf 1 Liter warmes Wasser geben und darunter Rainfarn mischen, 200 Gramm frisch oder 20 Gramm getrocknet. Kurz ziehen lassen und auf 5:1 verdünnen und entsprechend ausbringen.

Johannisbeergallmilbe

Die Johannisbeergallmilbe (*Cecidophyopsis ribis*) ist ab Ende März vermehrt an den Knospen der Johannisbeere – besonders an denen der Schwarzen Johannisbeere – zu finden. Vom Frühsommer an bis Juni oder Juli breiten sie sich an den Pflanzen aus oder werden durch den Wind weitergetragen. Im Juni und Juli erfolgt das Eindringen in die Knospen, in denen die Eiablage und die weitere Entwicklung stattfinden. Die nun anschwellenden Knospen (die Knospen vergallen) geben den Milben Schutz. Die Vermehrung hat im September meist einen ersten Höhepunkt erreicht; als Nahrung dient das Gewebe der Knospen. Nach einer kurzen Entwicklungspause im frühen Winter setzen sie im Januar ihre Vermehrung fort, die im Vorfrühling einen zweiten Höhepunkt erreicht. In diesem Stadium können sich mehrere Tausend Milben in einer einzigen Knospe aufhalten. Im Frühjahr kommt es nicht selten auch zu einem Befall der jungen Triebspitzen. Im Zeitraum von Blühbeginn bis Fruchtansatz verlassen die Milben die Knospen, hohe Luftfeuchtigkeit und Temperaturen zwischen 25 und 30 Grad Celsius werden bevorzugt und tragen zum Wohlbefinden bei. Dann kann mit bis zu sechs Generationen im Jahr gerechnet werden.

Der größte Schaden entsteht durch den Befall der Knospen. Besonders deutlich bilden sich die Rundknospen zwischen Oktober und April aus. Diese vergallten Knospen treiben nur unvollständig aus oder trocknen ein und sterben etwa im

Johannisbeergallmilben befallen ausschließlich Schwarze Johannisbeeren und sind nur mit der Lupe wirklich zu sehen.

Juli ab. Verkahlung der Triebe oder Hexenbesen-Bildung durch die austreibenden Seitentriebe ist das Ergebnis. Während sich die Blätter der Roten Johannisbeere verfärben und vorzeitig abfallen, gibt es bei der Schwarzen Johannisbeere eine Missbildung.

VORBEUGUNG UND BIOLOGISCHE BEKÄMPFUNG: Bringen Sie eine Pflanzenstärkung mit Knoblauch- und Zwiebelsud aus (siehe S. 76). Hilfreich ist auch Rapsöl: 20 Milliliter auf 1 Liter warmes Wasser unter Schütteln ausbringen oder mit Netzschwefel laut Gebrauchsanweisung mehrmals besprühen. Stark befallene Triebe sollten schon vor Blühbeginn ausgeschnitten und vernichtet werden. Zu empfehlen ist ein Rückschnitt auf 20 Zentimeter Trieblänge.

Junikäfer

Etwa 20 000 Blatthornkäferarten gibt es weltweit, in Europa sind 200 bekannt. Ein besonders gefräßiger Vertreter der Blatthornkäfer (Scarabaeidae) ist der Junikäfer, offizieller Gerippter Brachkäfer (*Amphimallon solstitiale*) genannt. Jedes Jahr in den Abendstunden im Juni/Juli schlüpfen die hellbraunen Käfer, die als Larven zwei, teilweise sogar drei Jahre im Boden leben, vorzugsweise unter Rasenflächen. Ausgewachsene Larven erreichen eine Länge von bis zu 30 Millimetern und besitzen wie andere Engerlinge drei auffällig große Brustbeinpaare, eine gekrümmte Körperform mit einem verdickten Hinterleib sowie eine braune Kopfkapsel. Sie sind nur halb so groß wie die Larven der Maikäfer (*Melolontha melolantha*). Viele sind der Meinung, dass Mai- und Junikäfer mehr oder weniger identisch sind, was aber nicht stimmt, es sind zwei völlig verschiedene Gattungen. Am ehesten ist dies an der Größe der beiden Käfer festzustellen, Maikäfer haben eine Größe von 2,5 bis 3 Zentimeter, was sehr groß für einen Käfer in Deutschland ist. Nicht umsonst wird *Amphimallon solstitiale* der kleine Bruder von *Melolontha* genannt, denn Junikäfer erreichen gerade einmal Größen von 1,3 bis 1,8 Zentimeter, was ein deutlicher Unterschied ist.

In der Abenddämmerung werden die Käfer aktiv und fliegen zu ihren Futterplätzen, meistens Bäume. Nur die Männchen erheben sich in die Lüfte, die Weibchen bleiben auf der Erde. Nach der Paarung erfolgt die Eiablage im Boden, etwa vierzig Eier je Weibchen. Die zweijährigen Junikäfer verursachen den größten Schaden oberirdisch, unterirdisch fressen die Larven an den Wurzeln der Rasengräser oder an denen von krautigen Pflanzen. Der Käfer und seine Engerlinge bevorzugen sandige, leichte und trockene Böden, feuchte Standorte werden gemieden.

Junikäfer sind lästig, denn besonders ihre Larven machen sich über das Wurzelwerk von Pflanzen her.

VORBEUGUNG UND BIOLOGISCHE BEKÄMPFUNG: Grundsätzlich wird nur den Larven der Garaus gemacht, da der Käfer selbst nur kurze Zeit lebt und keinen gravierenden Schaden anrichtet. Eine sehr erfolgreiche, aber vielleicht nicht so angenehme Methode ist der Einsatz einer Nadelwalze. Da die Larven dicht unter der Grasnarbe sitzen, können sie so dezimiert werden. Der Einsatz von Algenkalk oder Urgesteinsmehl reduziert ebenso ihre Fraßtätigkeit – und es ist sicherlich die schonendere Maßnahme. Aber auch Pflanzen können anderen Pflanzen helfen, der Echte Wurmfarn (*Dryopteris filix-mas*) gehört zu ihnen. Dazu zerkleinern Sie 2 Kilogramm ausgewachsene Farnwedel und kochen diese in 3 Litern Wasser kurz auf. 2 Stunden ziehen lassen. Auf 30 Liter verdünnen und ab Mitte Juni mehrmals auf die Rasenfläche gießen.

Bei sehr starkem Larvenaufkommen sind auch Nematoden (*Heterorhabditis bacteriophora*) eine Möglichkeit, um den Schaden einzudämmen, wobei Sie im Hinterkopf haben sollten, dass mit diesen Fadenwürmern nur die Larven im ersten Stadium erreichbar sind. Die Fadenwürmer dieser Art sind klein, sie werden nur bis zu 6 Millimeter lang und dringen durch den Darmkanal, das Atemröhrensystem oder direkt durch die Haut in die Blutbahn der Käferlarve ein. Ein Zahn am Kopf der Nematodenlarve dient als Werkzeug. Die Larve enthält Bakterien im Darm – sie ist also infektiös –, die im Wirt abgegeben werden. Die Käferlarve stirbt anschließend innerhalb von zwei Tagen ab und wird braun. Das Bakterium zersetzt nämlich das Wirtsgewebe, das Zellmaterial wird in organisches Material umgewandelt und dient der Nematodenlarve als Nahrung. Die erworbenen Fadenwürmer werden in Wasser aufgelöst, und beim Ausgießen auf die Pflanzenflächen sollte die Bodentemperatur zwischen 14 und 24 Grad Celsius betragen. Nematoden sind recht lichtempfindlich, sie bevorzugen für ihre Hilfsdienste die Abendstunden.

Kartoffelkäfer

Der Kartoffelkäfer (*Leptinotarsa decemlineata*) kann im Gemüsegarten eine Menge Unheil anrichten. Denn greift man nicht rechtzeitig ein, kann es zügig zu einer Massenvermehrung kommen, schnell sind dann ganze Pflanzen kahl gefressen. Nicht umsonst zählt der Kartoffelkäfer in der Landwirtschaft zu den gefährlichsten Schädlingen. Er gehört zur Familie der Blattkäfer (Chrysomelidae) und wird zwischen 7 und 15 Millimeter lang. Selbst von Laien ist er leicht zu erkennen, und zwar durch die fünf dunklen Längsstreifen auf den Flügeldecken, letztlich ist

Kartoffelkäfer sammele ich in meinem Garten regelmäßig ab, um sie zu reduzieren.

er schwarz-gelb gestreift. Die Unterseite seines Körpers ist rotbraun, die Körperränder sind mit schwarzen Punkten versehen. Auf dem Halsschild des Kartoffelkäfers befinden sich ebenfalls schwarze Flecken. Männchen und Weibchen sind optisch kaum auseinanderzuhalten. Bei Gefahr können die ausgewachsenen Tiere ein Sekret ausscheiden, das abwehrend wirkt, auch die auffällige Färbung der Blattkäfer hält die natürlichen Feinde von ihnen fern – selbst von Hühnern werden sie misstrauisch beäugt. Die jungen Larven des Käfers sind rotbraun, ältere gelb. Sie sind ebenso im Besitz der schwarzen Punkte am Kopf und an den Seiten des Körpers. Die zylindrisch geformten Eier des Kartoffelkäfers sind orange-gelb.

Nach der Überwinterung im Boden fliegen die ersten Käfer ab Anfang Mai los. Sie legen im Juni ihre Eier paketweise an den Blattunterseiten von Kartoffeln ab. Ein derartiges Paket umfasst etwa 20 bis 80 Eier. Jedes Weibchen ist in der Lage, insgesamt 400 bis 1200 Eier pro Zyklus zu produzieren. Je nach Umweltbedingungen schlüpfen die ersten Larven nach drei bis zwölf Tagen. Die jungen Tiere wachsen schnell heran und häuten sich etwa dreimal. Nach zwei bis vier Wochen kriechen sie circa 30 Zentimeter tief in die Erde und verpuppen sich anschließend dort. Nach zwei weiteren Wochen schlüpfen die erwachsenen Kartoffelkäfer, die weiterhin für etwa eine Woche im Boden leben. Pro Jahr können ein bis zwei Käfergenerationen auftreten. Die zweite Käfergeneration fliegt ab Juli los und befällt dann ebenfalls Kartoffelpflanzen. Neben der Kartoffel können auch andere Nachtschattengewächse wie Tomaten oder Auberginen befallen werden

VORBEUGUNG UND BIOLOGISCHE BEKÄMPFUNG: Damit es erst gar nicht zu einem Befall mit dem Kartoffelkäfer kommt, kann man einiges tun: Fördern Sie in Ihrem Garten natürliche Feinde wie Kröten und Laufkäfer. Decken Sie frühzeitig Ihre Beete mit einem Gemüsenetz ab. Kontrollieren Sie zudem ab Mai die Blätter der womöglich betroffenen Pflanzen auf Eigelege und entfernen Sie diese gegebenenfalls. Durchgraben Sie vor dem Pflanzen neuer Gewächse das Beet tiefgründig, um die überwinternden Käfer zu beseitigen. Achten Sie auf die Fruchtfolge, das beugt ebenso einem Befall vor. Auch durch regelmäßige Spritzungen mit einem selbst hergestellten Rainfarntee können Sie die Widerstandskraft Ihrer Pflanzen stärken: Für einen solchen Tee nehmen Sie 200 Gramm Rainfarn frisch (alle Pflanzenteile) oder 20 Gramm getrocknet und 2 Liter Wasser. 15 Minuten leicht köcheln und danach abkühlen lassen. Auf 5 Liter verdünnen und je Liter 10 Milliliter Rapsöl und einen Spritzer Biospülmittel dazugeben. Mit dieser Mixtur die Pflanzen von allen Seiten tropfnass einsprühen.

Eine Behandlung mit Neem hilft ebenfalls, den Plagegeist zu reduzieren. Spritzen Sie die biologischen Stärkungsmittel immer auf die Blattober- und Blattunterseiten der Pflanzen, damit Sie auch sämtliche Eier, Larven und Käfer erwischen.

Ich habe schon häufiger mit einer Meerrettich-Jauche den Kartoffelkäfer vertrieben. Hierzu werden 10 Liter Regenwasser mit 1 Kilogramm frischem oder 150 Gramm getrocknetem Meerrettich gemischt und an einen warmen Ort im Garten platziert. Nach einigen Tagen können Sie die Jauche auf den befallenen Gewächsen ausbringen. Wiederholen Sie die Anwendungen, bis Sie keine Kartoffelkäfer mehr auf Ihren Pflanzen sehen. Eine ebenso Erfolg versprechende Variante ist der Einsatz von Minz-Brühen. Dazu werden etwa 20 Gramm frische Minzblätter je Liter Spritzbrühe benötigt. Alternativ kann ein starker Pfefferminztee genutzt werden: Drei Beutel Pfefferminztee in 1 Liter kochendem Wasser 24 Stunden ziehen lassen. Im Gegensatz zu einer Jauche wird die Brühe eine halbe Stunde lang gekocht und nach dem Abkühlen anschließend durch ein Sieb gefiltert. Bringen Sie die Minz-Brühe mehrmals in kurzen Abständen auf die kranken Pflanzen aus.

Im ökologischen Gemüsebau ist die Bekämpfung des Kartoffelkäfers mit einem Bakterienpräparat aus *Bacillus thuringiensis* möglich. Das Bakterium entwickelt einen Giftstoff, der für den Kartoffelkäfer und seine Larven tödlich sein kann. Menschen, andere Tiere und Pflanzen sind hingegen von der toxischen Wirkung nicht betroffen. Für eine erfolgreiche Bekämpfung müssen die Kartoffelkäferlarven jedoch das Bakterium fressen. Die Temperatur sollte bei Anwendung über 15 Grad Celsius liegen. Durch unmittelbares Spritzen oder Aussprühen auf die Larven stellt sich ein sofortiger Fraßstopp ein, mit dem der Tod der Tiere einhergeht.

Kastanienminiermotte

Seit mehreren Jahren nervt gewaltig ein Kleinschmetterling von knapp 8 Millimeter Spannweite Garten- und Parkfreunde. In der Zeitung las ich schon von Killermotten, die unsere Kastanien auf dem Gewissen haben. Manchmal hat der Sommer noch nicht einmal richtig angefangen – und schon verbräunen die Blätter der schattenspendenden Bäume. Entlang der Straßen und in den Parks werden viel zu früh erste Blätter abgeworfen. Es wurde bisher viel dagegen versucht, mit Manpower oder auch finanzieller Art, in einigen Gegenden wurden sogar große Kampagnen gestartet, Schulklassen wurden zum Blättersammeln abgeordnet.

Es gibt kaum noch eine Kastanie, die nicht von der Kastanienminiermotte erobert wurde.

Gartenamtsmitarbeiter und -mitarbeiterinnen hatten, mit Laubbläsern bewaffnet, die Order, diese Motten zu stoppen. All das hat aber nichts gebracht.

Die Kastanienminiermotte (*Cameraria ohridella*) wurde aus Mazedonien über Österreich nach Deutschland eingeschleppt. Klar, dass man zuerst annahm, dieser Kleinschmetterling sei aus Asien eingeschleust worden, wie so viele andere Unholde, aber das konnte eindeutig widerlegt werden. Mittlerweile hat sich die Motte in ganz Europa ausgebreitet. Der Falter hat rötlich-braune oder orangefarbene Vorderflügel, der Rumpf weiße Querstreifen, die hinteren Flügel sind dunkelgrau, und die Flügelspannbreite umfasst rund 7 Millimeter. Sein Verhalten kann eher als unscheinbar zusammengefasst werden, dagegen haben die Larven es faustdick hinter den Ohren, sie fressen sich schlichtweg durchs Blatt, mal von oben, mal von unten. Im Blattinnern finden sie Schutz vor Wind und Wetter. Die erwachsenen Falter halten sich in den Kastanienbäumen auf der windabgewandten Seite auf, sie sind wohl sehr empfindlich gegen starke Winde (deshalb sind sie etwa auf den Ostfriesischen Inseln auch nicht anzutreffen). In den Blättern befinden sich ebenso die 4 Millimeter kleinen Puppen, die im Falllaub überwintern. Wohlfühlen tun sie sich nur auf weiß blühenden Rosskastanien (*Aesculus hippocastanum*). Rot blühende werden zwar angeflogen, aber die Larven überleben auf ihnen nicht lange. Gerade einige außereuropäische Arten beinhalten in ihren Blättern einen Wirkstoff, der bei dauerhaftem Fraß die Larven absterben lässt. Die Miniermotten können sich an diesen Bäumen nicht vermehren.

Der Schaden, den sie anrichten, beschränkt sich nur auf die Blätter. Diese verfärben sich braun, rollen sich ein und fallen ab. Bei einem starken Motten-Auftreten sind über 90 Prozent der Blätter befallen, sie werden dadurch geschwächt und können sich leichter mit anderen Krankheiten infizieren, etwa mit dem Bakterium *Pseudomonas syringae pv. aesculi* (siehe bakterielle Infektionen, S. 203). Bis zu vier Motten-Generationen fliegen von Mai bis September auf die Kastanien. Die Natur hat einige Gegenspieler zu bieten, auf deren Speisekarte diese Motten stehen. Dazu gehören rund 30 Schlupfwespen- und verwandte Arten. Leider reicht das nicht. Effektiver sind da Kohl- und Blaumeisen, die gelernt haben, die Larven aus den Blättern zu picken.

VORBEUGUNG UND BIOLOGISCHE BEKÄMPFUNG: Unbedingt das Laub im Herbst entsorgen, denn so können alle Puppen mit entfernt werden. Eine Kompostierung des Laubs ist möglich, es muss jedoch mit einer dünnen Erdschicht abgedeckt werden. Ein Einsatz von Pheromonfallen soll ja die Männchen davon abzuhalten, die Weibchen zu befruchten, aber irgendwie klappt es hier nicht so richtig mit den Lockstoffen. Sie können Neem spritzen, das richtet sich gegen die Larven im Blatt, ist aber auch nur vereinzelt wirksam. Eine Behandlung mit Pflanzenschutzmitteln kann man in Wäldern und Parks vergessen. Bei Neupflanzungen sollten rot blühende Kastanien bevorzugt werden und ein Häusle-Ausbau für Kohl- und Blaumeisen.

Kirschessigfliege

Sie ist ein echtes Problem, die Kirschessigfliege (*Drosophila suzukii*), und mit ihren roten Augen sieht sie wirklich zum Fürchten aus. Und sie schaut nicht nur gemein aus, sie ist es auch. Erdbeere, Süß- und Sauerkirsche, Brombeere, Himbeere, Holunder oder Wein werden von diesem sägeartigen Legebohrer bearbeitet, also nicht nur Kirschen sind ihre Opfer, wie der Name vermuten lässt. Am Ende ist das Obst zermatscht und ungenießbar. Wie einige andere Schädlinge hat sie in Asien ihre Koffer gepackt und sich Richtung Europa aufgemacht. Erste Obstgärten hat sie ungefähr 2011 in Süddeutschland bezogen, um sogleich massiv mit ihrem Zerstörungswerk zu beginnen.

Kirschessigfliegen gehören zu den Fruchtfliegen, die nur als erwachsene Tiere sicher zu unterscheiden sind, die stechend roten Augen sind ein Merkmal. Unter

Eingeschleppt aus Südostasien, vermehrt sich die Kirschessigfliege auch hierzulande rasant und mit großem Schaden.

starker Vergrößerung kann man den gebogenen, dunkel gezähnten Eiablageapparat (paarige Einheit) erkennen, mit dem sie die Fruchthaut verletzen. Jedes Weibchen kann so bis zu 400 Eier ins Obst ablegen, meist mehrere in jeder Frucht, besonders gern dann, wenn sie schon reif ist. Bereits nach einem Tag legen die Larven los, mit ihrem Mundhaken fressen sie sich weiter genüsslich ins Fruchtfleisch.

Die erwachsenen Fliegen leben bis zu 30 Tage, abhängig von der Außentemperatur. Sie sind nicht hitzeverträglich, ab 33 Grad Celsius sterben Larven, Puppen und Fliegen ab. Starke und lang anhaltende Fröste vertragen sie aber auch nicht. Befruchtete Weibchen suchen sich bei dieser Witterung geschützte Winterquartiere, etwa Schuppen, Garagen oder Wohnhäuser.

Diese Sensibelchen sind nicht zu verwechseln mit der Kirschfruchtfliege (*Rhagoletis cerasi*), denn sie ist eine einheimische Art. Die Kirschessigfliege gehört zu den Taufliegen, die Kirschfruchtfliege zu den Bohrfliegen. Letztere legt ihre Eier tatsächlich nur unterhalb der Kirschschalen ab, jedoch immer nur eins. Aus den Eiern schlüpfen gut eine Woche später Larven und futtern sich durchs Fruchtfleisch. Dann landen sie mit oder ohne Kirsche auf dem Boden, wo sie sich verpuppen und im kommenden Frühjahr als Kirschfruchtfliegen schlüpfen.

VORBEUGUNG UND BIOLOGISCHE BEKÄMPFUNG: Für beide Kandidaten können speziell präparierte Fallen genutzt werden, um möglichst viele Fliegen zu fangen. Diese sind im Handel zu erstehen, oder Sie können selbst welche befüllen, dazu benutzen sie kleine Plastikflaschen, in die sie Löcher bohren, sie sollten so groß sein, dass es nicht hineinregnen kann, in die aber die Fliegen hineinfliegen können. Diese Flaschen können Sie dann mit einem Band in die Bäume aufhängen, füllen können Sie sie beispielsweise mit Apfelessig und Wasser im Verhältnis 1:1 (einen Tropfen eines geruchlosen Biospülmittels dazugeben). Auch kleinmaschige Gemüsenetze (Maschenweite 1,0 Millimeter), die über die Obstkulturen gehängt werden, sind eine effektive Maßnahme. Was ebenfalls hilft: Gründliches Ernten der Früchte (nichts hängen oder liegen lassen) mit anschließender Kühlung oder rascher Verarbeitung. Befallene Früchte bitte nicht auf den Kompost werfen, sondern in einem geschlossenen Behälter (Plastiktüte) lagern und zur Abtötung der Larven für mehrere Tage in die Sonne stellen oder einfrieren.

Kirschfruchtfliegen

Die Kirschfruchtfliege (*Rhagoletis cerasi*) wird bis zu 5 Millimeter lang und erinnert im Aussehen an eine kleine Stubenfliege. Sie lässt sich aber anhand ihrer bräunlichen, quergebänderten Flügel, der grünen Facettenaugen und des trapezförmigen gelben Rückenschilds sehr leicht erkennen. Die Larven der Kirschfruchtfliege schlüpfen nach der Eiablage in den reifenden Früchten. Dort fressen sie das innere Fruchtfleisch um den Stein herum auf. Die befallenen Kirschen beginnen zu faulen und fallen meist schon im halb reifen Zustand zu Boden. Etwa fünf bis sechs Wochen nach dem Schlüpfen verlassen die Maden die schützende Frucht und graben sich zur Überwinterung und Verpuppung flach in den Boden ein. Ende Mai des folgenden Jahres schlüpfen dann aus den Puppen die jungen Kirschfruchtfliegen und beginnen rund 14 Tage später mit der Eiablage. In niederschlagsreichen, kühlen Sommern ist der Befall geringer als in heißen, trockenen Jahren.

VORBEUGUNG UND BIOLOGISCHE BEKÄMPFUNG: Wenn Sie den Wurzelbereich Ihres Kirschbaums von Ende Mai bis zur Ernte der letzten Früchte flächendeckend mit einem Bändchengewebe (zu bekommen im Gartenhandel) abdecken, kann die Kirschfliege nicht auffliegen – und so wird der Befall stark reduziert. Gleichzeitig sollten Sie am Boden liegende Kirschen regelmäßig absammeln und

Wer Hühner im Garten hält, kann Kirschfruchtfliegen beziehungsweise ihre Maden in den Kirschen minimieren.

im Hausmüll entsorgen. Alle Fruchtmumien entfernen, das sind die überreifen Kirschen, die nicht von allein zu Boden fallen. Die Maden der Kirschfruchtfliege sind in der Lage, sich mit einem Spinnfaden von den hängen gebliebenen Früchten abzuseilen. Nach der Ernte der letzten Kirschen kann das Gewebe wieder entfernt werden. Sollten darunter noch lebende Kirschfruchtfliegen krabbeln, finden sie keine Kirschen mehr für ihre Eiablage.

Die einfachste Möglichkeit, die Kirschfruchtfliege loszuwerden, ist das Pflanzen von gelben bis hellroten Frühsorten wie beispielsweise ‹Burlat›, ‹Earlise› oder ‹Lapins›. Frühe Sorten haben zum Zeitpunkt der Eiablage das Reifestadium jedoch schon überschritten und werden daher von der Kirschfruchtfliege verschont. Was heißt: Die Kirschen haben ihre gelbe Farbe schon verloren und sind dann rot, die Fliegen werden nicht mehr angelockt, denn das ist nur bei der gelben Farbe der Fall.

Hilfreich sind deshalb auch Gelbtafeln. Die Schädlinge werden von der gelben Farbe und einem speziellen Lockstoff angelockt und bleiben bei der Eiablage an der mit Leim bestrichenen Oberfläche kleben. Wenn Sie genügend Fallen verteilen, reduzieren Sie den Befall um immerhin 50 Prozent. Hängen Sie die Fallen vor allem auf der Südseite der Bäume auf, da die Kirschen hier zuerst reif werden. Achten Sie auch darauf: Die Fliegen kommen von unten, weshalb Sie die Fallen nicht nur oben in die Krone hängen sollten.

Auch mit Nematoden reduzieren Sie den Befall um etwa 50 Prozent. Man rührt Anfang Juni Nematoden der Gattung Steinernema in eine Gießkanne mit etwa 20 Grad warmem Regenwasser ein und gießt sie unter den befallenen Bäumen aus. Die parasitären Fadenwürmer dringen durch die Haut in die Larven ein und töten sie ab.

Nützlich sind ebenso Hühner. Sie picken die Maden und Puppen einfach aus dem Boden und fressen zudem die herabfallenden Kirschen. Vogelarten, die ihre Beute im Flug jagen, zum Beispiel Mauersegler oder verschiedene Schwalbenarten, dezimieren die erwachsenen Kirschfruchtfliegen. Weitere natürliche Feinde sind Laufkäfer, Schlupfwespen und Spinnen.

Kleine Kohlfliege

Schnell kann es zu einer bösen Überraschung kommen, wenn der Kohl geerntet wird und der vermeintliche gesunde Kopf beim Zerschneiden gefräßige Maden aufweist. Manchmal ist der Misserfolg auch nicht ganz so groß, weil man der

Pflanze schon von außen ansieht, dass mit ihr etwas nicht ganz stimmt. Befallene Pflanzen sind oft unterentwickelt und fangen früh zu welken an. Bei besonders starkem Befall kann der ganze Kohl auf dem Acker verfaulen, da die Fraßkanäle der Maden Wunden und Eintrittspforten für Pilzkrankheiten sind. Die Maden haben es besonders auf junge Kohlpflanzen und Blumenkohl abgesehen. Im Grunde können aber alle Kohlpflanzen befallen werden.

Verantwortlich für das Ärgernis ist die Kleine Kohlfliege (*Delia radicum*). Ihr größerer Verwandter, die Große Kohlfliege (*Delia floralis*), ist weniger oft anzutreffen, darum werde ich auch nicht näher auf sie eingehen. Ungefähr zu Beginn der Kastanienblüte (Ende Mai) erwacht die Kleine Kohlfliege aus ihrem Winterschlaf und sucht nach einer Kinderstube (geeignete Pflanzen) für ihre Eiablage. Dabei kann sie sich ganz auf den typischen Kohlgeruch verlassen. Die Kohlfliege hat sich ja auf Kohlgewächse spezialisiert, denn ihre Maden können die für In-

Um die nervige Kleine Kohlfliege loszuwerden, ist ein Kohlkragen die Nummer eins unter den nicht chemischen Bekämpfungsmitteln.

sekten ansonsten giftigen Senföle dieser Gewächse ohne Probleme verdauen. Ihr Vorteil ist also, dass sie sich den Kohl nur mit wenigen weiteren spezialisierten Insekten teilen muss.

Nach der Eiablage von bis zu 100 Eiern pro Weibchen schlüpfen die Larven am Wurzelhals der Kohlpflanzen und fressen sich durch die Wurzeln. Erst die zweite und dritte Larvengeneration hat es auf die saftigen Blattrippen abgesehen. Auch dem leckeren Blumenkohl geht es nun an den Kragen.

VORBEUGUNG UND BIOLOGISCHE BEKÄMPFUNG: Kohl mit Fleischeinlage sieht anders aus als mit Maden, darum sind vorbeugende Maßnahmen besonders wichtig. Bei Kohlpflanzen eignen sich sogenannte Kohlkragen für die Abwehr der Kohlfliege. Kohlkragen können selbst und einfach aus Wachspappe hergestellt werden. Schneiden Sie dafür eine 15 bis 20 Zentimeter große Scheibe aus einer Pappe und arbeiten Sie anschließend einen Schlitz von der Mitte bis zur Kante ein. Legen Sie die Scheibe danach so um den Wurzelhals der Kohlpflanze, dass sich der Wurzelhals in der Mitte der Scheibe befindet. Dadurch wird ein Madenbefall sicher verhindert. Eine andere Methode ist der Einsatz von engmaschigen Gemüseschutznetzen. Sie halten neben den Kohlfliegen ebenso andere Schädlinge wie den Kohlweißling fern. Werden die Pflanzen konsequent von der Pflanzung bis zur Ernte mit Netzen abgedeckt, ist ein Befall zu 100 Prozent ausgeschlossen.

Ein Befall selbst kann nicht behandelt werden, da die Larven im Kohl sitzen. Trotzdem sollten Sie deswegen nicht die Lust am eigenen Kohl im Garten verlieren, denn wenn die vorbeugenden Maßnahmen beachtet werden, steht einer erfolgreichen Kohlernte nichts im Wege.

Kleiner Frostspanner

Die Larven des Kleinen Frostspanners (*Operophtera brumata*) sind reichlich gefräßig, bei starkem Aufkommen können sie ganze Bäume kahl fressen. Sie beginnen damit zuerst an den Knospen und setzen ihre Fraßtätigkeit später an den Blättern fort. Zudem spinnen sie sich oftmals an den Blättern oder in Blütenbüschel ein. Auch wenn es für unser Auge schlimm aussieht, die Bäume verkraften diesen Blattverlust ohne größeren Schaden. Besonders oft werden Kern- und Steinobstarten wie Apfel, Birne oder Pflaume vom Kleinen Frostspanner befallen, aber Ahorne, Hainbuchen und Linden sind ebenfalls nicht vor seinen Raupen sicher.

Der Kleine Frostspanner ist ein unauffälliger, graubraun bis dunkelbraun oder blassgelb gefärbter Falter mit einer Länge von 5 bis 7 Millimetern. Nur die männlichen Frostspanner haben funktionsfähige Flügel mit welligen, dunklen Querlinien und einer Spannweite von etwa 25 Millimetern. Die Flügel der Weibchen sind zurückgebildet. Die Eier sind zuerst blassgrün und färben sich später orangerot, haben eine leicht ovale Form und einen Durchmesser von 0,5 Millimeter. Die Raupen, die daraus schlüpfen, sind hellgrün mit weißgelben Streifen und bewegen sich mit einem typischen «Katzenbuckel» fort, da sie lediglich über zwei Paar Füße verfügen, eines davon befindet sich vorne am Bauch und eines am hinteren Ende. Die Puppen des Kleinen Frostspanners sind braun, gedrungen und 7 bis 8 Millimeter lang.

Die frisch geschlüpften Männchen starten ihren Flug mit Beginn der ersten Nachtfröste, und zwar zur Abenddämmerung. Bis Januar kann der Falterflug andauern. Tagsüber verstecken sich die Kleinen Frostspanner. Da die Weibchen ja nicht fliegen können, müssen sie im Gegensatz zu den Männchen die Baum-

Ein Leimring hält die Weibchen des Kleinen Frostspanners vom Eierlegen ab, der Klebstoff verhindert, dass das flugunfähige Weibchen in die Krone gelangt.

stämme hochkriechen, um in die Krone zu gelangen. Auf dem Weg dorthin findet die Paarung statt, anschließend legen die Weibchen etwa 100 bis 300 Eier in Ritzen und Zweigspitzen ab. Die sich darin bildenden Raupen befinden sich in der ersten Zeit in einem Ruhestadium, die Entwicklung beginnt erst am Ende des Winters. Der Zeitpunkt des Schlüpfens findet etwa gleichzeitig mit dem Öffnen der ersten Knospen statt und kann sich bis Anfang Mai hinziehen. Die jungen Raupen können sich auf andere Bäume ausbreiten, indem sie sich vom Wind tragen lassen. Wenn sie genügend gefressen haben und ausgewachsen sind, was ab Ende Mai der Fall ist, seilen sie sich mit einem dünnen Faden zum Boden ab, wo sie sich verpuppen. In diesem Zustand verbringen sie den ganzen Sommer, bis die Falter im Oktober schlüpfen.

Es gibt noch den Großen Frostspanner (*Erannis defoliaria*), er kommt jedoch selten vor und macht keinen nennenswerten Schaden, darum wird er hier nicht beschrieben.

VORBEUGUNG UND BIOLOGISCHE BEKÄMPFUNG: Leimringe, die ab Ende September, Anfang Oktober um die Obstbäume gelegt werden, hindern die flugunfähigen Frostspanner-Weibchen daran, in die Bäume zu kriechen und Eier abzulegen. Der Natur zuliebe sollten Sie Leimringe aus Papier nutzen und auf Plastik oder Folie verzichten. Die Leimringe sollten gewissenhaft befestigt werden, um zu verhindern, dass die Frostspanner einfach unter ihnen durchkriechen. Baumpfähle sind ebenfalls mit Leimringen zu bestücken, damit die Weibchen nicht über diese auf den Baum gelangen. Spätestens Ende Dezember sollten sie entfernt und entsorgt werden, da die Eier oft auf den Ringen selbst abgelegt werden, wenn sich die Weibchen bereits in ihnen verfangen haben.

Bemerken Sie einen Befall, müssen Sie sich nicht mit kahl gefressenen Obstbäumen abfinden. Es gibt verschiedene Mittel zur Bekämpfung des Kleinen Frostspanners. Ab einer Temperatur von etwa 15 Grad Celsius ist eine Behandlung mit dem Bakterium *Bacillus thuringiensis* möglich, das im Darm der Raupen seine giftige Wirkung entfaltet. Auch der Einsatz von Neem hilft, die Fraßtätigkeiten in Grenzen zu halten.

Kohlweißling

Der Kohlweißling ist ein bekannter Gemüse-Schädling. Es gibt zwei unterschiedliche Arten: den Großen Kohlweißling (*Pieris brassicae*) und den Kleinen Kohlweißling (*Pieris rapae*). Der weißlich-gelbe Große Kohlweißling erreicht eine Flügelspannweite von 4 bis 6 Zentimetern. Die Vorderflügel haben schwarze Spitzen, die Flügel der Weibchen sind zusätzlich mit jeweils zwei schwarzen Punkten versehen. Zudem ist die Unterseite der Hinterflügel der Weibchen meist etwas kräftiger bestäubt als die der Männchen. Die Raupen des Schmetterlings werden bis zu 4 Zentimeter lang, sind gelbgrün und schwarz gefleckt. Zu den Futterpflanzen des Kleinen Kohlweißlings gehören vor allem Kohlarten und andere Kreuzblütler (Brassicaceae), aber auch Kaperngewächse (Capparaceae) und Fuchsschwanzgewächse (Chenopodiaceae). Während seine Raupen sich von den Blättern der Futterpflanzen ernähren, leben die erwachsenen Falter von Blütennektar.

Der Kleine Kohlweißling ist im Vergleich zum Großen Kohlweißling etwas gelblicher, und seine Zeichnung ist ein wenig blasser. Die Flügel dieser Art erreichen eine Spannweite von 4 Zentimetern. Die Raupen sind grünlich und etwa 2,5 Zentimeter lang. Sie treten – anders als die Raupen des Großen Kohlweißlings – nur einzeln auf.

Die Tiere beider Arten fliegen ab April beziehungsweise Mai und bringen pro Jahr zwei bis drei Generationen hervor. Vor allem die Raupen der zweiten Generation verursachen ab Juli erhebliche Fraßschäden an den betroffenen Gewächsen. Die gelben Eier der ersten Generation werden vorwiegend an Wildkräutern aus

Eier und Raupen des hübschen Kohlweißlings sollten abgesammelt und außerhalb der Beete umgesetzt werden.

der Familie der Kreuzblütler (Senf, Kresse) abgelegt, später heften die Schmetterlinge die Eier direkt an die Unterseiten diverser Kohlblätter. Die geschlüpften Raupen beginnen sofort, an den Blättern zu fressen, und häuten sich mehrmals, bis sie ihre endgültige Größe erreicht haben. Sobald die Raupen der Kohlweißlinge bereit sind, sich zu verpuppen, verlassen sie ihre Nahrungspflanzen. Die Überwinterung des Kohlweißlings erfolgt im Puppenstadium, beispielsweise in Mauerfugen oder an Zäunen.

Typische Schäden des Kohlweißlings sind ein starker Lochfraß an Kohlblättern sowie das Verschmutzen der Kohlköpfe mit Kot. Der Hunger der Raupen ist teilweise so groß, dass oft nur noch Blattgerippe übrig bleiben – dieses Phänomen wird auch als Skelettierfraß bezeichnet. Neben zahlreichen Kohlarten wie Weißkohl, Blumenkohl und Rosenkohl sind auch Kohlrabi und Kapuzinerkresse beliebte Futterpflanzen.

Der Kleine Kohlweißling ist eigentlich der Plagegeist im Gemüsegarten, dieser verursacht den Hauptschaden meist ab Juni. Die Larven dieser Art fressen sich im Verlauf des Befalls in die Köpfe der Kohlpflanzen hinein, was oft zum Absterben der Pflanzen führt.

VORBEUGUNG UND BIOLOGISCHE BEKÄMPFUNG: Eine Mischkultur aus Kohlgewächsen, Tomaten und Sellerie beugt einem Befall mit dem Kohlweißling vor, denn die stark aromatischen Pflanzen lenken die Falter von den eigentlich begehrten Kohlpflanzen ab. Auch frühzeitig vor dem Schmetterlingsflug aufgelegte Gemüseschutznetze helfen, die Schädlinge abzuwehren. Kontrollieren Sie außerdem regelmäßig die Blattunterseiten Ihrer Kohlpflanzen, da die Kohlweißlinge dort ihre hellgelben Eier ablegen.

Wer den hübschen Falter im eigenen Gemüsegarten fliegen sieht, sollte nicht gleich in Panik verfallen. Bei einem leichten Befall reicht es oft schon, die Raupen abzusammeln. Schlupfwespen sind neben verschiedenen Vogelarten die wichtigsten natürlichen Feinde des Kohlweißlings. Es besteht auch die Möglichkeit, die Raupen der Kohlweißlinge mit biologischen Präparaten auf Basis des parasitischen Bakteriums *Bacillus thuringiensis* zu bekämpfen. Die Blätter der Pflanzen werden an der Ober- und Unterseite mit dem Präparat besprüht.

Übrigens: Wer in seinem Garten mit Brennnesselbrühe düngt, kann sicher sein, dass der Kohlweißling vorbeischaut, da die Brühe die Schmetterlinge anlockt. Das Gießen mit verjauchten Tomatenblättern dagegen vertreibt sie wieder.

Kommaschildlaus

Die Kommaschildlaus (*Lepidosaphes ulmi*) hat so ihre Eigenarten, sie saugt – im Gegensatz zur Blattlaus, die direkt und ohne Unterlass aus den Leitungsbahnen schlürft – das obere Pflanzengewebe an. Aus diesem Grund scheidet sie auch keinen überflüssigen Honigtau aus. Bei dieser Laus fehlen die klebrigen Flecken auf Boden und Blättern. Schwärzepilze (Rußtau) (siehe S. 104, 116) und Ameisen finden hier keine Nahrung. Das hört sich ja schon mal gut an, aber das dicke Ende kommt trotzdem. Die Kommaschildlaus ist nämlich nicht sehr wählerisch, wenn es um ihre Nahrungsquelle geht. Sie nimmt, was sie bekommt: Buchsbaum, Rose, Aster, Erika, Apfel, Birne, Quitte sowie eine ganze Reihe anderer Wirtspflanzen. Die Pflanzen leiden, reagieren mit einem starken Blattfall oder einem Triebsterben. Kommaschildläuse sehen aus wie kleine Miesmuscheln, und unter dieser Schutzhülle befinden sich, wenn das Weibchen stirbt, etwa 90 Eier, die dort überwin-

Die Schildläuse sind hartnäckig und kaum zu bekämpfen, man kann versuchen, sie abzuwischen oder abzubürsten.

tern. Anfang Mai schlüpfen die Larven und besiedeln dann, getragen vom Wind, andere Pflanzen. Die Eiablage erfolgt im Spätsommer durch Jungfernzeugung. Manchmal sind auch geflügelte Männchen mit im Spiel. Alles zu seiner Zeit.

VORBEUGUNG UND BIOLOGISCHE BEKÄMPFUNG: Im zeitigen Frühjahr, bevor die Eier schlüpfen, sollten Sie befallene Triebe entfernen. Ab Mai können Pflanzenstärkungsmittel eingesetzt werden, bestehend aus Farnkraut (*Dryopteris filix mas*) oder Adlerfarn (*Pteridium aquilum*). Sammeln Sie voll entwickelte Wedel während des ganzen Sommers, Sie können diese auch in Büscheln trocknen. Für einen Tee 1 Kilogramm frischen Farn oder 100 bis 200 Gramm getrockneten in 1 Liter Wasser 24 Stunden einweichen. Dann kurz aufkochen und auf 5 Liter verdünnen. 50 Milliliter Speiseöl hinzugeben und die betroffenen Pflanzen mit dem warmen Tee (35 Grad) mehrmals einsprühen.

Lauchmotte

Die Lauchmotte (*Acrolepiopsis assectella*) gehört zu den Nachtfaltern, sie ist graubraun mit hellbraunen Vorderflügeln und einem in der Mitte keilförmigem weißen Fleck. Die Raupen der Lauchmotte richten besonders großen Schaden an Zwiebeln und Lauch an, diese sind gelblich-weiß bis hellgrün, 8 bis 12 Millimeter lang und haben einen hellbraunen Kopf.

In einem Gartenjahr treten zwei Generationen der Lauchmotte auf. Die erste Generation plagt vor allem Lauch- und Zwiebelpflanzen mit ihrem Minierfraß von Mai/Juni bis Juli – das Wort «Minierfraß» verweist auf «Minen». Die zweite Generation ist von August bis September aktiv. Die Schmetterlinge legen ihre weißen Eier an die Blätter oder Wurzelhälse von jungen Lauch- und Zwiebelpflanzen. Die hellgelben Raupen schaben an den Blättern und fressen dann lange Miniergänge in die Blätter und schließlich tief in die Pflanzen hinein. Dort verpuppen sie sich.

Erkennen können Sie den Befall ab dem Frühsommer, hellbraune Flecken werden an den Lauch- und Zwiebelpflanzen sichtbar, verursacht durch jenen Minierfraß. Der Schädling bleibt oft bis zur Herbstmitte aktiv. An den Blättern sind außerdem kleine, eiförmige Kokons zu entdecken. Die Herzblätter der Pflanzen sterben meistens ab.

VORBEUGUNG UND BIOLOGISCHE BEKÄMPFUNG: Ideale Maßnahmen sind Gemüsefliegennetze sowie eine Mischkultur mit Möhren, Sellerie, Petersilie, Tomaten und Dill. Als direkte Bekämpfungsmaßnahme können Sie die Pflanzen

Lauchmotten sind graubraune Nachtfalter, und ihre Maden will keiner im Porree haben.

regelmäßig auf Raupen und Eier absuchen und – falls gefunden – absammeln. Bereits befallene Blätter sollten abgeschnitten und entfernt werden und wandern nicht auf den Kompost, wo sich der Schädling weiter ausbreiten könnte, sondern in den Hausmüll. Eine frühzeitige Behandlung mit Neem (siehe S. 250 f.) hilft.

Lilienhähnchen

Lilienhähnchen (*Lilioceris lilii*) zählen zur Familie der Zirpkäfer (Criocerinae). Die Schädlinge sind leicht an ihrem leuchtend rot gefärbten Schild zu erkennen, das sich vor jedem Blattgrün gut abhebt. Die Beine und der Kopf sind dagegen schwarz. Lilienhähnchen sind zwischen 6 und 8 Millimeter groß. Ihre Larven werden fast genauso groß, sie sind jedoch unauffälliger gefärbt, kommen eher in einem grauen Gelb daher. Ebenso wie die Eier sind auch die Larven die meiste Zeit über von schleimigem Kot bedeckt, der soll schützen und tarnen. Werden Lilienhähnchen in der geschlossenen Hand leicht gedrückt, «krähen» sie wie ein Hahn.

Jährlich entstehen zwei bis drei Generationen, sie überwintern als Puppen und Käfer im Boden. Schon sehr zeitig kann sich ein Befall im Garten bemerkbar ma-

Bleibt die Blüte aus, können dafür Lilienhähnchen, kleine Käfer, verantwortlich sein.

chen, da die Schädlinge bereits ab Ende März damit beginnen, an Blättern, Blüten und Trieben zu nagen. Etwas später, meist ab Anfang Mai, legen die Käferweibchen orangegelbe Eier an den Blattunterseiten der Pflanzen ab, aus denen sich die Larven entwickeln. Sie sitzen gern zu mehreren in den Blattachseln, sind weitestgehend unbeweglich und von dunklem Kot bedeckt. Sowohl die Larven als auch die erwachsenen Lilienhähnchen fressen Pflanzen, wobei die Larven die deutlich größeren Schäden anrichten – bis hin zum Kahlfraß. Die namensgebenden Lilien stehen ganz oben auf dem Speisezettel. Betroffen sind alle gängigen Lilien-Arten, Zwiebelblumen, sehr häufig tritt ein Befall an Maiglöckchen, Kaiserkronen oder Schachbrettblumen auf. Wenn Ihre Lilien schöne Knospen ausbilden, diese dann aber nach und nach verfaulen, sind die Pflanzen wahrscheinlich von Lilienhähnchen befallen. Erst zeigen die Blätter Löcher, am Ende bleiben meist nur noch Mittelrippen und abgenagte Stängel von den Pflanzen übrig.

VORBEUGUNG UND BIOLOGISCHE BEKÄMPFUNG: Die beste Methode, um Lilienhähnchen zu vertreiben, ist das regelmäßige Absammeln der Käfer und

Larven von Hand. Doch aufpassen: Wenn man sich den Käfern mit den Fingern nähert, lassen sie sich oft fallen und landen mit dem Rücken auf der Erde. Dort sind sie nur noch schwer zu finden. Sammeln Sie möglichst am frühen Morgen, wenn die Lilienhähnchen durch die Kälte etwas träge und unbeweglich sind. Unter frei stehenden Pflanzen kann man ein Tuch auslegen und die Lilienhähnchen sowie deren Larven gezielt abschütteln.

Das Abspritzen der Larven von den Pflanzen mit einem scharfen Wasserstrahl hilft ebenso. Die Larven können nicht mehr zur Pflanze zurückkriechen, sie sind sehr unbeweglich und sterben am Boden. Eine weitere Bekämpfungsmethode ist der Einsatz von natürlichen Fressfeinden. In einem Garten, in dem sich zahlreiche Vögel und auch Igel aufhalten, hält sich der Befall meist in Grenzen. Mit Nützlingen wie Schlupfwespen kann man Lilienhähnchen außerdem reduzieren. Ein Tee aus Salbei (Salva) und Eichenrinde verwirrt die Weibchen bei der Eiablage: Dazu 200 Gramm frischen Salbei oder 20 Gramm getrockneten und ein bis zwei Stücke Eichenrinde gemeinsam rund 15 Minuten in 1 bis 2 Liter Wasser kurz aufkochen, dann auf 5 Liter verdünnen und abgekühlt auf die Pflanzen sprühen.

Maulbeerschildlaus

Die Maulbeerschildlaus (*Pseudaulacaspis pentagona*) gilt weltweit als ein gefährlicher tierischer Schädling an Obstbäumen, insbesondere Pfirsich, aber auch an anderen Bäumen und Ziersträuchern. Insgesamt sind über hundert Wirtspflanzen bekannt, speziell der Trompetenbaum (*Catalpa bignonioides*) wird innig begehrt. Eingeschleppt wurde der Schädling vermutlich aus Ostasien nach Italien, von dort hat er sich weiter ausgebreitet. Als wärmeliebende Art wird die Maulbeerschildlaus stark durch den Klimawandel gefördert, so kann sie immer weiter den Norden Europas erobern.

In Deutschland entstehen zwei Generationen pro Jahr, die Weibchen überwintern befruchtet unter ihrem geschützten Schild. Im Frühjahr werden 100 bis 150 Eier gelegt, die Larven verbreiten sich anschließend im Radius von circa 1 Meter. Aber auch durch Wind, Vögel oder andere Tiere werden sie verteilt. Die Weibchen sind durch ihre rindenartige Farbe gut getarnt. Es sind eher die Männchen, die durch ihre Erscheinung (längliches Schild, etwa 1 bis 1,5 Millimeter groß, weißlich, mit einem gelblichen Fleck am Ende) am Baum auffallen. Je nach Befall können ganze Stämme aussehen, als hätte man sie weiß gepudert oder mit Kalk oder Schnee überzogen. So ein Großangriff der Maulbeerschildlaus macht

Läuse und immer wieder Läuse: Die Maulbeerschildläuse verursachen weiße Belege und einen verspäteten Austrieb, sie sind oft am Trompetenbaum anzutreffen.

den Bäumen zu schaffen, die Blätter vergilben und fallen vorzeitig ab; es kann auch zu ihrem Absterben kommen.

VORBEUGUNG UND BIOLOGISCHE BEKÄMPFUNG: Neu gekaufte Bäume sollten unbedingt kontrolliert werden. Paraffinöl – gibt es als Pflanzenschutzmittel im Fachhandel zu kaufen und wird nach beiliegender Gebrauchsanweisung angewendet – hilft gegen die Larven. Ein Rückschnitt ist einzig dann sinnvoll, wenn nur Einzeltriebe befallen sind. Sie können die Laus auch mechanisch bekämpfen, indem Sie eine Bürste zur Hand nehmen und ordentlich den Stamm schrubben. Alternativ können Sie aber auch auf Nützlinge hoffen oder welche gezielt aussetzen (zum Beispiel *Encarsia berlesei*, *Aphytis diaspidis*). Um die Gefahr einer Windverwehung zu reduzieren, sollte Schnittgut von befallenen Pflanzen nur abgedeckt transportiert werden. Gute Erfolge lassen sich weiterhin, wenn auch aufwendig, durch ein Abstrahlen des Stamms mit einem Hochdruckreiniger im Winter (kein

Frost) erzielen (bei einem Wasserdruck von 20 bar). Orangenöl kann ebenfalls helfen (siehe S. 252 f.).

Maulwurfsgrille

Die Maulwurfgrille (*Gryllotalpa gryllotalpa*) wird nicht nur gefürchtet, sie gilt auch als natürlicher Feind des Drahtwurms (siehe S. 108 ff.). Ihr Körper ist gedrungen, walzenförmig und erdbraun, und sie wird 3,5 bis 5 Zentimeter groß. Ihre Vorderbeine sind zu Grabschaufeln geformt. Zwar hat die Grille Flügel, aber ihre Flugfähigkeit ist stark eingeschränkt. Sie ist nachtaktiv und kann in einer Nacht mit ihren Schaufeln bis zu 40 Meter lange unterirdische Gänge wühlen. Am liebsten frisst sie Insekten, Engerlinge, Larven und Würmer. Ein Weibchen kann mehrere Hundert Eier legen, und wenn nicht genügend Insekten vorhanden sind, fressen sie auch Artgenossen und das, was Gärtner und Gärtnerinnen besonders ärgert: frische Pflanzenteile. In wenigen Gebieten können sie zur Plage werden, vielerorts sind sie wiederum ausgerottet. Maulwurfsgrillen stehen dort auf der

Maulwurfsgrillen gehören zur Familie der Heuschrecken, man bekommt sie selten zu Gesicht, aber wenn, können sie Pflanzen ganz schön zu schaffen machen.

Roten Liste. Sie lieben feuchte Böden, das Wasser ist ihr Element. Im Wasser können sie sich genauso gut fortbewegen wie an Land, deshalb werden sie in manchen Regionen auch Erdkrebse genannt.

Typische Merkmale für Aktionen der Maulwurfsgrille: Am Morgen sind Sämlinge durch Grabetätigkeiten aufgewühlt und vertrocknet. Bei einem starken Aufkommen werden die Wurzeln einiger Pflanzen angefressen und sterben ab. Am liebsten mögen die Grillen die Wurzeln jüngerer Pflanzen, bevorzugt werden Gemüsekulturen, Kartoffelknollen, Getreidesaaten, aber auch Wiesen und Kleefelder. Das Weibchen baut ab April Nester und füllt diese mit Eiern. Sie beißen die unterirdischen Wurzeln ab, sodass der Boden Kahlstellen aufweist und sich so schneller erwärmt. Grundsätzlich sollte man sich an der Schönheit der Tiere erfreuen und akzeptieren, dass im Garten die Natur zu Hause ist. Manche bekommen diese Tierchen niemals oder nur sehr selten zu Gesicht.

VORBEUGUNG UND BIOLOGISCHE BEKÄMPFUNG: Im Fall einer Plage können die Grillen durch eine einfache Falle gefangen und in der Natur wieder ausgesetzt werden. Da sie ja geradezu magisch von Wasser angezogen werden, können Sie einen kleinen Eimer mit wenig Wasser füllen und 5 Zentimeter tiefer als der Boden eingraben und mit Holz abdecken. Nun wühlen sich die Grillen zum Wasser, fallen in den Eimer und kommen nicht mehr heraus und können in der Wildnis ausgesetzt werden.

Minierfliege

Minierfliegen sind mit 1 bis 3 Millimeter Körperlänge sehr kleine, dunkel gefärbte, häufig gelb gezeichnete Fliegen, die zur Familie der Agromyzidae gehören. In Deutschland gibt es inzwischen 550 Arten, darunter die der heimischen Gattung Phytomyza und die aus Übersee eingeschleppten Arten der Gattung Liriomyza. Vor allem die fremdländischen Arten zeigen sich nicht wählerisch bei der Nahrungssuche und befallen viele Pflanzen. Für die Schäden an ihnen sind die Larven verantwortlich, die sich in langen, geschlängelten Gängen (Minen) durch die Blätter fressen. Das Schadbild erinnert an die Fraßgänge, die durch die Larven der Miniermotten verursacht werden. Sie sind aber mit den Minierfliegen nicht verwandt.

Minierfliegen bevorzugen hohe Temperaturen und fliegen in den Sommermonaten. Sie ernähren sich von Pflanzensäften, indem sie die Blätter anstechen und den austretenden Saft trinken. Die Weibchen besitzen einen Legebohrer, mit dem sie vor allem die Blätter ihrer Wirtspflanze anstechen und die Eier darin ablegen. Eine weibliche Minierfliege kann während ihres Lebenszyklus 200 bis 400 Eier ablegen. Die Larven fressen sich durch das Blattgewebe, ohne die Außenhaut zu verletzen. Sie sehen aus wie Fliegenmaden, sind mit bloßem Auge aber kaum zu erkennen, und haben kräftige Mundhaken, mit denen sie die Pflanzenzellen seitlich abschaben und zur Mundöffnung transportieren. Nach etwa vier bis fünf Tagen verpuppen sich die Larven. Während sich die Arten der Gattung Phytomyza meist an der Pflanze verpuppen, lassen sich die Liriomyza-Arten in der Regel fallen und verpuppen sich im Boden. Bei 20 Grad Celsius ist die Entwicklung vom Ei zur erwachsenen Fliege innerhalb von 25 Tagen abgeschlossen. Meist treten zwei Generationen im Jahr auf.

Minierfliegen können sowohl Gemüsepflanzen als auch Zierpflanzen schädigen. Sie sorgen für ein frühzeitiges Altern und Abfallen der Blätter, was sich negativ auf das Pflanzenwachstum auswirkt. Ein starker Befall kann sogar zum Absterben der gesamten Pflanze führen. Neben den eigentlichen Fraßschäden können noch weitere Schäden dazukommen, dann, wenn Pilze und Bakterien durch die Verletzungen in die Pflanze eindringen. Manchmal werden auch pflanzenschädliche Viren übertragen.

Der auffälligste Hinweis für ein Vorkommen der Minierfliegen sind die Miniergänge in den Blättern.

VORBEUGUNG UND BIOLOGISCHE BEKÄMPFUNG: Gemüseschutznetze können anfällige Kulturen vor einem Befall der Minierfliege schützen und halten zudem andere Plagegeister fern. Falls es bereits zu einem Befall gekommen ist, entfernen Sie sämtliche befallenen Blätter, damit sich die Larven nicht verpuppen können. Gelbtafeln fangen erwachsene Minierfliegen ab. Der Geruch von Brennnesseljauche (siehe S. 234 f.) schreckt die meisten Minierfliegen ab.

Vor allem in Gewächshäusern zeigt der Einsatz von Nützlingen Erfolg bei der Bekämpfung der Minierfliegen. Eine davon ist die Schlupfwespe *Dacnusa sibirica*, die ihre Eier in die Larven der Minierfliege ablegt – Schlupfwesen können im Internet bestellt werden. Sobald deren Larven geschlüpft sind, fressen sie die Minierfliegenlarven auf. Da der Nützlingseinsatz im Freiland nur schwer zu kontrollieren ist, gehört das Absammeln befallener Blätter tatsächlich zu den effektivsten Bekämpfungsmethoden. Diese entsorgen Sie über den Hausmüll. Neem, gesprüht auf die befallenen Pflanzen, hilft, wenn es früh genug angewendet wird.

Möhrenfliege

Die Möhren- oder Karottenfliege (*Chamaepsila rosae*) ist ein hartnäckiger Schädling im Gemüsegarten und kann nahezu die gesamte Möhrenernte beeinträchtigen. Die kleinen, bräunlichen Fraßgänge verlaufen dicht unter der Oberfläche der Möhren, und je nach Erntezeitpunkt findet man im Speichergewebe der Rüben oft noch die bis 8 Millimeter langen und weißen Larven der Möhrenfliege. Bei starkem Befall ist die Möhre von etlichen Fraßgängen durchzogen, und das Laub beginnt zu welken.

Nach der Überwinterung als Puppe im Boden treten die ersten Möhrenfliegen ab Mai auf. Diese besitzen die Größe einer Stubenfliege, sind jedoch deutlich dunkler gefärbt als diese. Ihre bis zu 100 Eier legen die Weibchen bis Mitte Juni bevorzugt in den Nachmittagsstunden in feinen Erdrissen in der Umgebung der Möhrenwurzeln ab. Die jungen, beinlosen und weiß gefärbten Larven (Maden) fressen zu Beginn ihrer Entwicklung noch von den feinen Haarwurzeln der Rüben. Mit zunehmendem Alter dringen sie jedoch in die untere Hälfte des Möhrenkörpers ein. Nach einer Fraßzeit von mehreren Wochen verlassen die auf bis zu 1 Zentimeter Länge herangewachsenen schlanken Larven die Möhren wieder und verpuppen sich im Boden. Die nächste Generation schlüpft meist ab Anfang August. Je nach Witterung können so zwei bis drei Generationszyklen pro Jahr durchlaufen werden.

VORBEUGUNG UND BIOLOGISCHE BEKÄMPFUNG: Wählen Sie für das Möhrenbeet einen offenen, möglichst windigen Platz im Gemüsegarten aus und kultivieren Sie die Möhren als Mischkultur mit Zwiebeln oder Lauch. Wichtig ist, dass die Möhrenreihen nicht zu dicht nebeneinanderliegen, da sonst leicht der gesamte Bestand befallen wird. Außerdem stehen Zwiebeln und Lauch in dem Ruf, mit ihren Gerüchen die Möhrenfliege zu vertreiben. Arbeiten Sie außerdem die Erde eines befallenen Möhrenbeets nach der Ernte gründlich mit einem Grubber durch, um die Puppen der Möhrenfliege an die Oberfläche zu befördern und so in ihrer Entwicklung zu stören. Außerdem sollten Sie jedes Jahr die Anbaufläche wechseln. Der sicherste Schutz für neu ausgesäte Möhren ist ein engmaschiges Gemüseschutznetz mit einer maximalen Maschenweite von 1,6 Millimetern. Es wird spätestens Anfang Mai wie ein Folientunnel mithilfe von Federstahlstützen über das Möhrenbeet gelegt und auf allen Seiten gründlich abgedichtet. Die Möhren werden auch unter dem Netz gut mit Luft, Licht und Wasser versorgt, sodass man es während der gesamten Kulturzeit auf dem Beet lassen kann und erst zur Ernte wieder abnehmen muss.

Gute Erfahrungen habe ich auch mit dem «Bio-Streumittel für Gemüse» von der Firma Schacht gemacht. Es handelt sich hier um ein Pflanzenstärkungsmittel,

Maden der Möhrenfliege sind in der Lage, Möhren so zu schädigen, dass sie nicht lagerfähig sind.

das eine spezielle Kräutermischung, fossile Rotalgen und kohlensauren Kalk enthält. Ich streue es direkt bei der Aussaat der Möhren mit in die Saatreihen.

Widerstandsfähige Möhren wie die frühe, raschwüchsige Möhrensorte ‹Ingot›, die bereits Anfang Juni erntereif ist, bleiben meist befallsfrei, da die Larven der ersten Generation sich in der Regel nicht vor Mitte Juni in die Rüben hineinfressen. Darüber hinaus gibt es mit ‹Flyaway› auch eine spätere widerstandsfähige Sorte.

Neue Wanzen

Durch Klimaveränderungen und die globale Wirtschaft haben sich neue Wanzen-Arten (Hepteroptera) bei uns ausgebreitet. Viele Pflanzenschutzdienste warnen schon kräftig. Besonders betroffen sind durch sie Gemüsekulturen wie Bohnen, Tomaten oder Paprika, vornehmend wärmeliebende Pflanzen, denn auch die Wanzen sind wärmeliebend.

Die Grüne Reiswanze (*Nezara viridula*), auch Südliche Stinkwanze genannt, befällt vorwiegend Fruchtgemüsearten wie Tomaten, Paprika, Peperoni, Gurke, Zucchini sowie Bohnen. Die Marmorierte Baumwanze (*Halyomorpha halys*), die Stinkwanze, hat einen enormen Wirtspflanzenkreis: Sie schädigt besonders Pap-

Eingewanderte neue Wanzen erobern unsere Gemüsegärten, regelmäßig kommen sie mit dem Transport landwirtschaftlicher Waren nach Europa.

rika, Tomaten, Gurke, Zucchini und Bohnen, befällt aber auch andere Gemüsearten sowie verschiedene Kulturen im Obst- und Weinbau. Die Wanzen verursachen Schäden an den Früchten, Blüten, Blättern und Stängeln. An den Früchten kann es zu Aufhellungen, Scheckungen und Deformierungen kommen. Blätter können an den Saugstellen braun werden, aufreißen oder welken. Zudem bleiben im geschädigten Pflanzengewebe häufig winzig kleine Löcher zurück, das sorgt oft dafür, dass hier die falschen Tierchen beschuldigt werden, denn hier könnte man auch auf Fraßstellen durch Käfer oder Raupen tippen.

Die Grüne Reiswanze tritt mit zwei Generationen und die Marmorierte Baumwanze mit ein bis zwei Generationen im Jahr auf.

VORBEUGUNG UND BIOLOGISCHE BEKÄMPFUNG: Eine Bekämpfung dieser Schädlinge ist nicht ganz einfach. Hier ist oft Handarbeit angesagt, dabei werden die Wanzen von den Pflanzen abgesammelt und in einem Gefäß außerhalb des Gartens wieder ausgesetzt. Um Gemüsekulturen im eigenen Gewächshaus vor Schädlingen zu schützen, sollten die Lüftungsklappen und Türen mit einem dichten Gemüsenetz abgedichtet werden. Nur so können Sie sichergehen, dass die Wanzen außerhalb des Gewächshauses bleiben.

Minzblattkäfer

Der Minzblattkäfer (*Chrysolina herbacea*) fällt im Sommer hemmungslos über Minze her. Das in ihr enthaltene Menthol schreckt Insekten normalerweise ab, und deshalb wird Minze oft als Abwehrmittel eingesetzt. Dem Minzblattkäfer kann das nur recht sein, ihm schmeckt die Minze hervorragend. Die leicht angefressenen Blätter können Sie aber weiterhin für Tees verwenden. Doch oft schadet der Käfer den Pflanzen zu sehr, um ihn als Dauergast zu dulden.

Der Minzblattkäfer ist klein, nicht mehr als 8 bis 10 Millimeter groß, der Körper ist rund und gewölbt, die Flügeldecken sind hochgewölbt. Hübsch ist er mit seinem blau-grünen bis schwarzen Schimmer, als wenn er von einer Lackschicht überzogen ist. Dazu kommt eine feine Punktierung, und am Kopf trägt das Insekt ein gut sichtbares Fühlerpaar. Im Frühling legen die Minzblattkäfer ihre Eier ab. An den Blattunterseiten lassen sich die orangebraunen, manchmal leuchtend gelben Eier ausmachen. Sie werden in Gruppen zu etwa 15 Stück abgelegt. Die dicken Larven schlüpfen nach etwa zehn Tagen, sie besitzen einen schwarzen Kopf, eine gelbbraune Färbung und sechs gut ausgebildete Beine. Ihr Körper ist mit vielen feinen Härchen übersät.

Kommt er einzeln vor, ist der Minzblattkäfer wunderschön und zu bestaunen, zeigt er sich in Massen, gibt es keinen Pfefferminztee.

Sobald es im Mai warm genug ist, verlässt der Käfer sein Winterversteck und feiert Hochzeit. Anschließend kommt es zur Eiablage. Die etwa im August schlüpfenden Minzblattkäfer-Larven fressen sich an der Minze satt und entwickeln sich schließlich zu neuen Käfern. Entweder werden die Blätter ganz verputzt, oder es sind viele kleine Löcher zu sehen.

VORBEUGUNG UND BIOLOGISCHE BEKÄMPFUNG: Minzblattkäfer und ihre Larven lassen sich leicht absammeln. Achten Sie auch auf zu Boden gefallene Tiere, da diese sonst schnell auf die Pflanze zurückkehren. Da Minzen sehr schnittverträglich sind, schneiden Sie sie einfach knapp über dem Boden ab, wenn die Larven zu gefräßig waren. Minze können Sie problemlos zweimal jährlich zurückschneiden.

Ein biologisches Mittel für die Minzblattkäfer-Bekämpfung ist Seifenlauge. Vermischen Sie 1 Liter Wasser mit etwa 15 Millilitern Kernseife in flüssiger Form und sprühen Sie diese in einem Abstand von maximal drei Tagen auf die Pflanze. Bei starkem Befall hilft Neem (siehe S. 250 f.).

Pflaumensägewespe

Die Pflaumensägeblattwespe (*Hoplocampa flava* und *Hoplocampa minuta*) sorgt dafür, dass der Zwetschgenkuchen ausbleibt, denn die Pflaumen fallen vom Baum, bevor sie reif sind. An den Früchten sind deutlich sichtbare Einbohröffnungen mit schwarzem Kot zu erkennen. Diese Wespenart lebt ungefähr zwei Wochen, an ihrer Wirtspflanze erscheinen sie kurz vor Blühbeginn, dann legen sie jeweils ein Ei pro Blüte ab. Nach zehn bis zwölf Tagen schlüpft die Larve, die sich augenblicklich in die noch junge Frucht einbohrt. Im Verlauf ihrer Entwicklung kann eine Larve in bis zu sechs Früchten so eindringen. An der Einbohröffnung sammelt sich feuchter, braun bis schwarz gefärbter Kot. Die fertig erwachsenen Larven spinnen sich nach vier bis fünf Wochen in der obersten Bodenschicht ein, wo sie überwintern. Die Verpuppung erfolgt erst im nächsten zeitigen Frühjahr, noch im Boden.

VORBEUGUNG UND BIOLOGISCHE BEKÄMPFUNG: Mit weißen Leimtafeln, die kurz vor Blühbeginn aufgehängt werden, können einige Wespen eingefangen werden. Die Leimtafeln sollten nach Blühende abgehängt werden, um mit ihnen nicht unnötig andere Insekten zu fangen. Befallene Früchte sollten regelmäßig abgeschüttelt, aufsammelt und im Restmüll entsorgt werden, und zwar bevor die

Die Pflaumensägewespe taucht zur Obstblüte auf, denn sie wird durch die weiße Farbe angelockt – wirklich gemeine Fresser sind aber die Larven.

Larven sie verlassen. Anders als bei dem Pflaumenwickler tritt die Pflaumensägewespe normalerweise nicht regelmäßig auf. Eine direkte Bekämpfung ist nicht notwendig.

Pflaumenwickler

Der Pflaumenwickler (*Grapholita funebrana*) ist eine Schmetterlingsart aus der Familie der Wickler (Tortricidae). Er kann bis zu 0,8 Zentimeter lang werden, die Flügelspannweite beträgt etwa 12 bis 15 Millimeter. Die Vorderflügel haben eine matt lila bis graue Färbung, die Hinterflügel hingegen sind graubraun. Kopf- und Brustteil der Tiere sind ebenfalls dunkelgrau bis braun gefärbt. Die männlichen und weiblichen Falter unterscheiden sich kaum. Die anfänglich weißen Raupen färben sich später karminrot und haben dunkelbraune Köpfe. Sie haben oft eine Länge von 10 bis 15 Millimetern und überwintern meist in Ritzen der Borke. Die Puppe der Wickler ist 6 bis 7 Millimeter lang und hellbraun.

Nach der Befruchtung legen die nachtaktiven Falter ihre Eier einzeln auf der Unterseite der Pflaumen ab. Oft erst bei Temperaturen über 16 Grad Celsius. Insgesamt können die Weibchen bis zu sechzig Eier ablegen. Nach etwa zwei Wochen schlüpft die erste Generation der gefräßigen Raupen. Sofort bohren sie sich in die Früchte. Etwa nach dem fünften Larvenstadium hören die Larven auf zu fressen und verlassen die Pflaumen wieder. Einige von ihnen gehen jetzt in die Winterpause – das ist eine längere Unterbrechung ihrer Entwicklung. Der andere Teil verpuppt sich und bringt nach etwa vierzehn Tagen eine zweite Generation Falter hervor. Die Raupen verpuppen sich mit einem Gespinst in Moos, am Baumstamm oder auch auf faulem Holz am Boden.

Die Raupen der ersten Generation lassen sich mit den an den Bäumen vorzeitig abgestoßenen Früchten, dem sogenannten Junifall, zu Boden fallen. Zum Junifall: Abgeworfen werden von den Obstbäumen die Pflaumen, die zu spät oder unzureichend befruchtet wurden; oft wachsen aber auch einfach zu viele Früchte am Baum, den dieser nicht ausreichend versorgen kann. Die erste Generation ist oft nicht problematisch. Auch die zweite Generation, die den größeren Schaden anrichtet, lässt sich auf diese Weise zu Boden fallen oder seilt sich mit einem feinen Seidenfaden ab. Die erwachsenen Falter treten von Ende April bis September auf, dann fliegen sie abends und nachts herum. Im Juni und Juli befallen die kleinen Raupen die Herztriebe der Pflaumenbäume, im August und September werden die Früchte befallen. Meist überschneidet sich die erste mit der zweiten Generation, und es kommt zu einem zeitgleichen Falterflug. Da die Entwicklung der Falter jedoch stark temperaturabhängig ist, kann eine zweite Generation in kühlen Sommern auch ausbleiben. Und der starke Befall bleibt aus.

Die Raupen der zweiten Generation verursachen genauso vorzeitig reife und weiche Früchte. Ein häufiges Symptom an Früchten sind zudem feine Miniergänge, die direkt zum Stein führen. Auf der Fruchtunterseite ist ein Einbohrloch zu erkennen, das mit einem farblosen, gallertartigen Tropfen verschlossen ist. Schaut man in die Frucht hinein, sieht man noch die Raupe samt ihren Kotablagerungen. Der Schädling ist weiterhin an Aprikosen, Sauerkirschen, Birnen oder Rosengewächsen zu finden. Bei den Pflaumen sind hauptsächlich späte und mittelspäte Sorten betroffen.

VORBEUGUNG UND BIOLOGISCHE BEKÄMPFUNG: Sollten Sie einen Befall mit dem Pflaumenwickler feststellen, sind alle befallenen Früchte sowie das Fallobst zu beseitigen, um eine Verbreitung des Schädlings zu verhindern. Eine weitere mögliche Bekämpfung kann im Aufhängen von Pheromonfallen bestehen. Diese Falle enthält ein Sexuallockstoff, der die Männchen anlockt. Diese fliegen in die Falle und bleiben an dem sich dort befindenden Leim kleben. Dadurch werden weniger Weibchen befruchtet, und die Nachkommenschaft reduziert sich.

Hier kann man gut erkennen, dass die Pflaume vom Pflaumenwickler bewohnt ist.

Eine günstige Methode sind Fanggürtel aus Wellpappe. Legen Sie diese Ende Juli zirka 20 bis 40 Zentimeter über dem Boden um den Stamm der gefährdeten Bäume. Kontrollieren Sie die Fanggürtel bis Ende September regelmäßig auf vorhandene Puppen, wechseln Sie zwischendurch die Wellpappe. Die Wellpappe wirkt vorbeugend gegen die nächste Generation, indem die Raupen sich in den Röhren der Pappe zum Überwintern verpuppen und so leicht entfernt werden können. Diese Methode ist unbedenklich für nützliche Insekten.

Haben die Raupen die befallenen Früchte noch nicht verlassen, hilft ein Absammeln der betroffenen Früchte, um den Befall im Folgejahr zu lindern.

Nützlinge wie die 0,4 Millimeter großen Schlupfwespen der Gattung Trichogramma (sind im Internet zu bestellen) sind die natürlichen Gegenspieler des Pflaumenwicklers und dienen somit zur biologischen Schädlingsbekämpfung. Die Nützlinge werden zwei- bis dreimal im Jahr ausgesetzt. Die Weibchen der Tiere legen ihre Eier in die der Schädlinge ab und verhindern somit eine Entwicklung des Pflaumenwicklers. Ein Schlupfwespen-Weibchen kann während seiner Lebenszeit bis zu 120 Schädlingseier parasitieren. Auf einer Karte sind rund 2000 Schlupfwespeneier aufgeklebt, damit sie nicht herunterfallen, sie können direkt an den Pflanzen positioniert werden – sonst machen das die Insekten ja selbst. Um den Pflaumenwickler zu bekämpfen, werden die Kärtchen ab Juni im Abstand von drei Wochen in die Obstbäume gehängt.

Rebenpockenmilbe

Die Rebenpockenmilbe (*Eriophyes vitis*) ist winzig, nur 0,15 Millimeter groß, und überwintert auf den Knospenschuppen oder an der Rinde von Weinreben (*Vitis vinifera*) – auf die hat sie es ausschließlich abgesehen. Ohne eine Lupe wird man sie nicht finden. Das ist sicherlich auch ein Grund, weshalb viele die Rebenpockenmilben mit dem Schadbild von Pilzkrankheiten verwechseln. Sie werden im Frühjahr mit dem Austrieb aktiv und saugen sogleich an den frischen Blättern und verursachen dann Blattbeulen und filzige Gallen. Rebenpockenmilben können sich recht stark vermehren und bilden mehrere Generationen im Jahr. Ab September suchen die Schädlinge ihr Winterversteck auf, verlassen die Gallen in Richtung Rebknospen. Neue Milben gelangen so im Sommer auf die Weinreben und beginnen gleich mit der Eiablage, wobei sich die Rebenpockenmilben eingeschlechtlich vermehren. Jedenfalls dann, wenn die Winter nicht zu hart waren. Kalte Temperaturen vertragen sie nämlich schlecht.

Ein Hinweis für Rebenpockenmilben sind viele Pusteln auf den Blättern.

VORBEUGUNG UND BIOLOGISCHE BEKÄMPFUNG: Auch wenn das Schadbild oft schlimm aussieht, eine massive Bekämpfung ist in der Regel nicht notwendig. Bei leichtem Befall ist sie einfach: Schneiden Sie alle Blätter mit Gallen rechtzeitig ab, damit sich die Milben nicht weiter auf der Pflanze ausbreiten können. Gegen Echten Mehltau zugelassene Schwefelmittel haben generell eine gute Nebenwirkung auf Milben – solange diese direkt mit dem Mittel in Kontakt kommen. Sollten die Weinstöcke regelmäßig befallen werden, können Sie bis zu drei Anwendungen im Abstand von zwei Wochen durchführen – und zwar im Mausohrstadium. Das heißt: Sobald die Knospen aufbrechen und die kleinen wolleartigen Blätter zu sehen sind – die jungen Blätter sehen aus wie kleine Mäuseohren, daher leitet sich der Name ab –, denn dann krabbeln die Milben noch auf der Weinrebe herum.

In einem naturnahen Garten regelt sich das Problem in der Regel meist von selbst, da es Raubmilben wie *Typhlodromus pyri* und auch andere Nützlinge auf die Schadmilben abgesehen haben. Dabei verputzen sie nicht nur die beweglichen

Stadien der Rebenpockenmilbe, sondern auch Spinnmilben. Schon ein bis zwei Raubmilben pro Blatt reichen, um die Schädlinge wirksam in Schach zu halten. Und ein besonderes Plus: Die Raubmilben können notfalls auch von Pollen und anderen Pflanzenteilen leben – sie bleiben also auf den Weinpflanzen, selbst wenn keine Schädlinge mehr da sind. Raubmilben selbst sind in der Regel als fertiges Streugemisch im Internet erhältlich, das kann dann auf der Erde der betroffenen Pflanzen verteilt werden. Sie können auch selbst gezüchtet werden, dazu gibt es ebenfalls im Internet Anleitungen.

Rhododendronwanze

Hierzulande haben sich drei Arten von Netzwanzen (Tingidae) breitgemacht, alle drei sind miteinander vergleichbar. Schon länger bekannt ist die Amerikanische Rhododendronnetzwanze (*Stephanitis rhododendri*), dann tauchte die europäische Rhododendronnetzwanze (*Stephanitis oberti*) auf, schließlich die Andromeda-Netzwanze (*Stephanitis takeyai*). Letztere wandert meist von La-

Bei einer hellgelben Sprenkelung von Rhododendronblättern ist die Rhododendronwanze aktiv, die Schädlinge selbst sitzen an der Blattunterseite.

vendelheiden auf benachbarte Rhododendren. Jede von ihnen tritt mit nur einer Generation pro Jahr auf. Sie lieben trockene, warme Jahre – was dann zu einer sprunghaften Vermehrung führt. Meist fallen sie erst auf, wenn die Blätter ab Mai ein gesprenkeltes Muster aufweisen. Die Saugschäden zeigen sich häufig auf der gesamten Blattoberfläche. Unter den Blättern verstecken sich übers Jahr die einzelnen Wanzen-Entwicklungsstadien: etwa ab Mai 1 bis 2 Millimeter große, nicht flugfähige Larven (erst hell gefärbt, später mit dunklen Flecken). Insgesamt gibt es vier Larvenstadien, alle mit seitlichen Stacheln. Zwei Monate später hat man es dann mit den Wanzen selbst zu tun: Sie sind 3 bis 4 Millimeter groß, haben eine genetzte Flügeladerung, die Flügel gehen über den Körper hinweg. Bei genauer Betrachtung könnte man sagen: eine filigrane Erscheinung.

Stark befallene Blätter rollen sich nach unten ein und vertrocknen. Die Wanzen sind flugfähig, bleiben aber relativ ortstreu. Neben den einzelnen Entwicklungsstadien finden sich auf der Blattunterseite Häutungsreste sowie reichliche Mengen von dunklen Kottropfen, die als Kruste rasch verhärten und gut erkennbar sind. Die Eier werden ab August in die Nähe der Hauptblattader in das Blattgewebe abgelegt, überdeckt mit einem schorfigen Kotüberzug. Genutzt werden besonders jüngere Blätter. Rhododendren mit einer behaarten Blattunterseite werden gemieden, violette und erst spät blühende Sorten werden bevorzugt befallen.

VORBEUGUNG UND BIOLOGISCHE BEKÄMPFUNG: Der Standort der Rhododendren sollte nicht zu sonnig sein. Ist der Wanzenangriff anfangs noch begrenzt, kann man ihre Opfer, die Blätter, entfernen. Beim Einsatz von Pflanzenstärkungsmitteln ist auf eine ausreichende Benetzung der Blattunterseiten zu achten.

Gute Erfahrungen habe ich bei der Bekämpfung meiner Wanzen mit einem Tee aus Rainfarn gemacht. Dazu 300 Gramm blühendes Kraut oder 30 Gramm getrocknetes auf 1 Liter Wasser aufkochen. Dann ziehen lassen und auf 5 Liter verdünnen. In Kombination mit Neem-Spritzungen in den Morgen- oder Abendstunden haben die Wanzen ihren Aktionismus eingestellt.

Rhododendronzikade

Die Rhododendronzikade (*Graphocephala fennahi*) ist gut an ihren grünen Flügeln und an ihren orangeroten Streifen zu erkennen, wodurch sie sich von einer Heuschrecke unterscheiden lässt, mit der sie von der Gestalt her eine gewisse Ähnlichkeit hat. Diese Zikade ist ursprünglich keine heimische Art, sondern tummelt

Rhododendronzikaden stechen jede Knospe an, mit der Folge, dass die Blüte ausbleibt.

sich erst einmal in Nordamerika herum, bis sie gegen 1930 in Großbritannien auftauchte und dann weiter nach Mitteleuropa eingeschleppt wurde. Reiselustig nennt man das, dabei ist sie gerade 9 Millimeter groß.

Die gelblichen Larven schlüpfen Ende April bis Anfang Mai und saugen in der Folge bis Juni vorwiegend an den Hauptadern von Blattunterseiten, wo sie geradezu Versammlungen abhalten. Ab Juni sind die Zikaden ausgewachsenen, doch ihre Saugtätigkeit geht weiter, nun sowohl auf der Blattunterseite als auch auf der Blattoberseite. Die Zikaden schädigen die Rhododendren jedoch weniger durch ihr Saugen, das eigentliche Problem ist ein Pilz namens *Pycnostysanus azaleae*. Im Spätsommer legen die Zikaden ihre Eier in die Rhododendronknospen ab. Dazu schneiden sie kleine Ritzen in die Blütenknospen und legen darin jeweils nur ein Ei ab. In die entstandenen Wunden nistet sich zugleich der Erreger ein und führt zur sogenannten Knospenbräune. Die befallenen Blütenknospen sind bräunlich bis schwarz gefärbt, eingetrocknet und öffnen sich im Frühjahr nicht. Sie sterben ab, bleiben aber auf den Zweigen sitzen. Es gibt keine Blüte.

VORBEUGUNG UND BIOLOGISCHE BEKÄMPFUNG: Werden die gelblichen Larven im Mai sichtbar, kann die Entwicklung zur Zikade durch eine Spritzung mit Rainfarntee abgeschwächt werden. Am besten morgens spritzen, da sich die Zikaden dann in der Kältestarre befinden. Um die erwachsenen Tiere an der Eiablage zu hindern, sollten weitere Spritzungen im Spätsommer erfolgen. Dazu 300 Gramm blühendes oder 30 Gramm getrocknetes Kraut mit 1 Liter Wasser aufkochen, ziehen lassen und auf 5 Liter verdünnen. Sehr erfolgreich ist der Tee in Kombination mit Neem-Spritzungen in den Morgen- oder Abendstunden. Gelbtafeln verbessern den Erfolg zusätzlich.

Rosenblattwespe

Eigentlich hat sie im Aussehen mit den gemeinen Wespen nicht viel gemeinsam, also mit jenen, die uns manchmal stechen und um die wir deshalb einen großen Bogen machen. Die Rosenblattwespe (*Caliroa aethiops*) gehört zu den Hautflüglern und ist, ein wenig nervig, im Sommer an unseren Rosen anzutreffen. Die Ver-

Die Larven der Rosenblattwespe schaben am Blattgrün, bis nur noch das Gerippe übrig bleibt.

mehrung erfolgt vorwiegend ungeschlechtlich, also ohne Männchen. Die zirka 5 Millimeter langen Wespen besitzen gräuliche Flügel, die Beine sind schwarz, die ersten zwei Beinpaare zum Teil weißlich gefärbt. Auch der Rest ist schwarz. Ab Mai legen die Weibchen ihre Eier einzeln auf den Rosenblättern ab. Die 10 bis 15 Millimeter großen, gelb-grünlichen Larven sehen wie Bonsai-Nacktschnecken aus und haben einen gelbbraunen Kopf. Vorwiegend schaben sie an der Blattoberseite, sodass nur noch die gegenüberliegende Haut und die Blattadern übrig bleiben. Diese Häutchen trocknen ein und verfärben sich braun. Die Rosen werden durch den Befall im Wachstum gehemmt, schön sieht anders aus. Im Herbst wandern die Larven in den Boden und überwintern dort in einem Kokon. Die erwachsenen Blattwespen schlüpfen nach der Verpuppung im Frühjahr.

VORBEUGUNG UND BIOLOGISCHE BEKÄMPFUNG: Bei einem geringen Befall sollten Sie die Blätter mit den Larven entfernen. Aber Sie können auch zu Wermut greifen. Nein, nicht zu dem Schnaps, sondern zur Pflanze. Schneiden Sie einige Büschel davon während der Blüte ab und trocknen Sie diese. Bei Bedarf 300 Gramm frisches oder 30 Gramm getrocknetes Kraut in 1 Liter Wasser 24 Stunden einweichen lassen. Danach kurz aufkochen und nochmals 30 Minuten ziehen lassen. Im Verhältnis 1:5 verdünnt mehrmals bei Befall auf die Rosen sprühen.

Rosentriebbohrer

Sind in Ihrem Garten einige Rosenknospen abgeknickt und vertrocknet? Im ersten Augenblick erkennt man keinen Schuldigen. Vermutet wird meist ein Käfer, der sich nach hemmungslosen Fraß-Aktivitäten aus dem Staub gemacht hat. Falscher Verdacht. Die Diebe waren 5 bis 8 Millimeter kleine, recht unscheinbare Blattwespen, und zwar entweder der aufwärtssteigende oder der abwärtssteigende Rosentriebbohrer (*Blennocampa elongatula*; *Ardis brunniventris*). Beide unterscheiden sich kaum in ihrer Entwicklung. Die Larven überwintern im Boden, sie verpuppen sich im Frühjahr und erscheinen je nach Wetterlage etwa ab April bis in den August hinein. Also ziemlich lange. Der einzige sichtbare Unterschied beider Arten zeigt sich hierbei: Erstere Blattwespe legt ihr Ei nah an einem Blattstiel, daraus entsteht dann der aufwärtssteigende Rosentriebbohrer. Die Larve frisst triebaufwärts einen etwa 10 Zentimeter langen Gang. Die zweite Art platziert ihr Ei an eine junge Triebspitze, hier hat man es mit dem abwärtssteigenden Rosentriebbohrer zu tun. Seine Larve frisst einen abwärts gerichteten 3 bis 5 Zentimeter langen Gang. Gut zu erkennen ist der an dem krümeligen Kotauswurf,

Welken Rosentriebe ohne erkennbaren Grund oder vertrocknet die Blüte, kann der Rosentriebbohrer am Werk sein.

auch das frühzeitige Umknicken der Triebspitze ist ein Hinweis. Die Larven sind 10 bis 15 Millimeter groß, braun-weiß und haben einen braunen Kopf. Durch den Verlust der Terminalknospe – das ist die Knospe an jeder Spitze eines Triebes – wird auch der Austrieb der Seitenknospen gefördert. Bei einem starken Auftreten der aufwärtssteigenden Blattwespenlarven können sogar ganze Triebe oder Pflanzen eingehen (bei mehreren Gängen pro Trieb). Von Ende Juni bis Anfang Juli verlassen die Larven beider Arten den Stängel und gehen in den Boden, um dort als Kokon zu überwintern. Es tritt somit nur eine Generation pro Jahr auf.

VORBEUGUNG UND BIOLOGISCHE BEKÄMPFUNG: Kontrollieren Sie regelmäßig Ihre Rosensträucher ab Anfang Mai. Junge Larven töten Sie am besten mechanisch ab. Auch wenn es sich gerade ein wenig mörderisch anhört: Führen Sie einen Draht ins Bohrloch ein. Befallene Triebe frühzeitig bis ins gesunde Holz zurückschneiden und vernichten. Eine Behandlung mit Neem nach Gebrauchsanweisung hilft immer.

Rosenzikade

Die Rosenzikaden (*Typhlocyba rosae*) haben es auf Rosen und Rosengewächse abgesehen. Sind die Rosenblätter weiß gesprenkelt (von Fachleuten Weißscheckigkeit genannt), haben es sich diese Plagegeister sicher an der Pflanze gemütlich gemacht. Die erwachsenen Tiere (3 Millimeter, gelbgrün) sind flugfähig und machen sich bei der kleinsten Blattberührung aus dem Staub. Meist sind auch deren Larven anwesend, die sich schräg übers Blatt bewegen. Es können zwei Generationen im Jahr gebildet werden, aus diesem Grund kommt es zu dieser ungewöhnlichen WG. Im Herbst legen die Zikaden Eier in die Rinde der Rosen, aus denen dann im Frühjahr die erste Larven-Generation schlüpft. Auf der Blattunterseite sind oft die Häutungsreste zu entdecken. Die Larven befinden sich stets auf der Blattunterseite, und durch deren unermüdliche Saugtätigkeit erkennt man dann deutlich den Schaden auf der Blattoberseite. Der Befall im Frühjahr beginnt mit einer Sprenkelung entlang der Blattader, später dehnt sich dieses Muster auf die gesamte Blattfläche aus; bei einem starken Auftreten kann das Blatt einen silbrig-glänzenden Belag bekommen. Neben den Blättern können auch die Knospen befallen werden, die sich in der Folge nicht voll entwickeln.

Haben Rosenblätter ein ungewöhnliches Muster aus hellen kleinen Flecken, die irgendwann zusammenfließen, ist die Rosenzikade unterwegs.

Im Mai sind die ersten ausgewachsenen Zikaden zu sehen, bevorzugt werden Rosen an einem herrlich sonnigen Standort. Eine Verwechslungsgefahr besteht mit einem Spinnmilbenbefall (siehe S. 175), allerdings fehlen hier die Larven auf der Blattunterseite.

VORBEUGUNG UND BIOLOGISCHE BEKÄMPFUNG: Stark sonnige Hauswände (Südseite) sollten Sie für Ihre Rosen meiden. Sorgen Sie auch für eine ausgewogene Nährstoffversorgung – nicht zu viel Stickstoff, eher eine Extraportion Kali zur Zellstärkung, so haben es die Tierchen schwerer, die Blätter auszusaugen. Beim Einsatz von Pflanzenstärkungsmitteln ist die Blattunterseite besonders zu behandeln. Nach einem Rückschnitt ist der Befall reduziert, da so die überwinternden Eier mit entfernt werden.

Zur Behandlung empfiehlt sich Acker-Schachtelhalm, dazu am besten im Sommer grüne Triebe sammeln. So geht es: 1 bis 1,3 Kilogramm frisches oder 150 bis 200 Gramm getrocknetes Kraut in 1 Liter Wasser 24 Stunden einweichen. Anschließend aufkochen und 30 Minuten langsam köcheln lassen; abgießen und 1:5 verdünnt vormittags bei möglichst sonnigem Wetter die Blätter besprühen. Vorbeugend regelmäßig alle zehn Tage (ab Frühjahr), vorzugsweise gemischt mit einem Tee aus Rainfarn: Blühendes Kraut im Spätsommer sammeln und trocknen. 30 Gramm getrocknet mit 1 Liter kochendem Wasser aufgießen und 10 Minuten ziehen lassen. Ebenfalls 1:5 spritzen.

Rote Spinne

Die Rote Spinne (*Panonychus ulmi*), auch bekannt als Obstbaumspinnmilbe, gehört zur Familie der Spinnmilben (*Tetranychidae*). Die Weibchen werden bis zu 0,6 Millimeter groß, die männlichen Tiere sind etwas kleiner. Sie sind sogar so klein, dass man sie mit bloßem Auge kaum erkennen kann. Die Obstbaumspinnmilbe ist je nach Jahreszeit hellgrün, orange oder zinnoberrot gefärbt. Sie nutzt ihr stechend-saugendes Mundwerkzeug zur Nahrungsaufnahme, damit kann sie Pflanzensaft aus verschiedenen Gewächsen saugen. Im Garten überwintert die Rote Spinne an Obstgehölzen mit roten Eiern, die erwachsenen Weibchen auch am Wein.

Sobald es im Garten blüht, schlüpft ein Großteil der Junglarven und entwickelt sich über mehrere Häutungen zu sogenannten Nymphen und schließlich zu erwachsenen Roten Spinnen. Im Mai und Juni breiten sich die ausgewachsenen Weibchen schnell auf junge Blätter aus und legen Sommereier an den Blattunter-

Die Rote Spinne giert nach dem Pflanzensaft von Obstbäumen und Weinreben.

seiten ab. Die Entwicklungsdauer vom Ei bis zum erwachsenen Tier hängt von der Wärme ab. Im Frühling kann das drei bis vier Wochen dauern, im Hochsommer bei Trockenheit und Wärme nur eine Woche. Jedes Weibchen kann im Laufe seines Lebens zwischen zwanzig und vierzig Eier ablegen. So entstehen pro Jahr etwa fünf bis sieben Generationen, die bis in den Herbst große Schäden an unterschiedlichen Pflanzen verursachen können. Wind und Regen mögen die Spinnentiere überhaupt nicht, das erhöht ihre Sterblichkeitsrate stark. Bei einer Überversorgung mit Stickstoff wird ihre Vermehrung jedoch verstärkt.

Schaden verursacht die Rote Spinne an Weinreben, Apfel-, Birnen- und Pflaumenbäumen sowie an Stachelbeeren und Johannisbeeren. Aber auch an Flamingoblume, Begonie, Dickblatt und Glockenblume sowie Fuchsien, Gardenien, Primeln und Gummibäumen sind Obstbaumspinnmilben häufig zu finden. Nur an Küchenkräuter findet man sie selten.

Das typische Schadbild sind helle bis bronzefarbene Sprenkelungen an den Blättern. Sie treten zunächst nur entlang der Blattadern auf, breiten sich aber rasch über das gesamte Blatt aus. Die Saugtätigkeit der Roten Spinne sorgt dann für ein geringes Wachstum der betroffenen Pflanzen. Ein starker Befall in der Wachstumsphase führt außerdem in vielen Fällen zu einer Verkorkung der Fruchthaut auf der Oberfläche der Früchte. Gespinste findet man im Gegensatz zu vielen anderen Spinnmilben-Arten kaum.

VORBEUGUNG UND BIOLOGISCHE BEKÄMPFUNG: Duschen Sie bei einem Befall auch die Unterseiten der Blätter mit lauwarmem Wasser ab. Dadurch werden die Spinnen stark dezimiert.

Raubmilben, Raubwanzen, Florfliegen und Marienkäfer sind wichtige natürliche Nützlinge, die Sie unbedingt fördern sollten. Laut vieler Nützlings-Züchter können bereits 30 Prozent mit Raubmilben besetzte Blätter einen Befall gut regulieren. Zur biologischen Bekämpfung im Wein- und Obstbau hat sich vor allem der gezielte Einsatz der Raubmilbe *Typhlodromus pyri* bewährt. Da die Rote Spinne auch immer häufiger in Gewächshäusern und sogar im Gartencenter anzutreffen ist, ist hier der Einsatz der Raubmilbe *Amblyseius californicus* zu empfehlen. Raubmilben können Sie über Bestellkarten im Gartenfachhandel oder im Internet erwerben, sie werden Ihnen dann als Päckchen zugeschickt.

Eine Bekämpfung mit Raubmilben an Zimmerpflanzen ist oft erfolglos, da die Luftfeuchtigkeit in der Wohnung für die Nützlinge auf Dauer zu gering ist. Meine Empfehlung: Eine von Spinnmilben eroberte Topfpflanze können Sie komplett in einen durchsichtigen Foliensack einhüllen und für rund zwei Wochen darin belassen. Die hohe Luftfeuchtigkeit unter der Folie mag die Roten Spinne gar nicht und bringt sie zum Absterben.

Eine Winterspritzung von Obstbäumen mit pflanzenölhaltigen Präparaten ist hilfreich, aber nur, wenn der Befall mit der Roten Spinne im Vorjahr sehr stark war und an den Obstgehölzen viele Wintereier zu finden sind. Im Frühling, nach einer Winterspritzung, sollten immer neue Raubmilben ausgesetzt werden, da die vorhandenen im Obstbaumbestand durch die Winterspritzung ebenfalls dezimiert werden.

Spargelfliege

Die Spargelfliege *Plioreocepta poeciloptera* treibt in so manchen Spargelbeeten ihr Unwesen. Ab Anfang April beginnt ihre Flugzeit, und dann legt sie auch schon ihre Eier auf den Triebspitzen ab. Sie ist 7 bis 8 Millimeter groß, braun und hat dunkle und helle Streifen auf den Flügeldecken. Sie tritt bei Temperaturen über 24 Grad Celsius in Massen auf, während sie unter 15 Grad Celsius kaum zu finden ist. Die Triebspitzen sind dann oft deformiert und zur Seite geneigt. Ansonsten

Gesucht werden von den Spargelfliegen Triebe zur Eiablage – treten sie in zu großer Zahl auf, wächst der Spargel krumm.

gibt es kaum äußerliche Kennzeichen. Erst wenn ein Spargelstängel durchgeschnitten wird, werden senkrecht verlaufende Fraßgänge sichtbar, in denen sich Larven und brauner Kot befinden. Die stark befallenen Triebe sterben ab. Schön ist etwas anderes.

VORBEUGUNG UND BIOLOGISCHE BEKÄMPFUNG: Als vorbeugende Maßnahme können feinmaschige Netze über das Spargelbeet gespannt werden. Eine Behandlung mit Neem oder auch eine regelmäßige Spritzung mit Rainfarn und Wermut kann die Fliegen abhalten: Je 200 Gramm frische oder 20 Gramm getrocknete Pflanzenteile von Rainfarn und Wermut in 2 Liter Wasser aufkochen und 24 Stunden ziehen lassen, danach auf 5 Liter verdünnen.

Spargelhähnchen und der Zwölfpunkt-Spargelkäfer

Beide, das Spargelhähnchen (*Crioceris asparagi*) und der Zwölfpunkt-Spargelkäfer (*Crioceris duodecimpunctata*), sind manchmal in Spargelbeeten anzutreffen.

Spargelhähnchen haben einen blau-schwarzen Körper und schwarze Flügel mit roten Rändern, auf den Flügeln sind einige weiße Flecken (vier oder sechs) zu sehen. Der Spargelkäfer ist hübsch orange mit, wie sein Name schon sagt, zwölf schwarzen Punkten auf den Flügeln. Beide Schädlinge sind Käfer, beide werden ab Mai aktiv und legen ihre Larven auf den Trieben ab. Die Käfer fressen an Wild- und Kulturspargel, ihre Schadwirkung ist jedoch außer bei Jungpflanzen gering. Beim Grünspargel spielt die Eiablage und der Fraß an den Stangen keine Rolle. Die Larven der zweiten Generation sind dagegen im Samenbau schädlich, da sie an den Spargelbeeren fressen.

VORBEUGUNG UND BIOLOGISCHE BEKÄMPFUNG: Entdecken Sie die Käfer – sie sind ja recht auffällig –, sollten Sie diese sofort absammeln. Und schützen Sie die Pflanzen durch angehäufelte Erde oder Folien.

Spargelhähnchen, Zwölfpunkt-Spargelkäfer und ihre Larven legen einen immensen Appetit an den Tag, wenn ihnen Spargelgrün zwischen die Mundwerkzeuge kommt.

Springschwanz

Springschwänze (Collembola) gehören wie Krebse, Spinnen und Insekten zu den Gliederfüßern (Arthropoda). Weltweit sind etwa 9000 verschiedene Arten bekannt; Fossilfunde von ihnen lassen sich etwa 400 Millionen Jahre zurückdatieren. Damit gehören Springschwänze zu den ältesten landlebenden Tieren. Die Sechsfüßer sind ohne Vergrößerung kaum erkennbar, manche sind gestreift und behaart, ihr Körper ist dreigeteilt, die Antennen sind kurz, nach den Milben sind sie die größten im Erdboden lebenden Tierchen.

Die Mundwerkzeuge liegen in einer Mundtasche und kommen erst bei Gebrauch zum Vorschein. Da sie ansonsten äußerlich nicht sichtbar sind, gehören die Springschwänze zu den sogenannten Sackkieflern (Entognatha). Je nach Art ernähren sie sich durch Saugen, Beißen oder Stechen. Mit ihren Mundwerkzeugen zersetzen sie grundsätzlich nur abgestorbene organische Substanzen und Pilze. Deshalb sind Springschwänze wichtige Müllverwerter, einige Arten können sogar Schwermetalle aus dem Boden aufnehmen und auf diese Weise «entgiften». Sie sind also keine wirklichen Schädlinge, aber nehmen sie überhand – sowieso

Schon vor Millionen von Jahren gab es in der Erde Springschwänze – sie sind keine Schädlinge, aber bei einem massenhaften Vorkommen wird es unangenehm.

kommen sie nur in Großgruppen vor, sie sind keine Einzelgänger –, wird es leicht lästig. Wie viele Springschwänze sich aber an einem Ort ansiedeln, hängt von verschiedenen Faktoren ab. Licht, Feuchtigkeit, Humusform, pH-Wert des Bodens und Nährstoffangebot spielen hier eine Rolle. Springschwänze verteilen sich nicht gleichmäßig im Erdreich, sondern häufen sich dort an, wo sie optimale Lebensbedingungen vorfinden. An solchen Orten können sie sich dann in einem zügigen Tempo enorm vermehren. Vor allem an warmen Wintertagen oder im Frühjahr ist die Gefahr einer Massenvermehrung äußerst groß. Auf 1 Quadratmeter humusreichem Boden können bis zu 400 000 Tiere leben!

In der Regel werden Springschwänze zwischen sechs und zwölf Monate alt. In dieser Zeit häuten sich die meisten Arten bis zu vierzigmal. Nach etwa fünf bis acht Häutungen sind Springschwänze erwachsen und geschlechtsreif. Das Weibchen kann einige Hundert Eier in ihrem kurzen Leben produzieren. Das geschieht oft in Form von Eigelegen.

VORBEUGUNG UND BIOLOGISCHE BEKÄMPFUNG: Da Springschwänze eigentlich nützlich sind, ist ihre Bekämpfung bei geringem Befall nicht notwendig. Anders sieht es aus, wenn die Collembolen sich über Ihre Topfpflanzen hermachen oder auf mehrere Gewächse verteilen. Betroffen sind oft die Ballen von Zimmer- oder Kübelpflanzen, denn die Gliederfüßer gelangen vielfach in die Blumentöpfe durch die Erde im Gartencenter oder durch die eigene Komposterde. Haben sie sich in diesen massiv vermehrt, hilft eine Wasserspülung. Dazu sollten Sie den Ballen in ein großes Gefäß stellen und 30 Minuten unter Wasser tauchen. Die Springschwänze halten von einer solchen Prozedur gar nichts, sie tauchen auf und versammeln sich an der Wasseroberfläche. Auf diese Weise lassen sie sich leicht abgießen. Wichtig ist, dass Sie Ihre Pflanzen erst wieder gießen, wenn die Erde gut abgetrocknet ist.

Da Springschwänze grundsätzlich feuchte Erde lieben, sollten Sie die Blumenerden regelmäßig durchtrocknen lassen. Und weil sie sich ja am liebsten von abgestorbenem Material ernähren, können sie auch ein Indiz für kranke Pflanzenteile sein. Entfernen Sie faule Stellen und ersetzen Sie gegebenenfalls die alte Erde durch frische. Regelmäßiges Umtopfen und das Vermeiden von Staunässe sind wichtige Maßnahmen, um eine Springschwanzinvasion zu verhindern.

Eine weitere Möglichkeit: der Einsatz von Raubmilben. Raubmilben helfen, die Springschwanzpopulation auf natürliche Weise zu dezimieren. Dafür eignen sich zum Beispiel *Hypoaspis miles* oder *Hypoaspis aculeifer*. Die Nützlinge können bei einem akuten Befall, aber auch schon vorbeugend eingesetzt werden. Raubmilben sind in der Regel als fertiges Streugemisch zu kaufen, das auf der Erde der betroffenen Pflanzen verteilt werden kann.

Sägewespe (siehe: Blattwespe)

San-José-Schildlaus

Es ist ihr fast völlig egal, wo sie sich niederlässt, die nur 1 Millimeter große San-José-Schildlaus (*Comstockaspis perniciosa*) fühlt sich auf über 150 Pflanzenarten zu Hause. Dennoch gibt es einige Vorlieben ihrerseits: Kern-, Stein- und Strauchbeerenobst. Dazu kommen noch Nuss- und Laubbäume, Sträucher und Ziergehölze. An ihren ausgesuchten Wohnorten leben die Schildläuse unter kleinen Wachsschildern; die riesige Familie saugt darunter genüsslich Pflanzensaft. Leider geben die Tierchen dabei ihren für die Pflanzen giftigen Speichel ab. Äste oder sogar ganze Bäume können dadurch eingehen. Eingeschleppt wurden sie wieder einmal aus Asien, genauer gesagt aus China. Die San-José-Schildlaus ist sogar ein meldepflichtiger Quarantäneschädling. Wird ein Befall erkannt, ist sofort das zuständige Pflanzenschutzamt zu informieren. Um Einschleppung und Ausbreitung des garstigen Giftzahns zu verhindern, sind die EU-Mitgliedstaaten zu dessen Bekämpfung angehalten – durch Vernichtung der betroffenen Pflanzen.

Erkennen kann man die «Chinesen» an dem von ihnen verursachten Belag an Trieben und Ästen mit runden (Weibchen) oder ovalen (Männchen) sowie aufgewölbten Schildchen. Die Schildchen sind bei jungen Larven weißlich, später braun bis schwarz, das Tier darunter ist gelb. Um die festgesaugte Schildlaus entsteht im August eine Rotfärbung, die gut an den Früchten, aber auch an Ästen und Zweigen zu sehen ist. Einzelne Triebe welken und sterben ab.

Verwechseln kann man die San-José-Schildlaus mit der Austernschildlaus (*Quadraspidiotus ostraeformis*), optisch sind sie ohne Mikroskop nicht zu unterscheiden. Die Austernschildlaus verursacht aber keine rötliche Verfärbung der befallenen Gewebe und ist kaum schädlich. Die giftige Schildlaus überwintert bei uns als Larve. Die ausgewachsenen Weibchen bleiben unbeweglich unter ihrem Schild und werden ab Mai von den Männchen besucht. Nach dem Stelldichein gibt es bis zu 200 gelbe Nachwuchsläuse, die noch ohne Schild an der Pflanze wahrnehmbar sind. Der Wind, Vögel oder andere Insekten sorgen für die Verbreitung. Nicht weit von ihrer Mutter saugen aber auch sie sich fest und bilden einen

Die San-José-Schildlaus ist ein gefürchteter Schädling aus China an Obstgehölzen.

Schutzpanzer. Nach 30 bis 40 Tagen sind sie ebenfalls bereit für Herrenbesuch. Meist treten zwei Generationen pro Jahr auf.

VORBEUGUNG UND BIOLOGISCHE BEKÄMPFUNG: Ein natürlicher Feind ist vor allem die Schlupfwespe. Sie wurde seit den Fünfzigerjahren aus den USA eingeführt und massenhaft freigesetzt, nun fühlt sie sich in unseren Obstanlagen wohl. Schon bei einem geringen Vorjahresbefall ist eine Austriebsspritzung mit Öl ratsam. Das Öl bildet einen Film auf den Schildläusen, unter dem sie ersticken. Zugelassen sind Pflanzenschutzmittel auf der Basis von Rapsöl bei der Zwetschge und Pflaume. Schildläuse müssen direkt von der Spritzbrühe getroffen werden, weshalb man diese Behandlung im Winter oder zum Austrieb durchführen sollte. Das Öl kann auch auf die Eier verschiedener Blattläuse und der Roten Spinnmilbe eine Wirkung haben – natürlich nur eine gute.

Schildlaus

Gemeinsam mit den Blattläusen (siehe S. 89 ff.) und der Weißen Fliege (siehe S. 184 f.) gehören die Schildläuse (Coccidae) zu den besonders häufig anzutreffenden Schädlingen an unseren Pflanzen. Wie die Blattläuse ernähren sie sich vom zuckerhaltigen Saft der Pflanzen. Namensgebend ist der Wachsschild, der bis zu 2 Millimeter groß sein kann. Unter dieser schützenden Hülle verstecken sich die Weibchen mit ihren Nachkommen (Eier). Da auch Schildläuse meist mehr Pflanzensaft aufnehmen, als sie verwerten können, scheiden sie wie Blattläuse überschüssigen Zucker in Form von Honigtau aus. Damit Schildläuse nicht in ihrer eigenen Flüssigkeit unter dem Schild ertrinken und verkleben, können sie den Honigtau weit von sich wegschleudern. Oft wird erst dann der Schildlausbefall erkannt. Auf den Blättern ziehen außerdem nicht selten noch zusätzlich Rußpilze (siehe S. 104, 116) ein. Es lohnt sich also, regelmäßig genau hinzuschauen, ob sich solche kleinen Viecher an unseren Pflanzen vergnügen. Und wenn die Pflanzen plötzlich Besuch von Ameisen bekommen, ist das oft ein Zeichen, dass da was zu holen ist. Ameisen lieben Honigtau und sammeln ihn sogar von Zimmerpflanzen ab.

Ausgewachsene Schildläuse können sich nicht fortbewegen und sind deshalb auf eine gute Tarnung angewiesen. Sie sitzen häufig versteckt an Zweigen, in Triebachsen oder unter den Blättern. Bei Zimmerpflanzen treffen wir eventuell auf die Familie der flachen Deckelschildläuse (Diaspididae) oder die der hoch-

Mit einem Deckel aus einer Wachsschicht schützen sich die saugenden Schildläuse.

gewölbten Napfschildläuse (Coccidae). Die Schilde sind oft braun bis rötlich gefärbt. Während die in der Regel beflügelten Männchen keine Mundwerkzeuge besitzen und somit auch keine Nahrung aufnehmen können, schädigen die in großen Kolonien lebenden Weibchen unsere Pflanzen mit ihrer Saugtätigkeit enorm. Die Männchen leben nur wenige Tage, ihr einziger Zweck besteht in der Erfüllung ihrer Fortpflanzungspflichten; dabei können sich die Weibchen auch noch ungeschlechtlich vermehren, was die massenhafte Vermehrung erklärt. Die Weibchen legen zum Ärger der Pflanzen unter ihren Schilden bis zu 250 Eier ab, daraus entwickeln sich bewegliche Larven, die sich auf der ganzen Pflanze verteilen. So können sich mehrere Generationen entwickeln, die sich dann auf Topfgewächsen festsetzen.

Schildläuse haben einige Lieblingspflanzen, dazu gehören Oleander, Palmenarten, Aralien, Kakteen und Ficusarten. Weiterhin Orchideen-Sorten wie Phalaenopsis, Vanda oder die schönen Cattleyen. Hartlaubige Kübelpflanzen wie Zitronen, Lorbeer oder Olivenbäume gehören ebenfalls zu den Auserkorenen. Natürlich gilt auch hier: Pflanzen, die nicht glücklich oder geschwächt sind, werden meist schneller besiedelt.

VORBEUGUNG UND BIOLOGISCHE BEKÄMPFUNG: Oft werden Schädlinge mit gerade erworbenen Pflanzen ins Haus gebracht. Darum ist es wichtig, alle Neuankömmlinge penibel auf unliebsame Mitbewohner zu kontrollieren. Befallene Gewächse sollten sofort in Einzelhaft genommen werden, damit die unerwünschten Besucher nicht auf Wanderschaft gehen und gesunde Pflanzen als weitere Ziele anpeilen. Standort und Vitalität sind sehr wichtig für gesunde Gewächse. Überdüngung (Stickstoff) macht sie weich – und dann ist es ein leichtes Spiel für Insekten, diese anzuzapfen. Zu wenig Licht ist ebenso zuträglich für Schädlinge.

Wird ein geringer Befall früh erkannt, kann noch gut eingegriffen werden. So hilft hierbei ein einfaches Abwischen der Schildläuse mit einem Tuch, das in Efeu-Tee angefeuchtet wird. Dazu 200 Gramm frische oder 20 Gramm getrocknete Efeublätter in 1 Liter Wasser aufkochen, 30 Minuten ziehen lassen und auf 5 Liter verdünnen. Die Seifenstoffe (Saponine) im Efeu unterstützen den Reinigungsakt. Auch mit einer kleinen Bürste lassen sich die Plagegeister entfernen, etwa von Orchideen. Unter den großen Schilden befinden sich oft Jungtiere, die sich durch Abspülen mit Schmierseife beseitigen lassen. Wichtig ist ein sorgsames Arbeiten, kein Blatt, keine Achse, keinen Stängel, keine Blüte vergessen.

Es können zudem Pflanzenstärkungsmittel eingesetzt werden, etwa Farnkraut (*Dryopteris filix-mas*) oder Adlerfarn (*Pteridium aquilinum*). Sammeln Sie voll entwickelte Wedel während des ganzen Sommers, Sie können diese auch in Büscheln trocknen. Für einen Tee 1 Kilogramm frischen Farn oder 100 bis 200 Gramm getrockneten in 1 Liter Wasser 24 Stunden einweichen. Dann kurz aufkochen und auf 5 Liter verdünnen. 50 Milliliter Speiseöl zugeben und mit dem warmen Tee (35 Grad) mehrmals die betroffenen Pflanzen einsprühen. Unter dem Ölfilm ersticken die Schildläuse, und eine weitere Vermehrung wird – zugegebenermaßen brutal – verhindert. Sehr gute Erfahrungen habe ich mit Präparaten auf Orangenöl-Basis gemacht, das Öl löst den wachshaltigen Panzer und trocknet die Läuse aus. Dabei duftet es in der Wohnung wunderbar. Orangenöl als biologisches Pflanzenschutzmittel bekommen Sie heute in fast jedem Gartenfachmarkt.

Spanische Wegschnecke

Bei Schnecken, die fressend durch die Gartenbeete wandern, hört bei vielen noch so hart gesottenen Biogärtner und -gärtnerinnen die Freundschaft auf. Und wenn man zudem noch auf die Einwandererinnen aus Spanien tippt, ist dann doch das Schneckenkorn schnell zur Hand. Aber sind jene Schnecken, die uns die Salatpflanzen oder das frische saftige Grün der Dahlien von den Beeten fressen, denn wirklich Einwanderer? Nein, das sind sie nicht. Wissenschaftler haben das Erbgut der Spanischen Wegschnecke (*Arion vulgaris*) untersucht und festgestellt, dass es sich um eine mitteleuropäische Ureinwohnerin handelt. Sie zeichnet sich durch verschiedene Brauntöne aus und ist von ihren Verwandten nur schlecht zu unterscheiden.

Die Spanische Wegschnecke ist dennoch schon jedem über den Weg geschleimt. Es gibt kaum Gärten, wo sie nicht ihrem gefräßigen Tagewerk nachkommt. Sie hat sich in den letzten Jahren derart massiv vermehrt, dass es längst an der Zeit ist, sich Gedanken darüber zu machen, was die Ursachen für diese Tatsache sind. Viele Wissenschaftler und Wissenschaftlerinnen vermuten, dass die Veränderungen in der Landwirtschaft dafür verantwortlich sind (durch eine Großflächigkeit der Felder gibt es weniger Raum für natürliche Feinde), die milden Winter und die hohe Anpassungsfähigkeit der Weichtiere. All das mag stimmen, so bleibt doch der abgefressene Salat im Garten.

Eigentlich haben Schnecken einen ziemlich schlechten Ruf. Und weil das so ist, möchte ich sie einmal in ein anderes Licht setzen. Vielleicht denken Sie dann auch anders über sie nach, verspüren bei ihrem Anblick nicht nur den alleinigen

Wenn über Nacht sorgsam gezogener Salat verschwunden ist und glitzernde Schleimspuren die Beete überziehen, war es wahrscheinlich die Spanische Wegschnecke.

Wunsch, sie zu vertreiben oder gar zu töten. Schnecken haben nämlich eine wichtige Funktion in unserem Ökosystem. Ein Großteil von ihnen verspeist mit Vorliebe die Überreste anderer Tiere, verrottetes Holz, welke Pflanzen auf dem Kompost, Pilze, Fallobst. Schnecken räumen den Garten auf und versorgen ihn mit Humus. Besonders zu erwähnen ist der Große Tigerschnegel (*Limax Maximus*), dieser ernährt sich ausschließlich von abgestorbenen Pflanzen, Maden, Larven oder Insekten. Und ganz wichtig: Die Eier der Spanischen Wegschnecke gehören auf seinen Speiseplan. Sollte Ihnen also einmal ein Tigerschnegel über den Weg schleimen – eine Nacktschnecke mit einem Leopardenmuster –, freuen Sie sich über diesen kleinen Helfer. Es ist Ihr starker Verbündeter gegen so manche Plagegeister.

Und auch wenn man mehr von der Spanischen Schnecke weiß, muss man sie nicht gleich lieben, aber man hat vielleicht mehr Achtung, empfindet mehr Respekt für sie. Wenn Sie sich fragen, warum Schnecken so schleimen müssen, ist die Antwort folgende: Der bittere Schleim schützt die Schnecken vor Krankheiten. Dieser antibakterielle Schleim, der den ganzen Körper umgibt, dient aber nicht nur dem Schutz, er erleichtert auch die Fortbewegung (Schnecken «rutschen» auf ihm vorwärts) und verhindert im Sommer eine Austrocknung. Zugleich ist er ein ausgezeichnetes Haftmittel, so können die Tiere selbst steile Wände erklimmen. Mancher Bergsteiger könnte da neidisch werden. Schnecken sind recht langsam unterwegs und lassen sich nicht hetzen. Sie schaffen etwa 3 Meter in der Stunde, und das in allen Lagen, sogar kopfüber. Ihre Nahrungsquellen jeglicher Art können sie bis auf 50 Meter Entfernung wahrnehmen. In ihren Fühlern befinden sich nicht nur ihre Augen, sie können damit sogar riechen.

Die großen Weinbergschnecken (*Helix pomatia*) und viele andere Gehäuseschnecken richten im Garten kaum Schaden an. Die Weinbergschnecke steht unter Naturschutz und sollte im Garten ihren Wohnraum behalten dürfen. Also überlegen Sie noch mal, ob Sie mit der Chemiekeule Schneckenkorn gleich gegen alle Schnecken in den Krieg ziehen wollen. Es gibt Alternativen. In letzter Instanz können Sie ein Bioschneckenkorn nutzen, das ohne chemische Wirkstoffe auskommt.

VORBEUGUNG UND BIOLOGISCHE BEKÄMPFUNG: Eine Möglichkeit, um den Schneckenbestand zu reduzieren, besteht darin, den natürlichen Feinden der Spanischen Wegschnecke einen Raum im Garten zu geben. Erstes Gebot ist: Artenvielfalt. Igel und Spitzmäuse fressen zahlreiche Schnecken, Raupen und andere Insekten. Mit Indischen Laufenten, auch als Flaschenenten bekannt, habe ich es bislang noch nicht probiert, sie sollen perfekte Schnecken-Jäger sein. Ich bin mir jedoch sicher, dass diese Abkömmlinge von Stockenten irgendwann auch Gefallen an meinem Salat finden würden, denn nur Schnecken auf dem Speiseplan könnte auf Dauer zu einseitig sein.

Sie können es aber auch mit der bewährten Bierfalle versuchen. Nehmen Sie dazu eine flache Schüssel und füllen Sie diese zur Hälfte mit Bier. Danach graben Sie den Behälter bis zum Rand in die Erde ein. Der Biergeruch zieht die Schnecken an, sodass sie in den Behälter plumpsen. Damit sie nicht ertrinken, darf der Bierpegel nicht zu hoch sein. Die Schnecken können Sie anschließend an einem anderen Ort aussetzen, nur nicht beim Nachbarn. Der wird zum einen immens wütend, zum anderen schleimen die Schnecken nur wieder zurück in Ihren Garten. Oder der Nachbar rächt sich und folgt Ihnen in Ihrem Tun.

Weiterhin hilft das Auslegen von leicht schräg gestellten Holzbrettern, unter ihnen verstecken sich gern die Schnecken tagsüber, weil es darunter feucht und kühl ist. Regelmäßiges Kontrollieren und Absammeln ist unerlässlich. Ich selbst mulche meine Jungpflanzenbeete mit Blättern vom Wurmfarn, den ich zur Genüge im Garten habe – und zwar mit recht gutem Erfolg. Natürlich darf man sich nicht ärgern, wenn sich dann doch mal eine Schnecke verirrt hat.

Spinnmilbe

Kaum stehen der Oleander oder die Zitruspflanze im warmen Winterquartier, vermehren sie sich schlagartig und bringen so manches Blatt zum Fallen. Die Spinnmilben (*Tetranychidae*) sind keine Insekten, sondern gehören zu den Spinnentieren, und sie sind verdammt fies. Sie stiften Unheil im Obst-, Wein- und Gemüseanbau, auch unter Zierpflanzen. In Deutschland treten hauptsächlich die Obstbaumspinnmilbe (*Panonychus ulmi*) und die Gemeine oder Bohnenspinnmilbe (*Tetranychus urticae*) als Schädlinge auf. Bei starkem Befall sind feine Spinnfäden und/oder Gespinste zu erkennen. Durch das Anstechen und Aussaugen einzelner Pflanzenzellen entstehen zunächst einzelne weiße oder gelbliche punktförmige Flecken auf Blättern oder Blüten. Bei zunehmender Ausbreitung dehnen sich die Flecken aus. Die Pflanzen vergilben, bis die Blätter schließlich zu stark geschädigt sind und vertrocknen. Oft wachsen die Pflanzen dann nicht mehr.

Bei trockener Luft und Wärme können sie sich explosionsartig vermehren: Spinnmilben.

Fast alle Spinnmilben sind Pflanzenparasiten, wobei allein die beweglichen Stadien an den Gewächsen saugen. Mit ihren nadelförmigen Mundwerkzeugen werden dazu einzelne Zellen angestochen. Die Entwicklung verläuft vom Ei über Larven hin zur ausgewachsenen Milbe. Vor jeder Häutung wird eine Ruhephase eingelegt. Die Larven besitzen sechs, die erwachsenen Milben jeweils acht Beine. Spinnmilben sind meist arrhenotok parthenogenetisch, was bedeutet, dass die Nachkommen männlichen Geschlechts durch Jungfernzeugung aus unbefruchteten Eiern schlüpfen. Bei vielen Insekten ist es genau umgekehrt, da schlüpfen Weibchen aus unbefruchteten Eiern. Die Eier der Spinnmilbe werden meist unter die Blätter geklebt oder mithilfe von Spinnfäden befestigt.

Spinnmilben lieben Wärme und trockene Witterung, Feuchtigkeit setzt ihnen zu. Sie können an verschiedensten Pflanzen auftreten: Bohnen, Gurken, Äpfel, Birnen, Pfirsich, Zwetschgen, Weinreben. Unter den Koniferen schädigen sie Scheinzypressen und Fichten. Bei Zierpflanzen bevorzugen sie Schönmalve, Flamingoblume, Chrysantheme, Hibiskus, Kakteen, Nelken oder Palmen.

VORBEUGUNG UND BIOLOGISCHE BEKÄMPFUNG: Als wichtigste vorbeugende Maßnahme ist der Einsatz von Raubmilben (hauptsächlich *Phytoseiulus persimilis*) zu nennen. Im Gewächshaus ist ein trocken-warmes Klima zu vermeiden, im Garten sollten die befallenen Pflanzen tagsüber mit Wasser besprüht werden. Schwefelhaltige Präparate wirken vorbeugend und entwicklungshemmend.

Zur Stärkung eignet sich ein Efeu-Tee. Dazu 200 Gramm frische oder 20 Gramm getrocknete Efeublätter in 1 Liter Wasser aufkochen, 30 Minuten ziehen lassen und auf 5 Liter verdünnen. Regelmäßig verwenden, insbesondere die Blattunterseiten nicht vergessen.

Thripse

Thripse (Thysanoptera) machen sich nur zu gern an Pflanzen zu schaffen. Sie haben es auf deren Saft abgesehen, mit ihren Mundwerkzeugen durchbohren sie die Oberfläche der Blätter. Diese Fransenflügler werden auch Blasenfüße genannt, denn sie sind in der Lage, ihre Endglieder (Füße) aufzublasen, um besseren Halt auf den manchmal sehr glatten Blättern zu haben. Mit bloßem Auge sind die millimetergroßen Tiere kaum auszumachen. Die silbergrauen Schadbilder auf den Blättern sind meist früher zu erkennen. Durch die Blattverletzungen gelangt Luft in die Pflanzenzelle und lässt sie silbergrau schimmern. Bei einem starken Befall gibt es Wachstumsstörungen. Wenn wir nichts unternehmen, kann das zum

Thripse werden von der Farbe Blau magisch angezogen, aber auch von Zimmerpflanzen wie Orchideen und Gummibäumen.

Tod der Pflanze führen. Orchideen, Alpenveilchen, Gummibaum, Passionsblume oder auch die Gerbera sind ein begehrtes Zuhause für die Thripse. Besonders wohl fühlt sie sich bei trockener Heizungsluft. Am liebsten sitzen die kleinen Tierchen versteckt unter den Blättern.

VORBEUGUNG UND BIOLOGISCHE BEKÄMPFUNG: Regelmäßiges Besprühen der Pflanzen mit kalkfreiem, lauwarmem Wasser wirkt der trockenen Luft entgegen. Luftbefeuchter im Winter helfen nicht nur uns Menschen, sondern auch den Pflanzen.

Befallene Pflanzen werden erst einmal isoliert, um die Ansteckung zu verringern. Die schnellste Bekämpfungsmethode besteht darin, die Gewächse abzuduschen. Dabei werden die Töpfe vorher in eine Plastiktüte gestellt und so gut wie möglich verschlossen, sodass nur noch das Grün herausschaut. Auf diese Weise wird verhindert, dass die Thripse sich in den Erdballen verkrümeln und später wieder in Erscheinung treten. Nach der Dusche sollten die Pflanzen abtrocknen, im Anschluss werden sie mit einem Neemöl behandelt (Neem ist in jedem Gartenfachmarkt zu erhalten). Dazu werden sie mit einem Wasser-Neem-Gemisch besprüht, wobei das Neem in den Blättern eingelagert wird. Fangen jetzt die Thripse mit dem Saugen an, nehmen sie den Wirkstoff auf. Fortan ist es mit der Sauglust vorbei. Die Schädlinge können sich dann nicht mehr vermehren und sterben. Für Menschen und Haustiere ist Neem völlig harmlos.

Auch das Aufhängen von blauen Leimtafeln kann helfen. Thripse werden nämlich wie magisch von der blauen Farbe angezogen. Die Tafeln können direkt in die Töpfe der gefährdeten Pflanzen gesteckt werden. Sie helfen gut, um einen Befall zu reduzieren, ideal in Kombination mit Neem. Weiterhin empfehle ich, immer die oberste Erdschicht auf den Topfpflanzen auszutauschen. Die Larven der Thripse verpuppen sich meistens in der Blumenerde, entfernt man diese nicht, ist die Behandlung schnell ins Wasser gefallen.

Thuja- und Wacholderborkenkäfer

Ganz gemein ist ja, wenn nicht nur ein Plagegeist bei einer Pflanze Schlange steht, sondern gleich mehrere. So ist das bei Koniferen-Hecken, Zypressengewächsen (Scheinzypressen) und Thujen. Einige habe ich schon genannt, etwa Pilze, die die Wurzelfäule auslösen, oder Spinnmilben. Aber auch der Schuft Borkenkäfer ist nicht nur in den Wäldern unterwegs, sondern vergreift sich zudem gern an Gartenhecken, und zwar müssen sich diese gegen verschiedene Borkenkäferarten der Gattung Phloeosinus (meist *Phloeosinus thujae* und *Phloeosinus aubei*) erwehren. Nicht ganz einfach. Junge weibliche Borkenkäfer benötigen einen Reifungsfraß, was nichts anderes heißt, als dass sie bis zur Vermehrungsreife ordentlich Futter brauchen. Dazu bohren sie sich in kurze, junge Triebe, bevorzugt in jene in den Astgabeln. Im Innern der Triebe entsteht ein nur etwa 1 Zentimeter langer Gang; von außen wird Bohrmehl- und Harzaustritt sichtbar. Die Nadeln der so ausgehöhlten Triebe werden gelb und braun und knicken häufig ab. Manchmal ist im Innern noch ein einzelner, 2 Millimeter großer, dunkler Borkenkäfer anzutreffen.

Auf den ersten Blick wird der angerichtete Schaden oft mit Pilzkrankheiten verwechselt, aber eben nur auf den ersten. Bei genauerer Betrachtung erkennt man einen doppelarmigen Längsgang, von dem jeweils zwanzig bis dreißig Larvengänge abzweigen, erst ein kurzes Stück rechtwinklig abzweigend, dann bis zur Puppenwiege im Splintholz weiter in Längsrichtung verlaufend. Die zahlreichen Ausbohrlöcher, die im Frühjahr zu sehen sind, sind ein letzter Hinweis auf die darunterliegenden Borkenkäferlarven, die aber meist schon ausgeschlüpft sind. In der Regel gibt es nur eine Generation pro Jahr, aber ist es schön heiß, sind sogar zwei möglich. Die Überwinterung erfolgt immer als Larve, der Käfer erscheint im Frühjahr (Mai/Juni). Der Reifungsfraß bringt nur einen geringeren Schaden an einzelnen Stellen, erst die Aktivitäten der Larven führen dazu, dass Koniferen & Co. absterben. Bevorzugt werden geschwächte Exemplare, sei es durch Stress, einen falschen Standort oder zusätzlichen Pilzbefall.

VORBEUGUNG UND BIOLOGISCHE BEKÄMPFUNG: Geschädigte Triebe sollten so schnell wie möglich entfernt werden (verbrennen oder ab in den Hausmüll, bloß nicht auf den Kompost). Ist jedoch der Stamm befallen, wird es notwendig, die Pflanze zu entfernen – und das noch vor dem Frühjahr, bevor die Käfer schlüpfen und Nachbarn befallen. Mithilfe von spezifischen Pheromonfallen lässt sich ein Befall kontrollieren. Man nennt sie auch Lockstofffallen, weil sie mit bestimmten Düften verführen; dabei bleiben die männlichen Schädlinge an den Fallen kleben, sie gehen diesen Wirkstoffen buchstäblich auf den Leim. Eine Behandlung mit einer Pflanzenstärkung hilft den Hecken, um wenigstens widerstandsfähiger zu werden, entweder mit Acker-Schachtelhalm, oder aber mit «Bodenfit vom Pflanzenarzt»; das Mittel besteht aus Milliarden von Mikroorganismen, die im Boden leben und die Pflanzen unterstützen.

Gar nicht lustig sind Thuja- und Wacholderborkenkäfer, denn sie können ganze Hecken dazu bringen, dass sie absterben.

Thuja- und Wacholderminiermotte

Noch ein Quälgeist, der nicht vor Koniferen haltmacht: die Thujaminiermotte (*Argyresthia thuiella*). Erste Anzeichen sind ein deutliches Vertrocknen der Triebspitzen, die Übeltäter sind hier die Larven. Diese Motte kommt gern im Doppelpack mit der Wacholderminiermotte (*Argyresthia trifasciata*), deshalb erwähne ich beide zusammen. Die Wacholderminiermotte mag – wie der Name schon verrät – den Wacholder, nervt aber auch Thujen und Scheinzypressen. Die Falter beider Arten fliegen ab Mai und Juni herum, mit einer Köperlänge von 4 Millimetern und einer Flügelspannweite von 10 Millimetern. Sie ähneln den Gespinnstmotten (siehe S. 114), zu deren Familie sie auch gehören. Durch ihre auffälligen drei Streifen auf den Flügeln kann man sie jedoch gut erkennen. Wischt man mit der Hand durch eine entsprechende Hecke, fliegen die erwachsenen Motten kurz auf. Da sie sehr flugfaul sind, kehren sie schnell zu ihrer Wohnstätte zurück. Die Falter legen ihre Eier direkt an die Blattschuppen, so können die geschlüpften Larven gleich loslegen und sich in die Triebe fressen. Schaut man genau hin, kann man das eine oder andere Ausbohrloch erkennen und so Verwechslungen mit Pilzkrankheiten vermeiden. Die Larven sind grün mit einem schwarzen Kopf und 5 Millimeter lang.

Fangen Triebe an auszutrocknen und zu bräunen, kann die Thuja- und Wacholderminiermotte schuld daran sein.

Die Larven der Thujaminiermotte entwickeln sich ausschließlich in einer bis zu 5 Zentimeter langen Fressröhre, in milden Wintern fressen sie aber noch ein paar Zentimeter weiter. Sie verpuppen sich im Frühjahr. Die Larve der Wacholderminiermotte gedeiht in mehreren Triebspitzengängen, die nur bis zu 3 Zentimeter lang werden. Im Herbst wandern sie ins Buschinnere – damit endet auch ihr Fraß. Geschützt unter Rindenschuppen wie in einem Kokon, verpuppen sie sich dort nach der Überwinterung im Frühjahr.

VORBEUGUNG UND BIOLOGISCHE BEKÄMPFUNG: Entfernen Sie gezielt die befallenen Triebe (möglichst bis November) oder nehmen Sie einen regelmäßigen Heckenschnitt vor. Unbedingt Nistkästen für Vögel aufhängen, denn sie sind die effektivsten Fraßfeinde der Motten und halten sie in Grenzen. Auch sollte bei einer heimischen Hecken-Neupflanzung auf weniger anfällige Pflanzen geachtet werden, etwa Eiben- oder Buchenhecken. Um Falter oder Larven zu minimieren, lohnt zudem der Einsatz von Neem oder Wermut (siehe S. 68 f., 250 ff.) beziehungsweise Rainfarn wie bei den Rhododendronwanzen (siehe S. 155 f.). Die Hecken von April bis Juni regelmäßig damit einsprühen.

Trauermücke

Meist taumeln die Trauermücken, 2 bis 5 Millimeter lang und dunkel gefärbt, wie betrunken um Blumentöpfe, manchmal sogar in Scharen. Die beinlosen Larven sind ungefähr 7 Millimeter lang, schmutzig-weiß mit schwarzem Kopf. Die Larven ernähren sich von verrottetem organischem Material in der Erde. Ihre Lebensdauer ist kurz, deshalb entwickeln sich viele Generationen aus Eiern, die vorher das Weibchen in die Erde ablegte. Die ersten Larven schlüpfen schon nach vier Tagen, bei einem warmen und feuchten Klima fühlen sie sich pudelwohl. Ist der Befall mit ihnen stark, werden junge Wurzeln angefressen, die Larven können dann auch ins Pflanzengewebe eindringen. Dabei übertragen sie häufig Pilzkrankheiten.

Blumenerden haben einen großen Anteil an Grünkompost, ein besseres Futter können sich Trauermücken für die Kinderstube ihrer Larven nicht vorstellen. In jeden Sack Blumenerde stechen die Weibchen kleine Luftlöcher, um dann dort bis zu 160 Eier abzulegen. Wird jetzt diese Erde als Zimmerpflanzenerde genutzt und bekommen die Pflanzen kräftig Wasser, ist das genau das, was die Mücken brauchen. Der Familienzuwachs ist garantiert.

VORBEUGUNG UND BIOLOGISCHE BEKÄMPFUNG: Die beste Gegenmaß-

Schwirren beim Gießen plötzlich kleine Insekten wie betrunken um Topfpflanzen, hat man es mit schwarzen Trauermücken zu tun.

nahme besteht darin, die Topfpflanzen weniger zu gießen. Da die Larven sich mit Kapillarkraft (Druck in den Gefäßen durch Wasser) fortbewegen, wird dies unterbrochen, wenn das Wasser fehlt; die Larven sind nicht mehr so beweglich und verhungern. Neemschrot oder Neemkonzentrat – beides gewonnen aus dem Neembaum, einem Mahagonigewächs – sorgen dafür, dass die Mücken keine Lust mehr am Fressen haben und zum Schluss den Hungertod sterben. Kleine Gelbtafeln (Gelbfallen), die mit Leim bestrichen sind, fangen wiederum erwachsene Tiere ab und verhindern eine erneute Eiablage.

Walnussfruchtfliege

Die Walnussfliege (*Rhagoletis completa*) ist eine Fliege, die alles aufbringt, was sie so zu bieten hat, um einem die Ernte zu vermiesen, in diesem Fall die von Walnussbäumen. Sie profitiert wie viele andere Insekten vom Klimawandel. Die immer milderen Winter sorgen dafür, dass sie sich mehr als notwendig ausbreitet. Die Fliege ist ein Neozoon, das heißt, sie hat sich mir nichts dir nichts in Gebieten außerhalb ihrer eigentlichen Heimat breitgemacht, ohne dass den Menschen irgendeine Schuld trifft. Sie hat es ganz ohne sein Zutun geschafft, das ist schon mal eine Leistung. Leider richtet sie nun in diesen neu eroberten Regionen großen Schaden an. Ihr ursprüngliches Zuhause sind die USA, wo sie in den Walnussanbaugebieten Kaliforniens immense Ernteausfälle verursachte. Seit den Achtzigerjahren fühlt sie sich auch in Europa heimisch. Nur wie sie den Weg von Amerika nach Europa gefunden hat, ist bislang ein Rätsel geblieben. Wie auch immer, nun ist sie als Touristin in den milderen Gegenden Deutschlands angekommen, in den Weinbaugebieten Baden-Württembergs, am Bodensee und in der Gegend um Heilbronn. Am Rhein gefällt es ihr auch, von Baden bis Köln. Und wie so mancher Reiselustige ist sie hängen geblieben und will nicht wieder weg. Kaum zu fassen, aber 2013 wurden erste Walnussfliegen sogar im Berliner Raum angetroffen. Scheinbar hat sie ein Interesse an den Walnussbäumen der Hauptstadt gewonnen – sollen ja sehr sehenswert sein. Zum Glück tritt diese Fliegenart bei uns nur mit einer Generation auf.

Wird die grüne Schale der Walnuss matschig und färbt sich auf einmal schwarz, ist der Übeltäter die Walnussfruchtfliege.

Die Walnussfliege überwintert als Puppe im Boden unter dem Baum. Im Sommer wird geschlüpft. Sie hat etwa die Größe einer Stubenfliege (Körperlänge 6 bis 8 Millimeter) und protzt mit einem gelben Rückenschild. Die Flügel schmücken drei schwarz gefärbte Querbänder. Die erwachsenen Weibchen legen bis zu fünfzehn Eier in die Fruchtschale der Nüsse. Über mehrere Wochen lang können bis zu 400 Eier pro Weibchen verteilt werden. Jetzt kann sich jeder und jede vorstellen, was da auf den Baum zukommt. Die Eiablagestellen an der Schale sind durch dunkle Verfärbungen zu erkennen. Nach einer Woche geht dann das große Treiben der Maden los. Sie sind beinlos, weißgelb und fressen die fleischigen, leckeren Fruchtschalen der Nüsse. Nicht ohne Folgen: Die Schalen verfärben sich schwarz und werden weich und schleimig. Das lässt sich leider nicht vollständig abwaschen oder abbürsten. Solche schwarzen Nüsse können nicht gelagert werden und lassen sich erst recht nicht verkaufen. Sie sind aber essbar.

Die Maden beschränken sich grundsätzlich nur auf die äußere Fruchtschale, die Nuss selbst wird nicht befallen. Auch die Blätter lassen sie in Ruhe. Besonders groß ist die Nachfrage bei früh reifenden Sorten, die, die spät reifen, sind nicht so beliebt. Die ‹Fernor›-Walnuss ist solch eine spät austreibende und spät blühende Sorte. Der Austrieb beginnt wie bei der Sorte ‹Franquette› in der zweiten Aprilhälfte. Manchmal kann es durch die Schwarzfärbung der Nüsse auch zu falschen Diagnosen kommen. Ähnliche Symptome weisen der bakterielle Walnussbrand (siehe S. 198) auf oder die Marssonina-Erkrankung (siehe S. 39 ff), die durch einen pilzlichen Erreger ausgelöst wird.

VORBEUGUNG UND BIOLOGISCHE BEKÄMPFUNG: Sammeln Sie die Früchte ein, bevor die Larven sich im Boden verpuppen. Bei Neupflanzungen sollten Sie auf weniger anfällige Sorten achten. Ich empfehle auch den Einsatz von Kirschfruchtfliegenfallen (die Walnussfliege ist mit der Kirschfruchtfliege verwandt) und Gelbtafeln zum Abfangen erwachsener Fliegen. Am besten funktioniert die Hühnerhaltung unter den Bäumen. Jedes Huhn findet die noch so kleinste Made im Boden.

Weiße Fliege

Tomaten, Paprika, Grünkohl, Fuchsien oder Weihnachtssterne sind das Zuhause der Weißen Fliegen – sie gehören zu den Mottenschildläusen. Ihren Namen haben sie erhalten durch die leuchtend weißen Wachsbeläge, die Körper und Flügel überziehen. In Deutschland kommen nur zwei Gattungen vor: die gemeine Gewächs-

Die Weiße Fliege, auch Mottenschildlaus genannt, taucht wie aus dem Nichts auf und schädigt viele Nutz- und Zierpflanzen.

haus-Fliege (*Trialeurodes vaporariorum*) und die immer häufiger anzutreffende Baumwoll-Fliege (*Bemisia tabaci*). Letztere rauschen sogar in Scharen an. Durch das Saugen von Pflanzensaft schaden diese Schmarotzer ihren Wirten, denn sie entziehen ihnen Nährstoffe. Übertragen werden sie von Viren sowie Honigtauausscheidungen, dann kommt es zum Vergilben der Blätter, zu Verwachsungen der Pflanze und zur Ansiedelung von Schwärzepilzen (Rußtau) (siehe S. 56 f.). Die Weibchen legen bis zu 400 Eier. Die Entwicklungsdauer ist stark abhängig von der Temperatur und beträgt achtzehn Tage bei 30 Grad Celsius und 120 Tage bei 12 Grad Celsius. Die Fliegen selbst leben etwa vier Wochen lang.

VORBEUGUNG UND BIOLOGISCHE BEKÄMPFUNG: Der Einsatz von Neem (siehe S. 250 f.) hat gute Erfolge gebracht, wobei ein Neem-Konzentrat morgens oder abends tropfnass auf die Pflanzen gesprüht werden sollte. Neem braucht zwei, drei Stunden, bis es von den Blättern aufgenommen wird. Schädlinge, die mit ihrer Saugtätigkeit den Wirkstoff Neem aufnehmen, stellen sofort das Fressen ein. Sie können sich nicht mehr vermehren und verhungern schließlich. Auch der Einsatz von Orangenöl hilft, denn durch das Öl trocknen die Flügel aus, und die Weiße Fliege kann nicht mehr fliegen. Sie stirbt. Nur wenige Tropfen von dem

Öl in warmes Wasser geben und unter Schütteln die Pflanzen damit einsprühen. Orangenöl gibt es als Pflanzenschutzmittel im Handel.

Wolllaus

Woll- und Schmierläuse gehören zur Unterfamilie der Schildläuse und sind manchmal genauso lästig wie ihre Verwandten. Oft sind die ungebetenen Gäste schon vor dem Kauf an den Pflanzen. Trockene Heizungsluft und Pflegefehler (etwa ein zu dunkler Standort) fördern einen Befall. Die in Mitteleuropa am häufigsten anzutreffenden Arten sind die Zitrusschmierlaus (*Planococcus citri*) oder die Langschwänzige Schmierlaus (*Pseudococcus longispinus*).

Die Tierchen können bis zu 12 Millimeter groß werden und kommen an fast allen Zimmerpflanzen vor. Gut zu erkennen sind sie an den wachsartigen Wattebäuschen, die die Läuse umhüllen, um sie zu schützen. Wasser perlt so einfach ab und schützt die ungebetenen Gäste vor Nässe, denn die mögen sie überhaupt nicht. Die Woll- und Schmierläuse können sich wie ihre Artgenossen eingeschlechtlich vermehren, darum sucht man die Männchen oft vergebens. Ein Weibchen legt alle zwei Monate bis zu 600 Eier, aus denen wieder Weibchen schlüpfen, die abermals eine Menge Nachwuchs produzieren. Schnell ist dann die ganze Pflanze mit einem weißen Flaum überzogen. Die Kinderstube der Schädlinge befindet sich in der Blumenerde, an den Blättern oder in den Blattachsen. Nach zehn Tagen schlüpfen die ersten Larven und verbreiten sich rasant, sie sind sehr gut im Verstecken, sodass wir sie oft erst entdecken, wenn sie überhandnehmen. Die weiblichen Wollläuse bleiben häufig an einem Ort und wandern nicht, wenn sie sich erst einmal festgesaugt haben. Durch das Saugen schwächen sie unsere Pflanzen mit ihrem Speichel, darin befindet sich ein Gift, was doppelt schadet.

Wollläuse sondern wie Blattläuse Honigtau ab, das begünstigt Schwärzepilze (Rußtau) (siehe S. 56 f.), und oft rollen sich die Blätter von stark befallenen Pflanzen ein und fallen ab. Das Ende der Pflanze ist dann nah. Krautige Zimmerpflanzen, das heißt solche mit weichen und zahlreichen Blättern, sind besondere Brutplätze der Unruhestifter. Selbst Kakteen, Gummibäume, Birkenfeigen, Yuccapalmen oder Pfeilwurze werden nicht verschont.

VORBEUGUNG UND BIOLOGISCHE BEKÄMPFUNG: Neuankömmlinge sollten – wie überhaupt immer – gut untersucht werden. Entdecken Sie einen Befall, ist eine Quarantäne für die Pflanze unumgänglich. Eine gute Bekämpfungsmethode ist ein Orangenöl aus dem Fachmarkt. Eine Mischung aus 10 bis 20 Milli-

Wollläuse schützen sich durch eine weiße Wachswolle, für Gegenmaßnahmen muss diese durchdrungen werden.

liter Paraffinöl und 10 bis 20 Milliliter Spiritus in 1 Liter warmem Wasser, mit einer Sprühflasche oder Pinsel aufgetragen, hilft ebenfalls (je nach Robustheit der Pflanze). Stark befallene Kakteen vertragen sogar eine einmalige Behandlung mit Brennspiritus.

Im schlimmsten Fall findet man die Läuse an den Wurzeln, dann sollte umgehend umgetopft werden. Waschen Sie dabei so viel wie möglich von der Erde aus, um alle Quälgeister loszuwerden. Die alte Erde wandert in den Biomüll und nicht auf den Kompost, denn die Viecher sollen ja ausziehen und nicht wiederkommen.

Wühlmaus

Junge Obstbäume werden rillenartig an den Wurzeln benagt, Knollengemüse wird hemmungslos angefressen. Würden sie nur einzelne Pflanzen auffuttern, hätte ich persönlich keine Probleme mit ihnen. Doch was machen die Biester, sie knabbern mal hier, mal da, wo es ihnen gerade passt, bis die gesamte Gemüseernte

Sie nagen oft an den Pflanzen, die uns am liebsten sind: Wühlmäuse.

einen Schaden hat. Eine wahre Wurzelattacke! Kein anderes Nagetier ist so effizient wie die Wühlmaus (Arvicoloinae).

Die nachtaktiven Nager können je nach Art 7 bis 23 Zentimeter groß werden, und setzt man sie auf eine Waage, können schon 200 Gramm angezeigt werden, besonders bei guter Futterlage. Mittelschwere Böden, wie sie viele Gärten aufweisen, sind der absolute Wohlfühlplatz für Wühlmäuse, denn hier können sie ohne Schwierigkeiten ihre unterirdischen Stollen graben. Die ovalen, flachen und kleinen Haufen, die sie aufwerfen, unterscheiden sich deutlich von den großen und kreisrunden der Maulwürfe. Doch benutzt die Wühlmaus gerne die Gänge des Maulwurfs, wenn sie gerade keine Lust zum Wühlen hat. Kommt auch mal vor. Die Lust am Knabbern hat sie aber trotzdem nicht verloren. Die Wühlmäuse nutzen die Tunnel des Maulwurfs, um ihr Unwesen auch in den tieferen Erdschichten zu treiben, der Heimat vieler Wurzeln.

Während die Maus von oben nach unten gräbt, sodass ihre Röhre eher eine ovale Form haben, schaufelt der Maulwurf von rechts nach links, was zu einem breiteren Röhrenergebnis führt. Zudem werden die Gänge der Wühlmaus verschlossen, die Tür bleibt nur offen, wenn Junge im Bau sind. Die unterirdischen Gänge verlaufen im Allgemeinen in einer Tiefe von 5 Zentimetern, im Winter stellenweise bis zu 1 Meter parallel zur Erdoberfläche. Die Gesamtlänge kann bis zu 100 Metern und mehr umfassen. Die Wände sind säuberlich von Wurzeln befreit, natürlich abgefressen. Die Maus legt Vorratskammern an, in denen sie Wurzeln, Zwiebeln, Knollen und anderes lagert. Das Weibchen bringt von März bis Oktober zwei bis vier Würfe mit bis zu zehn Jungen zur Welt (Nachwuchssorgen gibt es hier nicht). Die Youngster des ersten Wurfs werden noch im selben Jahr geschlechtsreif – man kann sich daher gut vorstellen, dass die Nager schnell zur Plage werden können. Im unterirdischen Heim wohnt immer nur eine Familie, wobei das Männchen recht schnell das Weite sucht. Der Nachwuchs sucht sich rasch eine eigene Wohnung, bei Muttern wird es zu eng, da sie schon wieder schwanger ist. Eine massive Ausbreitung im Garten ist somit vorprogrammiert.

Gartenfreunde und -freundinnen hoffen oft auf einen harten Winter, denn es wird angenommen, dass die Mäuse bei starken Minusgraden erfrieren. Dem ist aber nicht so, Wühlmäuse graben sich dann einfach tiefer in den Boden, um der Kälte zu trotzen. Ihr Tod ist der verregnete Winter, wenn das Fell nicht trocknen will. Die Nässe setzt ihnen dann massiv zu.

VORBEUGUNG UND BIOLOGISCHE BEKÄMPFUNG: Zu den wichtigsten natürlichen Feinden der Wühlmaus gehören Wiesel, vor allem das Mauswiesel (das habe ich schon in meinem Garten umherflitzen sehen). Aber auch Fuchs, Iltis, Marder, Katze, Eulen (Schleiereule) sowie Greifvögel (Mäusebussard) stellen ihr nach. Je mehr Mäuse, je mehr natürliche Feinde (die wollen ja auch ihre Brut sattkriegen). Nur muss man den kleinen Raubtieren dann eine wilde Ecke im Garten lassen, die sie als Deckung und Unterschlupf nutzen können. Eulen sollte man in Feldscheunen Einfluglöcher anbieten, Wiesel Steinhaufen als Unterschlupf.

Ein anderer Trick kann weiterhin helfen: Da Wühlmäuse ein feines Geruchsorgan haben, sind sie anfällig für schlechte Gerüche. Sie können Schnaps, Fischlake, Buttersäure oder andere geruchsintensive Stoffe in den Gängen verteilen. Etwas aufwendiger, aber genauso wirksam: Zerkleinern Sie Holunder, Knoblauch oder die Zwiebeln von Kaiserkronen und mischen Sie das Zerteilte mit Gesteinsmehl. In den Gängen halten es die Mäuse dann nicht mehr aus, sie werden umgehend einen Umzug planen. Aber lassen Sie ihnen eine Fluchtmöglichkeit.

Neupflanzungen sollten eher im Frühjahr geschehen, da die Pflanzen über den Winter tolle Futterpflanzen für die kleinen Nager hergeben. Oder Sie sichern diese mit einem Drahtkorb; das Drahtgeflecht sollte am besten verzinkt sein (Maschenweite zirka 15 Millimeter). Formen Sie den Korb um den Pflanzballen, mit dem zusammen die Pflanze eingesetzt wird. Ähnlich kann bei Zwiebeln oder Knollen verfahren werden. Im Fachhandel gibt es zudem spezielle Gittertöpfe oder Körbe, die einen gewissen Schutz vor Wühlmausfraß bieten.

Ich empfehle darüber hinaus eine aufmerksame Katze, das ist die sicherste biologische Bekämpfung. Als wirkungslos hat sich in meinem Garten die Verwendung von Klappermühlen, Windrädern, aufgeschlagenen Flaschen oder Ultraschallgeräten erwiesen. Denkbar ist auch eine Ablenkungsfütterung mit Topinambur (siehe S. 263).

Wurzelbohrer

Im Hoch- und Spätsommer welken Kopfsalat- und Endivienpflanzen trotz guter Pflege und Wasserversorgung. Bei genauer Betrachtung sehen Sie, wenn Sie den schlappen Salatkopf aus dem Beet nehmen, wie die Hauptwurzel von innen her ausgefressen ist. In der längs zur Wurzel liegenden Aushöhlung findet man häufig 2 bis 5 Zentimeter lange, gelblich-weiße Larven mit braunem Kopf. Ähnliche Schäden verursachen auch Drahtwürmer (siehe S. 108 ff.).

Sind schlappe Salate auf einmal im Beet zu entdecken, hat der Wurzelbohrer Fraßschäden an den Wurzeln verursacht

Unter der Bezeichnung «Wurzelbohrer» (Hepialidae) werden mehrere Schmetterlingsarten zusammengefasst, insgesamt gibt es rund 500. Die Larven der Nachtfalter leben unterirdisch und ernähren sich von unterschiedlichen Pflanzen. Nicht nur der Salat fällt ihnen zum Opfer, es kann auch ein Fraß bei den Möhren vorkommen.

VORBEUGUNG UND BIOLOGISCHE BEKÄMPFUNG: Die Raupen des Kleinen Hopfen-Wurzelbohrers (*Pharmacis lupulina*) sind schwer zu bekämpfen, da sie sich im Boden befinden. Bei ihnen hilft die parasitäre Insekten-Nematode *Heterorhabditis bacteriophora* beziehungsweise Nemasys H. Diese Fadenwürmer suchen nach dem Absetzen auf den Boden aktiv nach der Beute und dringen in sie ein, danach scheiden sie Bakterien aus, die die Falter töten.

Auch eine Einarbeitung von Neem-Schrot kann gute Ergebnisse erzielen.

Wurzellaus

Wurzelläuse leben zwischen den Wurzeln, auf den Wurzeln oder am Fuß der Pflanze. Sie sind nur 2 bis 3 Millimeter groß, meist weiß. Wie bei vielen Lausarten sorgen die geflügelten Exemplare für eine Verbreitung. Weil sie aber meist unterirdisch aktiv sind, sind sie oft nicht zu erkennen. Wenn Sie Pflanzen umtopfen, erkennen Sie die Läuse an weißen, pudrigen Rückständen an den Innenseiten der Töpfe, das sind Wachsausscheidungen. Auch hinterlassen sie ein weißliches Sekret an den Wurzeln. Wenn Sie eine Pflanze ausbuddeln, ist der Befall leicht zu entdecken.

Es gibt mehrere verschiedene Arten der Wurzellaus, wovon einige sogar wirtsspezifisch sind – wie zum Beispiel die Salatwurzellaus (*Pemphigus bursarius*), sie bevorzugt Chicorée, Endivie und Salat, oder die Möhrenwurzellaus (*Dysaphis crataegi*), die hauptsächlich an Möhre, Petersilie und Sellerie auftritt. Sie sind die im Gemüseanbau am häufigsten vorkommenden Wurzellausarten. Grundsätzlich ist aber ein Befall an fast allen Gemüse- und Zierpflanzenkulturen möglich. Besonders beliebt sind dabei sämtliche Dickblatt- und Wolfsmilchgewächse. Aber auch die Knollen von Blumenzwiebeln, wie zum Beispiel Tulpen, werden nicht verschont.

Bei einem sehr starken Befall wird das Wachstum der Pflanze gehemmt, bei heißem Wetter kann sie erschlaffen, denn Wurzelläuse bevorzugen ein mittelwarmes und trockenes Klima. Sie tauchen auf bei Mangelerscheinungen, Staunässe, Bodenverdichtungen oder von Trockenheit geschwächte Pflanzen.

Wurzelläuse sitzen unterirdisch an den Wurzeln und saugen gemeinerweise an ihnen.

VORBEUGUNG UND BIOLOGISCHE BEKÄMPFUNG: Generell ist es schwierig, Wurzelläuse zu bekämpfen, da die Insekten unter der Erde schwer zugänglich sind. Am besten gießen Sie in Abständen immer wieder mit Rainfarn und Wermut: Jeweils 200 Gramm frische oder 20 Gramm getrocknete Pflanzenteile in 1 bis 2 Liter Wasser 15 Minuten kurz aufkochen auf 5 Liter verdünnen, danach die Pflanzen tropfnass einsprühen. Auch Neem hilft. Sie können ebenso gelbe Klebestreifen oder Fangbänder vor den Pflanzen aufhängen. So werden die fliegenden Läuse abgefangen, bevor sie die Pflanzen erreichen. Larven von Marienkäfern können ebenfalls als Läusefresser verwendet werden, aber nur, wenn die Läuse noch auf dem Blatt leben. Sie gehen nicht in den Boden, um die Wurzelläuse anzugreifen. Verwenden Sie Mulch, es schafft ideale Bedingungen für alle Bodeninsekten. Viele von ihnen, wie Springschwänze und Tausendfüßler, bekämpfen Wurzelläuse aktiv. Sie leben bereits im halb verdauten Kompost, sodass Sie sofort einen guten Start haben. Gegebenenfalls vor dem Auftragen von Mulch den Boden etwas locker kratzen, damit ein guter Kontakt entsteht.

Zikade (siehe: Rhododendron- oder Rosenzikade)

Zwiebelfliege

Die Zwiebelfliege (*Delia antiqua*) kann beim Anbau von Knoblauch, Zwiebeln oder Lauch ganz schön auf den Senkel gehen, denn kurz nach dem Pflanzen der jungen Zwiebel oder dem jungen Porree verfärben sich die Blätter bei einem Befall mit dem Plagegeist recht schnell gelblich-grau. Die Pflanzen fangen an zu welken und lassen sich leicht aus der Erde ziehen. Manche Gemüsepflanzen zeigen gekrümmte Blätter. An älteren Zwiebel- und Porreeblättern erkennt man den Befall anhand von Fraßgängen. Die Zwiebeln werden von innen her verspeist, und oft sieht man darin die unappetitlichen hellen Maden der Zwiebelfliege. Die Zwiebelfliege, die ungefähr 6 bis 7 Millimeter misst, zählt zu den Blumenfliegen (Anthomyiidae) und ähnelt der schlanken, etwas dunkleren Stubenfliege (*Musca domestica*).

Die Eiablage erfolgt direkt am unteren Teil der Zwiebelgewächse. Der Zeitpunkt dafür ist einfach zu merken, denn wenn der Löwenzahn anfängt zu blühen, geht es damit los. Aus den Eiern schlüpfen nach etwa einer Woche die weißlichen, 8 bis 10 Millimeter langen Maden. Sie fressen sich durch das weiche Gewebe der jungen Zwiebelpflanzen und höhlen diese von innen aus. Eine einzelne Made kann mehrere Pflanzen stark schädigen. Nach dem Reifungsfraß der Maden verpuppen sie sich im Boden. Im Laufe des Sommers folgt meist eine zweite Generation, deren Maden dann die nächsten Zwiebelpflanzen verwüsten. Winterzwiebeln und späte Porree-Sorten – Herbstriesen, Giant Winter oder Blaugrüner Winter – können in warmen Jahren sogar von einer dritten Generation befallen werden. Größtenteils sind die Schäden dann allerdings nicht mehr so groß, da die Pflanzen zu diesem Zeitpunkt bereits größer und robuster sind. Die Zwiebelfliegen überwintern als Puppe im Boden.

VORBEUGUNG UND BIOLOGISCHE BEKÄMPFUNG: Mit besonderen feinmaschigen Kulturschutznetzen können Sie Zwiebelfliegen effektiv aus dem Gemüsebeet fernhalten. Diese bieten den besten, sichersten und dauerhafttesten Schutz. Achten Sie darauf, dass das Netz so gespannt wird, dass alle Zwiebelpflanzen vollständig bedeckt sind und keine Lücken entstehen, denn durch die kleinste Lücke finden die Plagegeister einen Weg zu den Pflanzen. Das Anbringen des Netzes sollte vor der Flugzeit der Weibchen, also mit Beginn der Löwenzahnblüte, ge-

Die Zwiebelfliege legt ihre Eier bevorzugt an Zwiebeln und Lauch ab, die Maden machen sich über die kompletten Pflanzen her.

schehen, und es sollte bis kurz vor der Ernte nicht abgenommen werden. Kontrollieren Sie in regelmäßigen Abständen die Netze, denn das richtige Auflegen der Kulturschutznetze wirkt tatsächlich besser als jeder Einsatz von Pflanzenschutzmitteln, nebenbei sind sie ein Schutz vor der Lauchmotte (siehe S. 136 f.). Auch das Fördern natürlicher Feinde wie Schlupfwespen, Laufkäfer oder Spinnen helfen. Derartige Nützlinge locken Sie durch das Aufstellen eines Insektenhotels an und durch biologisches Gärtnern, grundsätzlich durch einen naturnahen Garten mit einer großen Pflanzenvielfalt.

Alle befallenden Zwiebeln werden im Hausmüll entsorgt. Halten Sie jedes Jahr die Fruchtfolge ein. Eine Mischkultur mit Möhren, Kohl oder Stangenbohnen mögen Zwiebelfliegen nicht.

Ebenso eine frühzeitige Aussaat der Zwiebelpflanzen kann einen möglichen Befall verhindern. Vermeiden Sie einen stark riechenden Dünger oder frischen Mist. Verwenden Sie einen selbst gebrauten Tee aus Rainfarn oder Wermut, um das Gemüse vor Schädlingen zu schützen. Dazu jeweils 200 Gramm frische oder je 20 Gramm getrocknete Pflanzenteile 15 Minuten in 1 bis 2 Liter Wasser kurz aufkochen danach auf 5 Liter verdünnen. Mit der Mixtur die Pflanzen tropfnass einsprühen.

Eine frühzeitige Spritzung mit Neem (siehe S. 250 f.) kann dafür sorgen, dass die Zwiebelfliegen sich nicht ausbreiten.

ANSTECKENDER BAKTERIENBEFALL BEI PFLANZEN

Bakterien sind einfache Lebewesen, etwa eintausendstel Millimeter groß, Einzeller ohne Zellkern, die zusammen mit Archaeen und Eukaryoten eine der drei Säulen des Lebens bilden. Manche kommen in Stäbchenform vor, andere als Kokken oder Spirillen, mal allein, mal kollektiv in Heeresgröße auf engstem Raum. Man vermutet, dass es auf und in unserem Körper zehnmal mehr Bakterien als Körperzellen gibt. Das zeigt, dass sie uns nicht nur krank machen und unser Essen verderben. Viele Bakterien sind für uns vollkommen harmlos oder eben sogar überlebenswichtig, zumindest gesundheitsfördernd. Denken Sie an die Darm- oder Mundflora.

Auch in der Erde tummeln sich massenweise Bakterien, zusammen mit Pilzen, Würmern und Insekten sind sie reichlich im Boden vorhanden, er ist mit Sicherheit der am dichtesten besiedelte Ort unseres Planeten. Im Gärtnergold, in der Komposterde, befinden sich Milliarden von Bakterien, und dazu muss man nicht den ganzen Haufen nehmen, es reicht eine Handvoll. Und dass einzelne Bakterien äußerst positive Effekte auf Pflanzen haben, zeigt sich an den Knöllchenbakterien (Rhizobien), die in bestimmten Bereichen der Wurzel leben, eben den Wurzelknöllchen. Diese rötlichen Bakterien sind dazu fähig, Stickstoff zu fixieren. Was nichts anderes bedeutet, als dass sie den Stickstoff aus der Luft nehmen und ihn so umwandeln, dass er gut verwertbar ist. Dann wirken sie wie ein Düngelieferant und befördern das pflanzliche Wachstum. Das machen sie natürlich nicht umsonst, eine Gegenleistung muss schon her. Von den Pflanzen – sie leben gern in Symbiose mit Schmetterlingsblütlern – bekommen sie im Tausch Zuckermoleküle, Energiespender «geschenkt». Ein perfekter Deal. Eine Beziehungskiste auf Augenhöhe.

Einige Bakterien schütten ein Pflanzenhormon aus, das ebenfalls auf ein verbessertes Pflanzenwachstum hinweist. Die Natur ist ein Geben und Nehmen, es ist also wichtig, dass wir im Boden genügend Bakterien haben. Biodiversität ist auch hier ein Stichwort, denn je größer die Bakterienvielfalt, umso besser gedeihen die Pflanzen. Bakterien verbessern zudem die Wasserspeicherung im Boden, seine Stabilität, treiben den Nährstoffumsatz an, sie zersetzen organische Abfälle, indem sie Enzyme ausscheiden. Bakterien können zudem giftiges Kadmium im Boden entschärfen.

Doch genug der Lobeshymnen, Bakterien können ebenso Pflanzenkrankheiten verursachen. Erkennbar sind bakterielle Infektionen an Merkmalen wie Fäule an Wurzeln, Welken von Blättern und Stängeln, Blattflecken, Krebsgeschwülsten oder einem stinkenden Schleimfluss an Stämmen und Trieben. So wird etwa die Nassfäule der Kartoffelknolle durch Bakterien hervorgerufen. Sie verwandeln die Knolle in eine breiig-faule und äußerst übel riechende Masse. Die Nassfäule greift rasch um sich und kann in wenigen Tagen zentnerweise Kartoffelknollen vernichten. Deshalb müssen kranke Knollen schnell aussortiert werden.

Im Gegensatz zu Viren vermehren sich Bakterien selbstständig durch Teilung. Manche können sich mithilfe von Geißeln fortbewegen, sodass sie nicht auf Vögel oder Insekten angewiesen sind, um ihren Standort zu wechseln. Pflanzen werden meist durch Wunden, gemeine Sauger, die selbst Erreger in sich tragen, Frostschäden oder Gartenwerkzeuge infiziert. Ebenso finden Bakterien durch die natürlichen Spaltöffnungen an den Blättern Eingang in die Pflanze. Hohe Feuchtigkeit, schwache und gestresste Pflanzen sind beste Voraussetzungen, damit die Einzeller sich austoben können.

Es gibt keine Möglichkeit zur Heilung. Wichtig ist, präventiv die Widerstandskraft der schützenswerten Pflanzen zu stärken. Der Einsatz von sogenannten guten Bakterien hält die schädlichen zwar in Schach, sodass auf diese Weise etwa die Standzeiten der Bäume verlängert werden. Aber noch ist der Kampf der Guten gegen die Bösen nicht gewonnen, die Wissenschaft kann aber schon einige Erfolge verzeichnen. Doch längst nicht genug. Die Erforschung grüner «Antibiotika» steckt noch in den Kinderschuhen, wie sich etwa bei den Kastanien zeigt. Sie leiden nicht nur unter Motten, sondern auch immer mehr unter Infektionen mit dem Bakterium *Pseudomonas syringae pv. aesculi*. Erste Symptome zeigen sich durch eine spärliche Belaubung in der Krone, durch kleinere und aufgehellte Blätter. Am Stamm und an starken Ästen werden rostbraune bis dunkle Flecken erkennbar, aus denen bei warmen Temperaturen ein orangefarbener, manchmal bräunlicher und unglaublich stinkender Schleim austritt. Die Kastanie versucht mit ihrem Saftstrom, die Bakterien auszuspülen. Einzelne Äste können absterben, und die Rinde kann aufreißen. Und wenn sie noch nicht genug gebeutelt ist, kommt innerhalb kurzer Zeit noch ein holzzersetzender Pilz wie der Austernseitling, Spaltblättling oder Samtfußrübling vorbei und nistet sich ein.

Weiß blühende Kastanien, wenn sie vital sind, machen die Schotten dicht, und zwar dort, wo der Erreger eingetreten ist. So können sie mit ihm leben. Leider gilt das nicht für die rot blühende Kastanie. Warum ist das so? Wieso kann der eine Baum das, der andere nicht? Würde man mehr und Genaueres über Krankheitsverläufe bei Pflanzen wissen, man wäre ein Stück weiter, um sie bei ihrer Heilung zu unterstützen. Bislang lässt sich deren Vitalität einzig fördern, indem auf eine gute Wasserversorgung geachtet wird – insbesondere während Trockenperioden – sowie auf eine ausreichende Nährstoffversorgung. Vermeiden sollte man auch zusätzliche Beeinträchtigungen wie zum Beispiel Bodenverdichtungen oder Baumaßnahmen im direkten Umfeld der Bäume.

Bakterienbrand

Auch wenn die Winter immer milder verlaufen, den Walnussbäumen bekommt das nicht, denn der fehlende Dauerfrost ist es, der zusammen mit feuchtwarmen Sommern einen Pilz- und Bakterienbefall fördern. Neben der Marsonnina-Erkrankung (siehe S. 39 ff.)., ebenfalls eine der Walnussbäume, nimmt der Bakterienbrand mehr zu mehr zu und sorgt dafür, dass Ernten ausbleiben. Schuld unter anderem ist der Erreger *Xanthomas juglandis*.

Auf den ersten Blick sehen die zwei Walnusserkrankungen nahezu identisch aus. Beide verursachen hässlich braune Flecken, die das Gewebe der Blätter schädigen und dafür verantwortlich sind, dass die Nüsse abfallen. Beim Bakterienbrand sind Bakterien der Gattung Xanthomonas die Auslöser. Sie befallen viele Pflanzen, ein spezielles Bakterium, nämlich *Xanthomonas juglandis*, hat sich leider auf die Walnuss spezialisiert. Zum Glück sind die Xanthomonas-Erreger nicht für uns Menschen gefährlich, doch den Schaden, den sie an den Bäumen verursachen, ist beträchtlich.

Der bakterielle Walnussbrand befällt vorwiegend junge Bäume und Bäume, die in ihrer Blüte des Ertrags stehen, also wenn der Baum alle Kraft in den Fortbestand steckt. Alte Bäumen sind in der Regel resistenter. Die Bakterien überwintern in den Knospen. In den Früchten und den abgefallenen Blättern werden nur gelegentlich Erreger festgestellt, die den Winter überdauerten. Im Frühjahr, wenn es warm wird, vermehren sich die Bakterien. Feuchtigkeit vom Tau, von Nebel und Regen sorgen dafür, dass die jungen Triebe befallen werden und die Erreger sich verbreiten können. Aber auch Insekten und Pollen sind dazu in der Lage. In der Zeit der Blüte und des Fruchtansatzes kann die Nussfäule auf dem Vormarsch sein. Kommt dann noch eine Regenperiode bei milden Temperaturen hinzu, vermehren sich die Bakterien explosionsartig.

Bei jungen Nüssen bedeutet der bakterielle Walnussbrand oft das Ende der Frucht, denn der Kern schrumpft und wird ungenießbar. Im späteren Stadium dagegen bleibt der Bakterienbrand meist auf die äußere Schale beschränkt. Dennoch sollten Walnüsse nicht verzehrt werden, wenn die Kerne durch die Bakterien gelb gefärbt sind.

VORBEUGUNG UND BIOLOGISCHE BEKÄMPFUNG: Es gibt keine wirksame Möglichkeit zur Bekämpfung der Erreger. Ein gutes Auslichten der Bäume sorgt für eine schnellere Trocknung der Blätter bei Feuchtigkeit. Eine Desinfektion aller Geräte, mit denen Bäume beschnitten wurden, aber auch mit denen, mit denen das Laub gerecht wurde, sowie das akkurate Entfernen und Vernichten aller befallenen Pflanzenteile sind die einzigen Maßnahmen, mit denen man seinen Bäumen helfen kann. Wenn Sie neue Walnussbäume anpflanzen möchten, nutzen Sie Sorten, die zwar nicht vollkommen resistent, aber doch weniger anfällig sind. Bewährt haben sich ‹Geisenheimer Walnuss›, ‹Moselaner Walnuss›, ‹Weinheimer Walnuss›, ‹Wunder von Monrepos› und ‹Seifersdorfer Runde›.

Bakterienbrand ist eine bakterielle Infektion, die sich durch Blattsauger ausbreitet.

Ist der Flieder von der Fliederbaumseuche befallen, gibt es für ihn kaum Rettung.

Fliederbaumseuche

Fliederbäume mit ihren weißen, lilafarbenen, violetten oder rötlichen Blüten, einfach oder gefüllt, haben in fast jedem Garten einen Platz, mit ihrem tollen Duft sind sie Gartenbesitzern und -besitzerinnenn ans Herz gewachsen. Eigentlich sind Fliederbäume ziemlich widerstandsfähig, sie müssen nur regelmäßig ausgeschnitten werden, von Fachleuten Verjüngungsschnitt genannt. Im Abstand von drei Jahren sollten alte Triebe aus der Pflanze entfernt werden, sodass der Flieder stets einen lockeren Aufbau hat und genügend junge Triebe mit neuen Blütenanlagen treiben können. Leider schlägt hier gern die Bakterien-Triebfäule *Pseudomonas syringae* zu, die Fliederbaumseuche. Der Schaden ist daran zu erkennen, dass die Rinde junger Triebe im Mai/Juni einseitig streifenförmig dunkelbraun bis schwarz verfärbt ist. Auf den Blättern treten unregelmäßige, dunkelbraune, häufig zusammenfließende Flecken auf; auch sind die Blattnerven und Blattstiele dunkelbraun verfärbt. Die Blütenstände verbräunen und welken.

In nassen Jahren tritt der Schaden vermehrt auf, ebenso nach Spätfrösten und bei zu gut gemeinten Düngergaben. Jüngere Sträucher leiden mehr unter der Krankheit als ältere.

VORBEUGUNG UND BIOLOGISCHE BEKÄMPFUNG: Leider kann man in einem solchen Fall nicht viel helfen. Ich kann nur raten, befallene Pflanzenteile bis tief ins gesunde Holz zurückzuschneiden und zu verbrennen. Gesunden Kandidaten unbedingt weniger Stickstoffdünger geben.

Rindenbrand

Der Rindenbrand ist eine Krankheit des Steinobsts und wird verursacht durch *Pseudomonas mors-prunorum*. Durch diese Bakterien werden im Frühjahr oder Frühsommer Sauer- und Süßkirsche, Zwetschge, Pfirsich, Birne, Apfel, Quitte, Weißdorn, Eberesche, Feuerdorn oder Zwergmispel befallen. Sind Blüten und Blätter betroffen, welken und verfärben sie sich dunkelbraun bis schwarz mit wässrig durchscheinender Randzone. In diesem Stadium stirbt das innere Ge-

Beim Rindenbrand sieht die Rinde tatsächlich aus, als wäre sie verbrannt.

webe ab. Sind Rindenpartien betroffen, reißen diese oft ein, platzen auf, verfärben sich rötlich oder braun; Gummifluss (Rindenbrand) tritt auf. Die Folge: Schwächere Äste sterben meist oberhalb der ringförmigen Befallstelle ab. Überträger der Bakterien sind Insekten (Blattläuse, Spinnmilben) oder Vögel, die diese im Frühjahr auf Triebspitzen und Blüten der Pflanzen ablegen.

VORBEUGUNG UND BIOLOGISCHE BEKÄMPFUNG: Keine Chance! Rindenbrand ist meldepflichtig! Das nächste Pflanzenschutzamt muss sofort verständigt werden, da es keine Gegenmaßnahmen gibt. Oft wird die Rodung der Bäume angeordnet.

Ölfleckenkrankheit

Die Ölflecken- oder auch Blattfleckenkrankheit befällt vor allem Begonien (Begonia), Pelargonien (Pelargonia), aber auch Efeu (Hedera). Man erkennt die Erkrankung an dunklen oder auch hellen Blattflecken, welche bei Feuchtigkeit schleimig werden und in einem späteren Stadium zusammenfließen. Die Flecken

Die Ölfleckenkrankheit, verursacht durch Bakterien, ist an glasigen ölartigen Flecken an den Oberseiten der Blätter sowie an den Stängeln zu erkennen.

können auf Stängel und Blüten übergreifen. Der Befall mit den Erregern erfolgt zumeist über Verletzungen, und wie bei vielen anderen Erkrankungen der Zimmerpflanzen werden vor allem durch Kulturfehler geschwächte Pflanzen befallen.

VORBEUGUNG UND BIOLOGISCHE BEKÄMPFUNG: Nässe ist zu vermeiden. Die befallenen Pflanzenteile müssen entfernt und vernichtet werden, um eine Ausbreitung der Bakterien zu verhindern.

Pseudomonas-Infektionen

Pseudomonas marginalis verursacht, meist an Sprossachsen, die Weichfäule, *Pseudomonas syringae subsp.*, *savastanoi pv. Oleae*, die Tuberkelkrankheit beim Olivenbaum. *Pseudomonas syringae pv. aesculi* ist neben der Kastanienminiermotte ein bedeutender Verursacher des Kastaniensterbens, diese Infektion schädigt den Baum so stark, dass er anfällig für opportunistische Pilze wird. Die Blattfleckenkrankheit *Pseudomonas syringae pv. syringae* tritt an Magnolien auf, *Pseudomonas viridiflava* ruft Blattflecken an vielen Kulturen und Unkrautarten hervor. An Pflanzenresten im Boden überdauert dieses Bakterium und dient möglicherweise im Frühjahr als Primärinfektionsherd von Neubeständen.

Pseudomonas ist eine Gattung stäbchenförmiger, sich mit Geißeln aktiv bewegender Bakterien. Sie sind allgegenwärtig in der Umwelt («Pfützenkeim»). Man findet sie im Boden, im Wasser sowie in oder auf Pflanzen und Tieren. Pseudomonaden leben oft saprotroph, also von abgestorbenem organischem Material. Man findet sie auch häufig in der Rhizosphäre, das ist jener Bereich im Boden, der unmittelbar durch eine lebende Wurzel beeinflusst wird. Hier finden mechanische, physikalische, chemische und biologische Interaktionen statt. Die Rhizosphäre ist Lebensraum für zahlreiche Organismen (Pilze, Bakterien, Nematoden), sie wird auch bestimmt von Stoffen, welche von Pflanzenwurzeln abgegeben werden. Durch deren Ausscheidungen kommt es zu Veränderungen des pH-Werts und dadurch wiederum zur Freisetzung von Nährstoffen.

Da im Verlauf der Pflanzenentwicklung die Wurzeln in immer neue Bereiche des Bodens vordringen und sich kontinuierlich Nährstoffe und Wasser erschließen, ist diese Umgebung ein idealer Lebensraum für Pseudomonaden. Sie sind gemeinerweise resistent gegen spezielle Abwehrstoffe der Pflanzen. Während einige dieser Bakterien pflanzenschädigend sind, tragen andere Arten zum Schutz der Pflanzen bei, indem sie innerhalb der Rhizosphäre schädliche Mikroorganismen verdrängen. *Pseudomonas putida* hat sich wiederum mit Mykor-

Pseudomonas-Infektionen zeigen sich durch stinkenden Schleimfluss aus Rindenverletzungen, der Baum versucht, eingedrungene Bakterien durch Pflanzensaft auszuspülen.

rhizapilzen vergesellschaftet, sie bilden eine alte Symbiose, so unterstützte das Bakterium die Pflanzen bereits bei der Eroberung des Festlands vor etwa 420 Millionen Jahren und förderte sogar ihr Wachstum. Die Wissenschaft spricht von *plant growth-promoting rhizobacteria* (PGPR), zu Deutsch: pflanzenwachstumsfördernde Rhizobakterien. Heute bilden 80 Prozent aller untersuchten Blütenpflanzen sogenannte arbuskuläre Mykorrhizen, diese Symbioseform findet sich ebenso bei Farnen oder Moosen. Vor allem Pflanzen mit dicken, kurzen Wurzeln und wenig Wurzelhaaren leben mit Mykorrhiza, da ihr eigenes Wurzelsystem nur einen kleinen Teil des umgebenden Bodens erreicht.

Pseudomonas spp., Erwinia ssp., Bacterium oncidium

Die Blätter der Orchidee hatten scharf abgegrenzte braunschwarze Flecken in unterschiedlicher Größe, von 2 bis 5 Zentimetern. Ihr Inneres fühlte sich trocken an und senkte sich, die Flecken waren also dünner als das gesunde Blattgewebe. Um sie herum wurde das Blatt gelb und veränderte sich lederartig. Auch ein weißsilbriger Belag war zu erkennen, der sich nicht abwischen ließ. Teilweise waren sogar ganze Blätter abgestorben. Das entdeckte ich auch an den Blütenstielen. Bei diesen Flecken, das war sofort klar, handelte es sich um eine Infektion von Stäbchenbakterien: *Pseudomonas spp., Erwinia ssp., Bacterium oncidium*. Die Ansteckung erfolgt meistens durch verschiedene Lausarten oder auch durch Schnittverletzungen.

VORBEUGUNG UND BIOLOGISCHE BEKÄMPFUNG: Es gibt zwei Möglichkeiten, wenn Pflanzen Symptome dieser bakteriellen Infektion zeigen: Sie sollten entweder isoliert oder vernichtet werden, um gesunde Pflanzen nicht anzustecken.

Gut zu erkennen ist Pseudomonas spp. an den Flecken auf dem Blatt der Schmetterlingsorchidee.

Xylella fastidosa

Bestimmte Pflanzenkrankheiten sind so heftig, sie können verheerend wie eine humane Grippeepidemie sein und etwa eine ganze Region in den wirtschaftlichen Ruin treiben. So titelten Zeitungen 2013: «Das Ende von Olivenöl?» In diesem Jahr wütete erstmals in Süditalien das Bakterium *Xylella fastidosa*. Uralte Olivenplantagen, die seit Jahrhunderten von Familien gepflegt wurden, waren plötzlich von diesem speziellen Feuerbakterium betroffen. Nach und nach vertrockneten Blätter, danach ganze Äste und später der komplette Baum. Dabei hatten die knorrigen alten Bäume unermüdlich Wind und Wetter getrotzt, doch gegen das Bakterium konnten sie nichts ausrichten.

Xylella fastidiosa verstopft die Leitungsbahnen, die Pflanzen verhungern und verdursten. Die Ausbreitung erfolgte damals rasend schnell, sodass Italien den Notstand ausrief. Überhaupt wurde die Ausfuhr von Pflanzen und Landwirt-

In Spanien und Italien hat diese Krankheit großen Schaden angerichtet: Xylella fastidosa.

schaftsprodukten gestoppt, um so den Erreger aufzuhalten. Denn das Bakterium befiel nicht nur Olivenbäume, auch Mandel-, Pfirsich- und Zitronenbäume griff es an, ebenso Weinreben, Eichen und Oleander. Letztlich waren aber Insekten die größte Gefahr, die wie ein Vampir saugen, nur in diesem Fall kein Blut, sondern Pflanzensaft. Durch ihre Saugtätigkeit verbreiteten sie nämlich das Bakterium von Baum zu Baum. In Italien war der Unhold die Schaumzikade. Schaumzikaden sind Träger dieser Bakterien, nahezu ausnahmslos, das macht die komplette Ausrottung des Bakteriums auch unmöglich.

Damals wurden Sicherheitszonen eingerichtet, die einer regelmäßigen Kontrolle unterlagen. Kranke Bäume wurden gefällt und verbrannt, die Böden gepflügt. Und man versprühte Unmengen an Insektengift. Im Umkreis von 100 Metern eines kranken Baums mussten auch gesunde Bäume daran glauben. Viele Bauern gingen auf die Barrikaden, mitunter konnten die aufgezählten Maßnahmen nur unter Polizeischutz geschehen. Ich fand das nachvollziehbar. Verschwörungstheorien sollten natürlich ebenfalls nicht fehlen. So hieß es, dass die Bakterien absichtlich ausgesetzt worden seien, damit Baumflächen für die Solarindustrie frei würden. Behauptungen dieser Art erwiesen sich aber als haltlos.

In den Vereinigten Staaten kämpft man schon lange gegen Feuerbakterien. 1892 wurden sie entdeckt, als sie sich rasant vermehrt hatten. In Südamerika richteten sie große Schäden bei Zitrusfrüchten an. Wie der Einwanderer nach Italien gelangte, ist bis heute unklar. Es wird vermutet, dass sich der Erreger durch die Einfuhr kranker Pflanzen eingeschlichen hat. 2016 wurde er erstmals in Deutschland entdeckt, kritisch zu betrachten sind die aus dem Urlaub mitgebrachten Oleandersträucher oder Zitrusbäume. Auch die spanische Insel Mallorca blieb vom Feuerbakterium nicht verschont. Hunderttausende Mandelbäume fielen ihm zum Opfer.

VORBEUGUNG UND BIOLOGISCHE BEKÄMPFUNG: Es gibt viele Versuche, mit Gegenspielern zu arbeiten. Das heißt, es werden andere Bakterienstämme wie zum Beispiel *Bacillus amyloliquefaciens* eingesetzt, die sich auf Wirtspflanzen ansiedeln und die schädlichen Bakterien abwehren. Dabei hat die Forschung schon einiges erreicht, aber leider reicht das noch nicht aus, um *Xylella fastidiosa* davon abzuhalten, Olivenbäume und Co. zu befallen.

NICHT LEICHT ZU LÖSENDE VIRUSPROBLEME

In einem 0,3-Liter-Glas voll Meerwasser befinden sich rund drei Milliarden Viren. Viren sind infektiöse Partikel, die über keinen eigenen Stoffwechsel verfügen und sich nur in einer geeigneten Wirtszelle vermehren können. Offiziell sind sie nicht lebendig, aber irgendwie auch nicht tot.

Typische Symptome von Virusinfektionen bei Pflanzen sind mosaikartige oder ringfleckige Muster auf den Blättern, ein Gelbwerden des Laubs oder der Blattadern, Verkümmerung, vorzeitiges Absterben, Missbildungen und Wachstumsstörungen. Heute weiß man, dass die Viruserkrankungen bei Pflanzen ähnlich wie bei Menschen oder Tieren ansteckend sind. Übertragen werden sie von Blattläusen, Wanzen oder Spinnmilben. Deshalb werden vor allem diese Überträgerorganismen bekämpft, um den Pflanzenkrankheiten entgegenzuwirken.

Öfter kommt die Blattrollkrankheit, eine Virusinfektion, an Tomaten vor.

Blattrollkrankheit

Der Blattrollvirus (PLRV) ist verantwortlich für die Blattrollkrankheit. Bei ihr kräuseln sich die Blätter vor allem im unteren Bereich der Pflanze, später auch im oberen, noch später färben sie sich gelb. Dadurch können die Pflanzen nicht mehr optimal die Fotosynthese durchführen. Der Virus-Überträger ist zum Beispiel die Pfirsichblattlaus (*Myzus persicae*). Hat die Blattlaus einmal das Virus aufgenommen, bleibt sie ein Leben lang Virusüberträgerin. Eine Virusübertragung erfolgt jedoch nur, wenn neben Blattläusen auch viruskranke Pflanzen vorhanden sind. Nach einem sehr milden Winter ist die Gefahr der Übertragung von Viren größer, weil dann noch Blattläuse vorhanden sind, die sich schon in der letzten Vegetationsperiode infiziert haben. Blattläuse, die aus einem überwinterten Ei geschlüpft sind, enthalten keine Viren.

Durch die Verwendung von gesundem Pflanzgut können Verluste durch Viren (Sekundärbefall) verhindert werden.

Mosaikvirus

Die ersten Symptome für das Mosaikvirus treten in der Regel zehn bis vierzehn Tage nach der Infektion auf. Wie der Name bereits vermuten lässt, wird meist ein mosaikartiges, gelb-grünes Muster (Scheckung) auf den Blättern von Pflanzen verursacht. Gelegentlich sieht man auch eine Ring- oder Wellenmusterung auf dem Laub. Gängig sind zudem Welke-Erscheinungen: Die Blätter kräuseln sich, sie werden klein und schmal, sie vergilben oder sterben ganz ab. Generell sind virusinfizierte Pflanzen oftmals im Wuchs gehemmt und blühen weniger. Darüber hinaus kann ein Virusbefall zu auffälligen Verformungen von Früchten oder Trieben führen. Manchmal treten allerdings gar keine Krankheitsanzeichen auf, und die Virose bleibt im Pflanzeninnern verborgen. Nur unter gewissen Umständen, etwa durch eine Schwächung der Pflanze, wird der Virusbefall sichtbar. Eine sichere Diagnose ist aber oft nur durch eine Untersuchung im Labor möglich.

Besonders häufig kann bei Nachtschattengewächsen wie Tomaten, Kartoffeln und Ziertabak, bei Kürbisgewächsen wie Gurken, Melonen und Zucchini sowie an Obstgehölzen und Weinreben die Viruskrankheit auftreten. Zu den Zimmerpflanzen, die häufig von der Mosaikkrankheit betroffen sind, zählen unter anderem Orchideen, Flamingoblume (Anthurium), Begonie, Ritterstern (Hippeastrum), Usambaraveilchen (Saintpaulia) und Zimmerkalla (Zantedeschia).

Das Mosaikvirus an der Gurkenpflanze wird oft durch Blattläuse verbreitet.

VORBEUGUNG UND BIOLOGISCHE BEKÄMPFUNG: Vorbeugen können Sie der Mosaikkrankheit, indem Sie Schädlinge von den gefährdeten Pflanzen rechtzeitig vertreiben. Vor allem saugende Insekten wie Blattläuse, Thripse und Weiße Fliegen, die zu den häufigsten Virusüberträgern zählen. Hygiene ist ein weiterer wichtiger Punkt. Desinfizieren Sie vor jedem Gebrauch Ihr Schnittwerkzeug. Auch Ihre Hände sollten Sie sicherheitshalber desinfizieren. Reinigen Sie Pflanzgefäße, Pflanzstäbe usw.

Bekämpfen kann man das Mosaikvirus leider nicht. Auch das Abschneiden einzelner Triebe ist nicht hilfreich, denn die Viren verteilen sich über den Pflanzensaft in der gesamten Pflanze. Wenn Sie erkennen, dass eine Pflanze mit dem Mosaikvirus infiziert ist, sollten Sie diese sofort entsorgen – und zwar am besten im Hausmüll. Ansonsten besteht die Gefahr, dass andere Pflanzen angesteckt werden.

II

KRANKHEITEN, DIE DURCH UMWELTEINFLÜSSE VERURSACHT WERDEN

WENN WIND, LUFTVERSCHMUTZUNG UND NAHRUNGSMANGEL DEN PFLANZEN ZU SCHAFFEN MACHEN

All die bislang aufgeführten Krankheiten werden von sogenannten biotischen Faktoren verursacht, also von lebenden Krankheitserregern wie etwa Pilzen, Viren, Bakterien oder Parasiten. Es gibt aber auch abiotische Krankheiten, die von der unbelebten Umwelt ausgehen. Es handelt sich dabei also um Umweltfaktoren, an denen Lebewesen nicht direkt beteiligt sind. Zu den abiotischen Umweltfaktoren eines Ökosystems zählen:

- Temperatur
- Licht
- Wasser (Menge und Zusammensetzung)
- Klima (Luftfeuchtigkeit, Sonneneinstrahlung)
- pH-Wert
- Stoffkonzentration (Nährstoffmangel, Streusalzschäden, Giftstoffe)
- Wetter (Wind, Blitze, Niederschläge)
- Luftverschmutzung
- Waldschäden
- Rauchgasschäden

Abiotische Einflüsse wirken sich auf unser aller Leben aus, auch auf das der Pflanzen, man denke hier nur an den Laubabfall von Bäumen. Die Diagnose abiotischer Standortfaktoren ist jedoch manchmal gar nicht so einfach, da sie oft sehr komplex wirken und unterschiedliche Symptome an Pflanzen hervorrufen können. Da hilft es nur, eine Ursachenforschung im Ausschlussverfahren zu betreiben. Zuerst sollten Sie gezielt nach Verursachern wie Pilzerkrankungen, Schädlingen, Viren oder Bakterien suchen. Werden all diese Möglichkeiten ausgeschlossen, so werden wahrscheinlich ein oder mehrere abiotische Schadeinflüsse beziehungsweise Standortprobleme die Ursache sein.

Blütenendfäule

Blütenendfäule tritt besonders an reifenden Tomaten auf und macht sich durch braune, faule Stellen an der Blütenansatzstelle bemerkbar. Schuld ist aber keine Krankheit, sondern ein Versorgungsproblem – Calciummangel. Calcium ist unter anderem für die Stabilität der Zellwände wichtig. Fehlt es, sind die Zellwände instabil, fallen in sich zusammen, das Gewebe stirbt ab und sinkt ein – das typische Schadbild zeigt sich. Die Tomaten sehen dann so aus, als würden sie an einer Pilzkrankheit leiden. Sie bekommen an ihrer Unterseite – also den ehemaligen Blütenansatzstellen, wo oft noch die vertrocknen Blütenblätter zu sehen sind – wässrige Flecken, die nach und nach größer und grau bis braun werden. Das leicht einsinkende Gewebe wird ledrig-hart und dunkelbraun. Es sind nicht immer alle Tomaten einer Pflanze betroffen, oft beginnen die Symptome an den untersten Früchten.

Bei einem Calciummangel muss nicht unbedingt zu wenig Calcium im Boden sein, die Pflanzen können ihn oft einfach nicht aufnehmen. Denn: Der Auslöser

Dunkle, braune oder schwarze Stellen an Tomaten sind ein Zeichen für die Blütenendfäule und machen die Früchte ungenießbar.

der Blütenendfäule ist meist eine zu niedrige beziehungsweise unregelmäßige Wasserversorgung. Eine Pflanze hat zwei verschiedene Leitungssysteme: Das aufgenommene Bodenwasser wird samt den darin gelösten Nährstoffen im sogenannten Xylem in einem kontinuierlichen Saftstrom von der Wurzel bis in sämtliche Zweige, Blätter und die reifenden Früchte transportiert. Der Motor für den Saftstrom im Xylem ist die Verdunstung durch die Blätter – was oben an Wasser fehlt, zieht die ganze durchgehende Wassersäule und damit die Nährstoffe nach oben. Früchte verdunsten allerdings weniger Wasser als Blätter und sind damit von Haus aus schlechter versorgt. Bei einem Mangel werden also immer erst die Blätter versorgt, erst anschließend die Früchte.

Der Saftstrom und damit die Nährstoffversorgung der Blätter und der heranwachsenden Früchte wird auch dann gestört, wenn eine hohe Luftfeuchte die Verdunstung behindert oder wenn die Erde durch schlechte Bewässerung zu trocken ist und nicht genug Calcium nachliefert. Ebenso eine Überdüngung mit Magnesium und Kalium blockiert speziell die Calciumaufnahme – selbst wenn objektiv genug Calcium im Boden vorhanden ist. Ein niedriger pH-Wert verstärkt das Ganze noch. Zu viel Stickstoff fördert zudem das Blattwachstum, und das wenige vorhandene Calcium wandert auch hier erst einmal in die Blätter – die Früchte gehen leer aus.

Von der Blütenendfäule sind in erster Linie schnell wachsende Tomaten wie Fleisch- oder Flaschentomaten betroffen. Auch Zucchini und bestimmte Paprikasorten kann es treffen. Die Symptome sind meist dieselben. Bei manchen Paprikasorten sinken die braunen Flecken allerdings nicht ein, die Haut der Paprika wird um den Blütenansatz herum nur dünn und das Gewebe darunter hellbraun. Im Gewächshaus ist Blütenendfäule weitaus häufiger als im Garten.

Sind befallene Früchte noch essbar? Sie können Tomaten oder Paprika mit Blütenendfäule problemlos essen. Die Früchte sind nicht verdorben und schmecken auch nicht anders, die braunen Stellen sehen allein unappetitlich aus. Schneiden Sie diese daher einfach heraus.

VORBEUGUNG UND BIOLOGISCHE BEKÄMPFUNG: Bei einem akuten Befall können Sie Algenkalk um die betroffenen Pflanzen streuen und angießen. Stellen Sie vorbeugend außerdem eine gleichmäßige Wasserversorgung sicher und lüften Sie im Gewächshaus regelmäßig, damit die Luftfeuchte nicht zu hoch wird. Blätter bis zum ersten Fruchtansatz abschneiden. Düngen Sie ausgewogen und verteilen Sie im Frühling organischen Dünger als Grundversorgung und arbeiten Sie ihn im Tomatenbeet gut ein.

Gummifluss an Kirsche, Aprikose und Pfirsich

Aus dem Stamm und den stärkeren Ästen an Bäumen tritt eine harzige, klebrige Masse aus, das ist der Gummifluss. Die Ursachen sind oft vielfältig, hauptsächlich nach trockenen Jahren ist diese Pflanzenkrankheit aber an Steinobst zu erkennen. Die Gummifluss-Krankheit ist eigentlich keine direkte Infektion, sondern eine Folgeerscheinung durch ungünstige Wachstumsbedingungen. Sie ist ein Erkennungsmerkmal dafür, dass der Baum in irgendeiner Form geschwächt ist. Besonders anfällig sind sehr junge und alte Bäume. Ist der Baum erst einmal betroffen, bilden sich unter der Rinde Krankheitsherde. Da die klebrige Masse die Leitungsbahnen der Pflanzen verstopft, ist sie eine ernst zu nehmende Gefahr für das Gehölz, denn durch die Verstopfung kommt es zu einer Behinderung des Wasser- und Nährstofftransports. Steigt dann der Wasserbedarf aufgrund von Trockenheit und hohen Temperaturen, kann auch die Ernte ausfallen, in seltenen Fällen sterben sogar einzelne Äste oder der ganze Baum ab.

Tritt an der Rinde von Kirsch-, Aprikosen- und Pfirsichbäumen Harz aus, ist die Diagnose wohl Gummifluss.

Kalkablagerungen auf Blättern können ein Schönheitsfehler sein, es muss aber nicht so sein.

Kalkablagerungen auf Blättern und der Erdoberfläche

Kalkablagerungen zeigen immer, dass das Gießwasser sehr kalkhaltig ist. Bei kalkliebenden Pflanzen ist das oft nur ein Schönheitsfehler, doch bei vielen tropischen oder Moorbeetpflanzen kann es schnell zu Pflanzenschäden kommen. Für weiches Gießwasser kann das Wasser abgekocht werden, was aber mit hohen Energiekosten verbunden ist. Besser ist es, zwei Hände voll Moos ins Wasser zu legen und 24 Stunden ruhen lassen. Das Moos sorgt mit seiner großen Filtereigenschaft dafür, dass das Gießwasser weich wird. Geeignet ist dabei jede Art von Moos aus dem Garten.

Nährstoffmangel

Damit Pflanzen wachsen und Fotosynthese betreiben können, benötigen sie eine Reihe an Nährstoffen, die Sie als Hobbygärtner:in kennen sollten (zumindest die wichtigsten), denn sie finden sich in jedem Dünger, den Sie kaufen:

Stickstoff (N)

Stickstoff hat in Pflanzen vielfältige Funktionen, neben dem Wachstum ist er auch für die Grünfärbung verantwortlich. Da er am meisten gebraucht wird, ist er der Motor jeder Pflanze, ohne Stickstoff kann sie nicht wachsen. Ein Stickstoffmangel führt rasch zur Verringerung des Wachstums und damit zu einer geringeren Ernte. Erstes Symptom dafür ist eine Aufhellung der alten Blätter, die dann schließlich gelb und dann abgeworfen werden. Die Pflanze selbst bleibt klein und entwickelt oft eine Notblüte, um sich noch schnell zu vermehren, bevor sie ganz verhungert. Es gibt auch einen Stickstoffüberschuss, der dann auftritt, wenn Sie überdüngen. Die Pflanzen bekommen in diesem Fall dunkelgrüne Blätter, die Blütenbildung lässt auf sich warten, und die Standfestigkeit reduziert sich. Das gesamte Pflanzengewebe wird weicher und lädt Schädlinge ein; diese haben nun ein leichtes Spiel, an die begehrten Pflanzensäfte zu gelangen. Auch können Ertrag und Geschmack von Früchten sich negativ verändern.

Phosphor (P)

Phosphor gehört zu den Hauptnährelementen, er spielt für die Pflanzengesundheit und -entwicklung eine wichtige Rolle. So ist er für den Aufbau bestimmter Pflanzenenzyme entscheidend – nicht nur Menschen haben Enzyme, sondern auch Pflanzen, es sind Katalysatoren, sie beschleunigen also bestimmte chemische Reaktionen. Die meisten Enzyme sind dabei reaktionsspezifisch, das bedeutet, sie beschleunigen oder erleichtern genau eine bestimmte chemische Reaktion. Phosphor unterstützt zudem die Wurzelentwicklung und das Wurzelwachstum, die Zellteilung, die Bildung von Pflanzenabwehrstoffen und hilft bei der gesunden Entwicklung von Blüten, Früchten und Samen. Ob und wie viel Phosphor aufgenommen werden kann, hängt maßgeblich vom Boden beziehungsweise der verwendeten Erde ab. Ein zu niedriger pH-Wert (das Maß für den Säuregehalt einer Lösung, es erlaubt die Unterscheidung zwischen Säuren und Basen), ein zu feuchter oder verdichteter Boden oder geringe Humusgehalte führen meist zu einer geringen Aufnahme von Phosphaten. Bei der Versorgung der Pflanzen mit Phosphaten ist also immer auf die Bodenqualität zu achten.

Ein Mangel an Phosphor führt auf Dauer zu Pflanzenschäden. Typische Phosphatmangelsymptome sind: kümmerlicher Pflanzenwuchs, ein schlecht ausgebildetes Wurzelsystem oder eine ausbleibende beziehungsweise verzögerte Blüte. Manchmal werden die Blätter dunkler oder bekommen eine rötliche Färbung, viele sterben auch vorzeitig ab. Pflanzen, die eigentlich frosttolerant oder frosthart sind, gehen bei Phosphatmangel ebenfalls unerwartet ein. Nicht wenige Privatgärten sind jedoch überversorgt, doch auch das wirkt sich negativ auf das Pflanzenwachstum aus: Die Verfügbarkeit anderer wichtiger Spurennährelemente wird eingeschränkt.

Kali (K)

Der drittwichtigste Nährstoff neben Stickstoff und Phosphor ist Kali beziehungsweise Kalium. Das Salzmineral ist an vielen Stoffwechselprozessen beteiligt und sorgt für widerstandsfähige, frostfeste Pflanzen. Es ist mit für die Bildung des Stützgewebes verantwortlich, sodass Stängel nicht beim geringsten Windstoß umknicken. Kali ist notwendig, damit Pflanzen gegenüber Krankheiten und Fraßfeinden widerstandsfähig werden, zudem verbessert es die Wasserzirkulation. Darüber hinaus ist es ein wesentlicher Nährstoff, um die Qualität von Obst- und Gemüsefrüchten zu garantieren. Tomaten oder Zucchini, die stark den Boden auszehren, benötigen eine Extraportion Kali. Auch gelingt durch das Salz das Lagern von Gemüse wie Möhren, Pastinaken oder Sellerie besser – sie sind dann länger haltbar.

Die Aufnahme vom Kalium hängt wie beim Phosphor stark von den Bodeneigenschaften ab. Diese werden maßgeblich vom in der Erde enthaltenden Ton-Humus-Anteil beeinflusst. Kali wird von der Pflanze grundsätzlich nur in Wasser gelöst aufgenommen, und das noch bei einer Bodentemperatur von 5 Grad Celsius. Ein Kalimangel führt sehr häufig dazu, dass Pflanzen krankheitsanfällig werden. Die Symptome sind Blattaufhellung sowie ein Gelbwerden und Absterben der Blätter vom Rand her, und zwar zuerst bei den älteren.

Bei Tomatenpflanzen fördert eine Kali-Unterversorgung die Kraut- und Braunfäule (siehe S. 37 f.). Durch Überversorgung mit anderen Nährstoffen kann ebenfalls ein Kalimangel entstehen. Beispielsweise passiert dies, wenn im Boden zu viel Magnesium oder zu hohe Stickstoffanteile vorhanden sind, die eine optimale Aufnahme von Kali verhindern. Ebenso kann eine Kali-Überversorgung dazu führen, dass Pflanzen nicht mehr richtig wachsen. Das liegt unter anderem daran, dass Magnesium nicht weiter in den Mengen aufgenommen werden kann, die notwendig wären. Das Kali verhindert das. In der Folge steigt die Salzkonzentration im Boden.

Calcium (Ca)

Calcium ist ein Kommunikator. Es vernetzt die Zellwände und ist wichtig für deren Festigkeit, wodurch ein vorzeitiger Blattfall verhindert wird. Bei einem Calciummangel wird das Wachstum der Wurzel gestört, junge Blätter werden gelb. Stibbe (siehe S. 221 f.), eine Mangelerscheinung bei Äpfeln, hat hier ihre Ursache, ebenso die Blütenendfäule bei Tomaten, Paprika und Gurken (siehe S. 213 f.). Calcium reguliert zudem den pH-Wert im Boden, und bei einer Unterversorgung tritt ein zu niedriger Wert auf.

Magnesium (Mg)

Magnesium zählt ebenfalls zu den Hauptnährstoffen der meisten Pflanzen, es wird aber in deutlich geringeren Anteilen benötigt als die zuvor genannten. Das Mineral befördert eine bessere Phosphorversorgung, hilft bei der Bildung von Chlorophyll (Blattgrün), beim Wachstum und optimiert die Geschmacksqualität von Obst und Gemüse. Ein Magnesiummangel ist schnell zu erkennen, die Blätter bekommen helle Flecken oder eine Gelbfärbung, wobei die Blattnerven jedoch ihre grüne Färbung behalten. Auch nimmt die Fotosyntheseleistung der Pflanzen ab, da nur noch ungenügend Chlorophyll von den Pflanzen gebildet wird.

Meist lässt sich eine Unterversorgung mit Magnesium rasch beheben. Wird der Mangel jedoch nicht beseitigt, so werden die Blätter abgeworfen, die Erträge bleiben aus, und die Pflanze stirbt ab. Überschusssymptome sind nicht bekannt, da überschüssiges Magnesium in den Vakuolen, den Hohlräumen zwischen den Blattzellen, gespeichert wird. Besteht im Boden oder in der Balkonerde jedoch ein Magnesiumüberschuss, so kann dies zur verminderten Aufnahme von Calcium und Kali führen.

Schwefel (S)

Schwefel hat ähnliche Funktionen im pflanzlichen Stoffwechsel wie der Stickstoff, beide sind notwendig beim Aufbau von Eiweiß oder von Blattgrün. Ein Schwefelmangel zeigt sich durch ein Gelbwerden junger Blätter (während bei Stickstoffmangel ja zuerst die älteren Blätter betroffen sind), oft sind dabei die Blattadern heller als die Blattflächen. Ein Schwefelüberschuss ist relativ unschädlich, doch wenn die gasförmige Verbindung in einer überhöhten Konzentration auftritt, ist das Gift für unsere Pflanzen (und auch für uns Menschen in Industriegebieten, die eine entsprechende Luft einatmen müssen).

Chlor (Cl)

Mit Chlor als Pflanzennährstoff ist nicht das giftige Chlorgas (Cl_2) gemeint, sondern das Chlorid-Ion. Es ist bekannt als Bestandteil von Kochsalz (NaCl), bildet aber auch mit vielen anderen Metallionen Salze, zum Beispiel Kaliumchlorid (KCl). Chlorid wird von den Pflanzen leicht aufgenommen und ist sehr beweglich. Es wird nicht in die Pflanzen eingebaut, sondern kommt nur als freies Chlorid-Ion vor. Wie Kali ist es für die Regulierung des Zellinnendrucks nötig. Chlorid ist für Pflanzen zwar nur in geringen Mengen wichtig, dennoch ist es in ihnen oft in großer Menge enthalten. Da sie aus verschiedenen Quellen mit Chlor versorgt werden (Boden, Bewässerung, Regen, Düngemittel, Luftverschmutzung), besteht eher die Gefahr einer Chlorüberversorgung (Toxizität) als die eines Chlormangels.

Pflanzen unterscheiden sich auch erheblich in ihrer Chloridempfindlichkeit, das ist für jeden/jede Hobbygärtner:in gut zu wissen, spätestens bei der Frage nach dem richtigen Dünger (siehe S. 76). Wenn wir mineralischen Dünger im Garten verwenden, so ist chloridarmer, also salzarmer Dünger meist hochwertiger (dadurch aber auch teurer).

Futterrübe, Sellerie oder Mangold sind richtiggehend salzliebend. Gut salzverträglich sind: Getreide, Mais, Raps, Spargel, Grobkohlarten, Rote Bete, Rhabarber, Grünland, Kleegras. Zu den bedingt salzverträglichen Pflanzen zählen: Sonnenblume, Weinrebe, Kernobst, Schwarze Johannisbeere, Pflanz- und Speisekartoffel, Tomate, Rettich, Radieschen, Kohlrabi, Feinkohlarten, Erbse, Spinat, Karotte, Lauch, Meerrettich, Chicorée, Gurke. Und ziemlich salzempfindlich sind: Rote Johannisbeere, Stachelbeere, Himbeere, Erdbeere, Brombeere, Heidelbeere, Zitrusfrüchte, Chili, Pfirsich, Kern- und Steinobst (speziell Süßkirsche), Buschbohne, Dicke Bohne, Gurke, Melone, Zwiebel, Salat, Frühgemüse, alle Unterglaskulturen, Koniferen, Blumen und Zierpflanzen sowie Keimlinge und Setzlinge der meisten Pflanzen.

Spurennährstoffe

Für ein optimales Gedeihen von Pflanzen sind auch eine Vielzahl unterschiedlicher Spurenelemente wie Mangan (Mn), Eisen (Fe), Kupfer (Cu), Zink (Zn) oder Molybdän (Mo) wichtig. Diese Stoffe werden nur in sehr geringen Mengen benötigt, dennoch hat ihr Fehlen für viele Pflanzen so einige Nachteile. Spurenelemente werden über die Wurzel, aber ebenso über das Blatt aufgenommen, sie sind Bestandteile von Enzymen, die bei Stoffwechselreaktionen wichtig sind, sie regulieren zudem den Hormonhaushalt. Fehlen die Mikronährstoffe, kommt es hier ebenfalls zu Mangelsymptomen.

Ein *Eisenmangel* zeigt sich durch eine Gelbfärbung der Blätter, dabei bleiben die Blattadern grün. Bei einem starken Mangel werden die Blätter weiß und sterben ab. In guten und durchlüfteten Böden ist der Eisengehalt aber für unsere Pflanzen meist ausreichend. Nur in sauren und schlecht durchlüfteten Böden kann es zu einem solchen in größerem Ausmaß kommen. Und in Böden mit einem hohen pH-Wert, also in alkalischen Böden, die das Gegenteil von sauer und als Kalkböden bekannt sind, ist Eisen wiederum schwer verfügbar; dann kann ein Eisenmangel auftreten. Ein *Manganmangel* bedingt ein geringeres Wachstum, unterschiedlichste Blattflecken können ebenso die Folge sein. Ist genügend Ton im Boden, steigt der Mangangehalt, in trockenen, alkalischen Böden ist er eher gering. Typisch für einen *Zinkmangel* sind gelbe, junge Blätter. Auch kleine, eng zusammenstehende Blätter als Folge von fehlenden Wuchsstoffen werden durch einen Zinkmangel ausgelöst. Bei einem *Kupfermangel* sind oft die Triebspitzen verkümmert bei einer gleichzeitigen Gelb- und Weißfärbung der jüngsten Blätter. Ein toxischer Überschuss kam früher häufiger vor, wenn Pflanzen jahrelang mit kupferhaltigen Fungiziden, einem Pilzspritzmittel, behandelt wurden. Ein *Molybdänmangel* ist nicht minder unansehnlich, denn bei ihm findet keine normale Gewebeausbildung statt. Man erkennt es an Deformationen, an Verkrüppelungen der Blätter. Es entstehen vergleichbare Symptome wie beim Stickstoffmangel, da durch einen Molybdänmangel die Aufnahme und Verwertung von Stickstoff gestört wird. Bei einem Molybdänüberschuss, jedoch erst bei einem höheren Gehalt, entsteht ein Kümmerwuchs. Bei Gemüsepflanzen ist zu beachten, dass bei einem sichtbaren Überschuss Molybdän gesundheitsschädlich ist.

Stippe am Apfel

Die Schale von Apfelfrüchten bekommt kleine, meist nur stecknadelgroße braune Flecken (Stippen), die leicht eingedrückt sind, die sich aber auch im Fruchtfleisch fortsetzen. Das Fruchtfleisch unter der Schale ist im Bereich der Stippen braun. Betroffene Äpfel schmecken leicht bitter.

Die Stippigkeit beim Apfel hat eine physiologische Ursache, die durch einen Calciummangel (siehe S. 219) in den Früchten ausgelöst wird. Es gibt unterschiedliche Anfälligkeiten der einzelnen Apfelsorten, Sorten wie ‹Boskoop›, ‹Renette› ‹Hauxapfel› oder ‹Topaz› sind resistenter.

Stippe am Apfel ist eine Mangelerscheinung, die Früchte werden dadurch nicht lagerfähig.

Gefördert wird die Stippe zudem durch einen zu hohen Kalium- und Magnesiumgehalt im Boden, da beide Nährstoffe als Antagonisten zum Calcium fungieren und dessen Aufnahme behindern. Viele große Äpfel können die Stippe begünstigen, auch starke unprofessionelle Baumschnittmaßnahmen, eine unausgewogene Wasserversorgung, ein hoher Stickstoffgehalt im Boden sowie eine zu frühe Ernte.

VORBEUGUNG UND BIOLOGISCHE BEKÄMPFUNG: Achten Sie auf eine möglichst ausgewogene natürliche Nährstoffversorgung im Boden. Zusätzlich können zur Fruchtreife gezielte Spritzungen mit Calcium-Düngern durchgeführt werden. Die Dünger sind von Juni an bis zum Beginn der Ernte wiederholt auszubringen.

III

WIE KRANKHEITEN UND SCHÄDLINGE KEINE CHANCE HABEN

EIN GESUNDER UND NATURNAHER GARTEN MIT JAUCHEN, BRÜHEN UND TEES

Seit Jahrzehnten fahren Spritzen über die Äcker, zwischen den Obstplantagen oder in den Gewächshäusern und verteilen Pestizide. Für die einen ist das ein enormer Eingriff in die Natur, und für die anderen ist es die Grundlage für Landwirtschaft. Der Einsatz von Chemie trug und trägt jedoch noch immer zu einem massiven Artensterben bei. Auch die eine oder andere Zivilisationskrankheit kann damit in Zusammenhang gebracht werden. Ist das der Preis, den wir dafür bezahlen müssen? Pestizide lösen kurzzeitig Probleme, bringen aber neue mit sich. Besonders in Gebieten und Ländern, in denen hauptsächlich konventionelle Landwirtschaft betrieben wird, und zwar mit Mitteln, die in Deutschland seit Jahren verboten sind, im Wissen, dass sie umweltschädlich sind. Umso wichtiger ist es für Hobbygärtner und -gärtnerinnen, auf chemische Mittel zu verzichten und für eine große Artenvielfalt zu sorgen.

Niemals vermehrt sich in der Natur etwas unkontrolliert – wenn nicht der Mensch seine Finger im Spiel hat. Die Natur hat ihre eigenen Waffen, um einzuschreiten, sie wartet nicht darauf, bis wir mit einer gehörigen Portion Chemie anrücken. Sollte sie auch besser nicht, denn täglich können wir erleben: Das kann nur schiefgehen. Besser ist es, im Einklang mit der Natur zu arbeiten, denn dann können wir mit unseren Händen in fruchtbare Böden greifen.

Gärtnern ohne Chemie ist also das Beste, was wir tun können, um unsere Umwelt zu schützen. Entsprechend sind Brühen, Jauchen und Tees meine Alternativen zu chemischen Pflanzenschutzmitteln. Geben auch Sie diesen etwas anderen Mitteln in Ihrem Garten eine Chance. Denn wesentlich für ein gesundes Pflanzenwachstum sind eine optimale Pflanzenernährung, ein richtiger Standort und eine vorbeugende pflanzenstärkende Behandlung.

Die Anwendung meiner selbst hergestellten Mittel helfen mir dabei, meine Pflanzen vor Schäden zu schützen. Ich bin aber auch bereit, der Natur ihren Teil zu überlassen. Was in der Konsequenz bedeutet, dass Schädlinge durch die Hausmittel nicht ausgerottet, sondern auf eine erträgliche Menge reduziert werden. Blattläuse & Co. dürfen meine Pflanzen in einem begrenzten Umfang als Wohnort benutzen, damit kommen sie klar. Dass die Zusammensetzung meiner Mittel die Abwehrkräfte meiner Pflanzen stärkt, reicht mir. Ich kann ebenso gut damit leben, dass meine Früchte nicht alle perfekt aussehen, mein Gemüse auch mal von der Norm abweicht.

Im Sommer nutze ich für meine angesetzten Pflanzenstärkungsmittel meist frisch gesammelte Kräuter und Pflanzen und in den kalten Jahreszeiten getrocknete. Einige Pflanzen können, je nach Mischung, mehrere tolle Eigenschaften entfalten. Da abhängig von Wetterlage und Standort der Kräuter und Pflanzen die Inhaltsstoffe unterschiedlich sein können, kann ich nur persönliche Empfehlungen geben. Am Ende kommt es auf die richtige Mixtur an. Für Sie heißt das: Sie müssen ausprobieren. Und nicht vergessen: Notieren Sie Ihre Erfolge. So entsteht Ihre eigene Pflanzenapotheke.

Das Ansetzen von Kräuter- und Pflanzenmischungen kann je nach Vorgehen ebenfalls verschiedene Wirkungen hervorbringen. Manchmal wirkt die Mixtur als Jauche wie ein Dünger und als Auszug insektenvertreibend. Wer nicht selbst Kräuter sammeln kann oder wen die fehlende Lust davon abhält, hat seit einiger Zeit keine Ausrede mehr – fertige Präparate gibt es im Gartenfachhandel. Acker-Schachtelhalm und Brennnessel stehen hier hoch im Kurs. Käufliche Pflanzenstärkungsmittel enthalten außer pflanzlichen Anteilen übrigens auch andere Substanzen, zum Beispiel Bakterien, Algen und verschiedene Steinmehle. Sie verschonen die Nützlinge und sind unbedenklich einzusetzen.

Damit sich die pflanzlichen Schützlinge im Haus und im Garten wohlfühlen, sprechen Sie auch ruhig mit ihnen. Sie können Sie zwar nicht als Anna, Mareike oder Tobias erkennen, sie können Sie auch nicht sehen, wie wir unsere Mitmenschen sehen, aber sie nutzen die Extraportion CO_2, die durch das Atmen beim Reden entsteht. Zugleich reagieren Pflanzen auf Schwingungen. Wischen Sie regelmäßig Staub von den Blättern. Die Streicheleinheiten machen Pflanzen stabil, in der Natur übernehmen das Regen und Wind, im Haus ist es Ihre Aufgabe.

Blätter sind auch die Augen der Pflanzen. Sie brauchen kein Navi, um zu wissen, wohin sie wachsen sollen. Die Sprossspitze ist am empfindlichsten, sie kann fühlen, wenn eine andere Pflanze im Weg steht, die ein Teil des kostbaren Lichts abgreift. Sie muss dann schneller wachsen oder einen Umweg gehen. Regelmäßiges Umtopfen ist gerade bei Zimmerpflanzen unumgänglich, denn wenn ihnen der alte Schuh drückt, wollen sie einen neuen. Gehen wir behutsam mit der Natur um und zollen ihr den Respekt, der ihr zusteht, dann klappt es mit dem grünen Daumen.

Jauche, Brühe oder Tee aus Pflanzen

Nun aber zu meiner Pflanzenapotheke und wie ich meine Kräuter als *Jauche* zubereite. Das geht so: Frische und zerkleinerte Pflanzenteile oder auch getrocknete Kräuter werden in Regentonnen aus Kunststoff oder Holz getan. Ideal ist es, wenn Sie den Behälter zu etwas mehr als der Hälfte mit geschnittenen Pflanzenteilen befüllen. Anschließend wird er mit Regenwasser aufgefüllt, jedoch nicht bis zum oberen Rand. Sie wollen ja nicht, dass die Tonne während des Gärungsprozesses überläuft und sich die Jauche in ihrem noch sehr kräftig stinkigen Zustand verteilt (ihr Reifeprozess hat es in sich, ich sage es Ihnen). Die Tonne bitte auch nicht verschließen, höchstens leicht abdecken, damit keine Tiere hineinfallen. Denn die Gase, die sich beim Gären entwickeln, müssen entweichen können, sonst knallt Ihnen das ganze Zeug um die Ohren. Wer es sich mit den Nachbarn nicht verscherzen will, sollte die Tonne auch nicht in Nähe des nachbarschaftlichen Grundstücks platzieren. Wird die Jauche zur Belästigung, müffelt sie dann doch zu doll, geben Sie ab und zu eine Handvoll Urgesteinsmehl in die Tonne. Das bindet ein wenig den Gestank. Nach wenigen Tagen (abhängig von der Witterung) beginnt der Gärungsprozess. Am besten und am schnellsten setzt dieser ein, wenn die Tonne an einem sonnigen Platz steht. Beim Gären muss regelmäßig Sauerstoff zugefügt werden, ein Umrühren einmal täglich reicht da aus. Je nach Wetter dauert es zwei bis vier Wochen, bis die Jauche aufklart und nicht mehr schäumt.

Die fertige Jauche gießen Sie dann durch ein feines Leinentuch. So verhindern Sie das Verstopfen von Spritzdüsen oder dem Brausekopf Ihrer Gießkanne. Die ausgesiebten Pflanzenreste sind übrigens gutes Kompostmaterial. Die klare Jauche kann jetzt in Kanister abgefüllt und bei Bedarf morgens oder abends verdünnt ausgebracht werden. Sonnenschein beim Ausbringen kann nämlich Verbrennungen an den Blättern hervorrufen. Jauchen werden am besten direkt am Boden ausgebracht. Nach meiner Erfahrung haben Jauchen eine gute Düngewirkung, machen Pflanzen stark und deshalb widerstandsfähiger gegen Plagegeister. Eine vertreibende Wirkung habe ich jedoch selten beobachtet.

Statt einer Jauche können Sie aber einen *Kaltwasserauszug* herstellen: Dazu weichen Sie frische oder getrocknete Kräuter 24 Stunden in Regenwasser ein. Hierbei müssen Sie darauf achten, dass die Mischung nicht zu gären anfängt. Danach wird abgesiebt. Der so entstandene Extrakt enthält Wirkstoffe, die durch eine Gärung zersetzt worden wären, beispielsweise das Nesselgift aus den Brennhaaren der Brennnessel. Die Wirkstoffe der Kaltwasserauszüge sind nicht so stark, sodass diese unverdünnt ausgebracht werden können. Auch hier wandern die Reste auf den Kompost.

Weiterhin können Sie eine *Brühe* oder einen *Sud* zubereiten: Hierbei werden wieder zerkleinerte frische oder getrocknete Pflanzenteile genutzt, um sie 24 Stunden lang in Regenwasser einzuweichen. Nach dieser Zeit wird das Regenwasser aufgekocht, danach alles 20 Minuten mit verschlossenem Deckel sieden lassen. Ist die Brühe abgesiebt, können Sie diese in Glasflaschen füllen und verschließen. Verdünnt kann der Sud nun regelmäßig zur Vorbeugung von Pilzkrankheiten und Schädlingen eingesetzt werden.

Servieren Sie Ihren Pflanzen doch auch mal einen *Tee*: Hergestellt wird er aus zerkleinerten frischen oder getrockneten Kräutern, die mit kochendem Wasser übergossen werden. Anschließend 15 bis 20 Minuten abgedeckt ziehen lassen. Nach dieser Zeit alles durch ein Sieb in Glasflaschen gießen und verschließen. So haben Sie ein Spritzmittel zur Vorbeugung von Pilzkrankheiten und Schädlingen. Viele Inhaltsstoffe der verwendeten Pflanzen werden durch ein zu starkes Kochen zerstört und bei einem Kaltwasserauszug nicht genügend gelöst. Darum ist der Tee ideal geeignet für die Schädlingsabwehr.

Jauchen, Brühen oder Tees aus Pflanzen lassen sich gut in Einmachgläsern aufbewahren.

PFLANZEN HELFEN PFLANZEN – DIE WICHTIGSTEN HEILERINNEN

Anzahl und Vielfalt von Pflanzen mit heilenden Eigenschaften sind geradezu enorm. Fast 70 000 Pflanzenarten, von der kleinen Flechte bis zu den großen Bäumen, wurden seit Jahrhunderten für medizinische Zwecke entdeckt und erprobt. In der Schulmedizin werden immer noch um die 500 Kräuter eingesetzt, oft nicht die ganzen Pflanzen, sondern nur einzelne Stoffe, am bekanntesten ist da wohl der Rote Fingerhut (*Digitalis purpurea*), der aufgrund seiner in ihm enthaltenen Glykoside zur Entwicklung erster hochwirksamer Medikamente gegen Herzschwäche geführt hat. In der richtigen Dosierung stärken sie den Herzmuskel und regulieren die Herzfrequenz. In der alternativen Medizin finden noch weitaus mehr Pflanzen eine Anwendung zu therapeutischen Zwecken.

Es ist wichtig zu verstehen, dass die Pflanzen ihre Wirkstoffe nicht zur Gesunderhaltung unserer Spezies entwickelt haben, sondern vielmehr dazu, Krankheiten und Schädlinge unter den eigenen Familien und Gattungen zu verhindern. Die Entstehung der Pflanzen begann etwa vor rund 470 Millionen Jahren, die Wissenschaft ist sich da nicht völlig einig, doch die ersten Überreste von fossilen Pflanzenteilen konnten mit diesem Alter bestimmt werden – das waren Sporen von Urahnen des Lebermooses. Mit der Verbreitung der Pflanzen haben sich auch deren Feinde verbreitet, und nur die kräftigsten Exemplare, jene, die spezielle Überlebensstrategien entwickelt haben, schafften es, sich über diese lange Zeit zu behaupten. Die von ihnen im Laufe der Evolution hervorgebrachten Strategien können wir uns heute zunutze machen, um unseren Pflanzen zu helfen. Pflanzen heilen Pflanzen ist die beste Alternative zu einem chemischen Pflanzenschutz im Haus und Kleingarten.

Pflanzenstärkungsmittel werden im Gegensatz zu Pflanzenschutzmittel übrigens hauptsächlich vorbeugend angewendet (manche auch bei Befall). Heilpflanzen werden oft zusammen mit anderen Pflanzen angeboten. Auch die Nutzung von Kräutern als Pflanzenschutzmittel nimmt stetig zu, weshalb man sie selbst anbauen kann, natürlich in einer ökologisch vertretbaren Weise. Hier eine

Tabelle mit einigen Pflanzen und gegen welche Schädlinge sie eingesetzt werden können:

DIE WICHTIGSTEN PFLANZEN →	Acker-Schachtelhalm	Brennnessel	Efeu	Hafer	Knoblauch/Zwiebeln	Meerrettich	Neem	Orangenöl	Urgesteinsmehl	Rainfarn	Rhabarber	Wurmfarn	Wermut
SCHÄDLINGE ↓													
Blattläuse	X	x			x	x	x	x			X		
Blattsauger	X	x			X	x	x	x			X		
Blutlaus	X					x	x	x					
Schildlaus	X						X	x	X				
Wollläuse	X					x	x	x			x		
Raupen	X	x	x						X		X		
Blattwespen	X	x	x			x	x	x	x				
Zikaden	x		x				x	X					
Käfer	X		x				x	x	X				
Pflanzenstärkung gegen Schädlinge	x	x	X			x	x	x					
Blattwanzen	x		x			x	x	x	X				
Wühlmäuse				x							X		
Spinnmilben	x	x				x	x	x					
Thripse	x		x			x	x	x					
Mehltaupilze	x		x										
Rostpilze	x										x		X
Braunfäule	x	+									-	+-	
Schnecken									x	x	x		

Acker-Schachtelhalm

Seit über 400 Millionen Jahren gibt es den Acker-Schachtelhalm (*Equisetum arvense*), die Pflanze mit der säulenartigen Sprossachse, die zu den ersten Gewächsen auf unserem Planeten zählt. Im Garten ist er eine sogenannte Zeigerpflanze für saure und feuchte Böden.

Im Frühjahr ist der Schachtelhalm eine blass-grüngelbe stängelartige Pflanze, die wie das Spargelkraut aus dem Boden sprießt. Die sporentragenden Triebe erscheinen von März bis Anfang Mai, die grünen Laubtriebe im Mai. Im Volksmund nannte man die Pflanze auch Zinnkraut und nutzte sie als Poliermittel für Zinngeschirr. An feuchten Standorten besteht eine Verwechslungsgefahr mit dem Sumpf-Schachtelhalm (*Equisetum palustre*), dieser ist giftig. Die Unterscheidung der beiden Arten ist auf den ersten Blick nicht einfach, denn man findet sie an ähnlichen Standorten. Ein gutes Kriterium ist jedoch der Stängelquerschnitt: Die Innenleitbahn des Acker-Schachtelhalms ist deutlich größer als die des Sumpf-Schachtelhalms. Wenn man sich nicht sicher ist, sollte man sich keinen Tee aus gesammelten Kräutern zubereiten. Ansonsten: Der Acker-Schachtelhalm enthält sehr viel Kieselsäure, und bei Nierenkrankheiten und Problemen des Bindegewebes wird er in der Naturmedizin gern als Tee empfohlen. Für mich ist der Einsatz

Acker-Schachtelhalm hilft Pflanzen, um fit zu bleiben.

als Pflanzenstärkungsmittel vorrangig, und da ist es nicht so problematisch, wenn Sie die Pflanzen verwechseln.

Die Inhaltsstoffe des Acker-Schachtelhalms: 10 Prozent Kieselsäure, daneben sehr wirksame Bestandteile wie Flavonoide, Pflanzensäuren, Glykoside, Kalium und Carbonsäuren. Mehr als 10 Prozent wasserlösliche Silikate, außerdem 1,5 Prozent Aluminium- und Kaliumchlorid. Aufgrund dieses Powerpakets wird der Acker-Schachtelhalm als Stärkungsmittel für Pflanzen und zur vorbeugenden Bekämpfung von saugenden Schädlingen wie zum Beispiel Blattläusen verwendet.

Für einen Tee sollten nur grüne Triebe im Sommer gesammelt werden: 1 bis 2 Kilogramm frisches oder 150 bis 200 Gramm getrocknetes Kraut in 1 Liter Wasser 24 Stunden einweichen, danach 30 Minuten kochen, abgießen und 1:10 verdünnen. Den Tee vormittags bei möglichst sonnigem Wetter auf die Blätter tropfnass spritzen, vorbeugend regelmäßig alle ein, zwei Wochen ab Frühjahr. Er hilft gegen verschiedene Pilzerkrankungen wie Schorf, Rost, Mehltau, Monilia oder Sternrußtau an Rosen. Bei Befall in kürzeren Abständen und möglichst drei Tage hintereinander sprühen.

Basilikum

Basilikum (*Ocimum basilicum*) ist nicht nur mein Lieblingskraut, sondern es ist auch eines der bekanntesten Küchenkräuter. Viele italienische Gerichte wie zum Beispiel Tomaten und Mozzarella oder Spaghetti mit Pesto sind ohne Basilikum kaum vorstellbar – dabei ist seine Heimat das tropische und subtropische Asien. Wir nutzen Basilikum meistens als Gewürz, doch wird es auch als Heilpflanze eingesetzt. So lindert es Entzündungen und Gelenkschmerzen, baut Stress ab und beruhigt den Magen. Zusätzlich ist Basilikum eine hervorragende Quelle für Vitamin K, Calcium oder Eisen. Ich setze Basilikumtee als natürliches Pflanzenstärkungsmittel gegen Blattläuse, Spinnmilben und Weiße Fliegen ein. Alles, was wir für das Rezept benötigen, ist: Blätter von Basilikum. Dazu 150 Gramm frisches Basilikum (alle Pflanzenteile können genutzt werden) oder 15 Gramm getrocknetes mit 1 Liter kochend heißem Wasser aufgießen. 24 Stunden ziehen lassen und auf 5 Liter verdünnen. Fertig! Der Tee kann so auf Pflanzen gesprüht werden.

Basilikum kann auch Echten Mehltau von Gurken fernhalten, dies wird in vielen Gartenforen diskutiert. Ich selbst habe das erfahren, als ich noch ohne dieses Wissen in meinen Folienhäuser immer Basilikum gepflanzt habe und wenig Probleme mit Mehltau hatte. Dennoch kann auch Basilikum Mehltau bekommen.

Ein natürliches Pflanzenstärkungsmittel gegen Blattläuse, Spinnmilben und Weiße Fliegen ist das Küchenkraut Basilikum.

Birke

Von jeher gilt die Birke (Betula) als heiliger Baum – so werden zum 1. Mai junge Birken oder Birkenzweige aufgestellt (um den Frühling zu feiern), ebenso zum Pfingstfest. In der menschlichen Naturheilkunde wurden und werden die Blätter der Birke vor allem im Nieren-Blasen-Bereich und für Haut und Haare eingesetzt. Wichtige Inhaltsstoffe sind: ätherische Öle, Gerbstoffe, Bitterstoffe, Vitamin C, Harz, Saponine, Flavone.

Im Pflanzenreich wende ich die Blätter vorbeugend bei feuchtwarmem Wetter gegen Schorf an Früchten und Blättern an. Zur Anwendung nehme ich 1 Ki-

Birkenblätter sind ideal, um Schorf an Früchten und Blättern zu kurieren.

logramm grüne Blätter auf 1 Liter Wasser. Kurz aufkochen lassen und dann 1:5 verdünnt regelmäßig tropfnass auf alle Pflanzen, die schorfanfällig sind, sprühen, also Apfel- und Birnenbäume beziehungsweise Sträucher.

Borretsch

Das Küchen- oder Gurkenkraut Borretsch (*Borago officinalis*) ist einjährig, seine leuchtend blau-violetten Blüten locken Bienen an, weshalb er wunderbar in jedes Staudenbeet passt. Aber auch für uns Menschen hat er Vorteile, aus den Blättern oder Blüten können Tees hergestellt werden, die beruhigend wirken, entgiften, entzündungshemmend sind und auch bei Herzbeschwerden und Bluthochdruck gute Dienste leisten sollen. Nebenbei: Das Kraut ist Bestandteil der Frankfurter Grünen Soße. Aber die Pflanze, zumal wenn sie sich im Garten üppig ausbreitet, kann als Mulchmaterial zum Abdecken zwischen den Gemüsebeeten genutzt werden. Die Blüten locken so Nützlinge an. Verjaucht ergibt das Kraut einen reichhaltigen Dünger. Dazu ausgesuchte Gefäße halb voll mit Borretsch füllen und mit Regenwasser auffüllen. Je nach Außentemperatur verjauchen die Pflan-

Ein perfektes Mulchmaterial ist Borretsch, aber das Gurkenkraut gibt auch einen hervorragenden Dünger ab.

zenteile innerhalb von zwei Wochen. Die Jauche ist fertig, wenn sie klar wird und nicht mehr schäumt. Pflanzen werden damit 1:10 gegossen. Auch gemischt mit Brennnesseljauche wirkt dieser Dünger wahre Wunder und sorgt für starke und glückliche Pflanzen.

Brennnessel

Die Brennnessel (*Urtica dioica*), so verpönt sie bei uns ist, im Mittelalter wurde sie wegen ihrer vielfältigen Wirkung gelobt. Sie wirke wassertreibend, helfe bei Blasenentzündungen und sonstigen Harninfektionen. Einige waren sogar der Meinung, dass die Pflanze mit den gezackten Blättern die Liebe zu einem Mann entflammen würde, dazu sollte man Nesselsamen in Wasser kochen. Beim Umrühren des Suds dürfe man aber folgenden Spruch nicht vergessen: «Wie Jesus jeden Mensch liebt, auch selber den, der ihn betrübt, so sollst auch du in Liebe mein, so brennend als die Nesseln sein.» Mit dem fertigen Sud sollte man alsdann die Türschwelle des Geliebten begießen.

Meine Erfahrungen mit Brennnesseln sind anderer Art, ich schwöre auf ihre Inhaltsstoffe: Flavonoide, Mineralstoffe, Histamin, Acetylcholin, Serotonin, Ameisensäure: Diese Pflanze ist wie geschaffen für einen Biogarten. Sie ist ein Anzeiger für Feuchtigkeit und Stickstoff. Blätter und Stängel sind mit Brennhaaren besetzt, jedes einzelne besteht aus einem elastischen Kolben und einem spröden Schaft, der bei der feinsten Berührung abbricht. Wie ein zersplitterter Flaschenhals dringt dann die scharfe Bruchstelle in die Haut ein und injiziert das ätzende Nesselgift. Um dieses Gift mache ich tunlichst einen großen Bogen, nutze es aber, um die lästigen Blattläuse in die Schranken zu weisen, wenn diese mal wieder überhandnehmen.

Zur Anwendung: Am besten nur Pflanzen sammeln, die noch keinen Samen angesetzt haben. Brennnesseljauche ist ein perfekter Dünger, dazu: 1 Kilogramm Nesseln klein schneiden und auf 10 Liter Regenwasser in eine Tonne geben. Diese abdecken, denn nach einigen Tagen beginnt der Gärprozess, und das Ganze fängt fürchterlich an zu stinken. Achten Sie also darauf, wo Sie die Tonne hinstellen.

Damit es ein hochwertiger Dünger wird, müssen Sie die Jauche regelmäßig umrühren (am besten täglich), damit Sauerstoff an sie herankommt. Fertig ist er, wenn die Jauche nicht mehr schäumt und klar ist, dann können Sie sie in geschlossene Kanister abfüllen und die Pflanzen je nach Bedarf damit düngen. Am besten

Die Brennnessel zeigt an, wie viel Stickstoff sich im Boden befindet.

1:10 verdünnt. An Kohlpflanzen sollten Sie den Dünger nicht anwenden, da er den Kohlweißling anlocken kann. Ansonsten ist er hilfreich bei der Schädlingsabwehr von Blattläusen, aber auch gegen Milben wirkt das Gift.

Echte Aloe

Als Heilpflanze berühmt, als Zimmerpflanze wegen ihrer Wuchsform und bunten Blüte beliebt: Die Echte Aloe *(Aloe vera)* erinnert mit ihren fleischig-stacheligen Blättern an Agaven und Kakteen. Sie kann antibakteriell, antiviral und antimykotisch wirken. Die keimtötende, desinfizierende Eigenschaft von Aloe Vera hat vor allem mit den Saponinen zu tun – Saponine sind Seifenstoffe, einige Pflanzen haben so viel davon, das man damit sogar Wäsche waschen kann, wie zum Beispiel Efeu. Durch sie können Bakterien, Viren, Pilze und Hefen bekämpft werden. Tannine gelten als Gerbstoff und haben ebenfalls eine antimikrobielle und entzündungshemmende Wirkung. Jungpflanzen und Stecklinge können mit ihrem Gel beziehungsweise Pflanzensaft gegossen und so vor der gefürchteten Umfallkrankheit geschützt werden.

Mit den Wirkstoffen der Echten Aloe können Pilze, Bakterien und Pilze bekämpft werden.

Aus den Blättern der Aloe Vera Barbadensis Miller kann man auch den Saft selber herstellen. Dafür können Sie entweder Ihre Zimmerpflanzen nutzen oder Aloe-Vera-Blätter im Internet, besser noch im Bioladen besorgen. Gekaufte Blätter sind in der Regel größer und daher ergiebiger. So geht's: Die Blätter zunächst abwaschen, anschließend mit einem scharfen Messer Ränder und Rinde entfernen und die gewonnen Filets in den Mixer geben. Benötigt wird etwa 1 Esslöffel Gel auf 1 bis 2 Liter Wasser.

Echte Kamille

Eine altbewährte Heilpflanze ist die Echte Kamille (*Matricaria chamomilla*), schon sehr früh wurde sie bei Menstruations- und Schwangerschaftsbeschwerden eingesetzt, weshalb sie oft auch «Mutterkraut» genannt wurde. In Klosterbüchern wurde ihre entzündungshemmende Wirkung erwähnt. Die Kamille blüht von Juli bis August, die gelben Röhrenblüten in der Mitte sind von einem einfachen Kranz

Ein natürliches Antibiotikum für Pflanzen ist die Echte Kamille.

weißer Strahlenblütenblätter umgeben. Als natürliches Antibiotikum ist die Pflanze als Tee zubereitet ein wirksames Mittel gegen Schimmel auf der Blumenerde. Dazu nehmen sie 3 Teebeutel Kamillentee auf 1 Liter kochendes Wasser und verdünnen es auf 3 Liter. Mit dem Tee gießen Sie die Pflanzen, die Schimmel auf der Blumenerde aufweisen.

Echter Beinwell

Der Echte Beinwell (*Symphytum officinale*) ist eine schon seit Langem bekannte Heilpflanze. Seinen Ursprung hat der Name darin, dass man früher glaubte, der Beinwell tue den Beinen gut (well). Er hat beim Menschen schmerzstillende und beruhigende Eigenschaften; die wundheilfördernde Wirkung ist wissenschaftlich belegt. Aufrecht, steif und fleischig steht er gern an eher feuchten Plätzen und versucht, seine violetten Blüten zu verstecken. Inhaltsstoffe: Allantoin, Gerbstoff, Schleim, Asparagin, Alkaloide, ätherisches Öl, Flavonoide, Harz, Kieselsäure, Pyrrolizidinalkaloide, Stigmasterol.

Zur Anwendung am besten die Wurzeln der Pflanzen im Spätherbst oder im zeitigen Frühjahr ernten. 1 Kilogramm frisch geschnittene Wurzeln in 1 Liter

Mit einer Brühe aus Echtem Beinwell habe ich eine gute Blattdüngung an Rosen, Stauden und am Oleander.

Regenwasser 24 Stunden einweichen. Kurz aufkochen und dann verdünnt auf 10 Liter regelmäßig auf die Pflanzen sprühen. Ich habe eine gute Blattdüngung an verschiedenen Pflanzen, darunter an Rosen, Stauden und am Oleander, erkennen können. Auch Spinnmilben und Rosenblattwespen kann man mit dieser Brühe den Appetit verderben. Als Jauche ist Beinwell ein guter Bodendünger für den Wurzelbereich, er sorgt für ordentlich Stickstoff und Kali bei Tomaten, Sellerie und Kohl.

Efeu

Efeu (*Hedera helix*) war einst eine Pflanze aus dem Wald. Nun klettert sie vergnügt auch in unseren Städten und Dörfern herum, gerne Richtung Schatten, denn was Schatten wirft, ist hoch – und hoch hinauf zum Licht möchte der Efeu. Die Seifenstoffe in ihm, die Saponine, eignen sich nicht nur gut als Waschmittel, sie vertreiben ebenso den einen oder anderen Plagegeist an unseren Pflanzen. Besonders gut die Spinnmilben. Hierzu 200 Gramm frische Blätter für 24 Stunden in 2 Liter Wasser einweichen, danach kurz aufkochen und auf 5 Liter strecken. Die befallenen Pflanzen regelmäßig damit besprühen.

Die Seifenstoffe (Saponine) im Efeu vertreiben besonders Spinnmilben.

Einzelne Eichenzweige reichen aus, um an die wertvollen Gerbstoffe zu kommen.

Eiche

Die Rinde der stattlichen Eiche (Quercus) ist für den Menschen stark zusammenziehend, was sie zu einem wertvollen Heilmittel bei Blutungen und Entzündungen macht. Sie wird vor allem äußerlich als Bad oder Umschlag angewendet. Aber auch unsere Pflanzen profitieren davon, wenn Sie im Frühsommer die Rinde der jungen Zweige und die Blätter sammeln. Zur Anwendung: 1 Kilogramm frische Rinde und Blätter auf 10 Liter Wasser unter Umrühren circa zwei Wochen verjauchen. Unverdünnt hilft die Jauche gegen Ameisen im Rasen, 1:5 verdünnt gegen fast alle saugenden und beißenden Insekten.

Große Klette

Die Große Klette (*Arctium lappa*), auch kurz Klette genannt, kommt in ganz Europa vor, bekannt vor allem ist sie durch die spitzen Widerhaken an den Blüten. Bleiben diese an den Tieren oder auch an unserer Kleidung hängen, werden die reifen Früchte verteilt. Eine geniale Taktik zur Verbreitung. Die Klettenwurzel ist

Mit einem Tee aus den Wurzeln der Großen Klette können Baumwunden gereinigt werden.

eine traditionelle Heilpflanze in der Humanmedizin, kann aber auch erfolgreich als Pflanzenstärkungsmittel verwendet werden. Dazu werden die Wurzeln im Herbst oder Frühjahr geerntet. Mit einem Tee aus den Wurzeln, können Baumwunden gereinigt werden, aus denen Flüssigkeit austritt: 25 Gramm fein geschnittene oder pulverisierte Klettenwurzel mit 1 Liter kaltem Wasser ansetzen und 24 Stunden stehen lassen, dann circa 30 Minuten leicht kochen und nach dem Erkalten die Wunden spülen.

Hafer

Hafer (*Avena sativa*) gehört zur Familie der Süßgräser und wurde schon vor den Römern in unseren Breiten angebaut; er war ein wichtiges Grundnahrungsmittel. Nur kann Hafer mehr als nur satt machen. In der Naturmedizin eingesetzt, wirkt er gegen Hauterkrankungen, Haferschleim gegen Magenverstimmung.

Aber Hafer kann noch viel mehr, in ihm stecken Superkräfte, etwa die Flavonoide, sie übernehmen eine wichtige Rolle bei dem Zusammenspiel zwischen Pflanzen und Pilzen oder Bakterien, wobei sie als Lockstoffe agieren und bei Stress

Im Hafer stecken Superkräfte, die Pflanzen im Zusammenspiel mit Pilzen und Bakterien unterstützen.

und Verletzungen nützliche Bakterien zu Hilfe rufen. Weiterhin sind sie ein UV-Schutz. Zudem sind im Hafer Alkaloide enthalten, sie wehren Fressfeinde ab und schützen vor Krankheitserregern (Viren, Bakterien, Pilze). Einige Raupen haben sich diese Eigenschaft selbst zunutze gemacht, indem sie durch ihren Hafer-Fraß vermehrt Alkaloide aufnehmen und so sich selbst vor Fressfeinden schützen. Wie der Efeu enthält auch der Hafer Saponine, sie spielen eine Rolle bei der Abwehr von Pilzen und Fremdorganismen. Hafer enthält zudem wichtige Mineralien: Calcium, Magnesium, Silizium, Kalium, Eisen, Phosphor, Zink und Mangan – wichtige Nährstoffe für jede Pflanze. Als Tee aufgekocht, am besten gemischt mit Acker-Schachtelhalm, ist der Hafer eine ideale biologische Pflanzenstärkung. 25 Gramm getrockneter Hafer reicht für 5 Liter Spritzbrühe, dazu kommen dann noch 20 Gramm getrockneter Acker-Schachtelhalm. Hier gilt: Je öfter ich den Tee ausbringe, umso besser ist die Wirkung.

Eine Jauche aus Holunder in den Gängen von Wühlmäusen vertreibt die Nager.

Holunder

Der Holunderbusch (*Sambucus nigra*) hat eine lange Tradition als Gesundheitsbaum, er ist seit Jahrhunderten eine Gartenapotheke. Wer den letzten Holunder aus dem Garten rodet, so hieß es einst, muss mit Armut und Krankheit rechnen. Von Mai bis Ende Juni entfaltet er seine weißen Dolden, die weithin duften. Als Tee werden seine Blüten gerne für Schwitzkuren bei Fieber und Erkältung eingesetzt. Die schwarzen Holunderbeeren sind sehr Vitamin-C-haltig und können zu Saft oder Marmelade verarbeitet werden. Da der Holunder innerhalb weniger Jahre sehr breit und groß (bis zu 7 Meter) werden kann, nimmt er im Garten oft sehr viel Platz ein. Aber es führt zu keinen Problemen, wenn er ein bisschen reduziert wird.

Holunder hilft gut als Jauche, diese so wie die Brennnesseljauche (siehe S. 234 f.) ansetzen. Unverdünnt in Wühlmausgänge gießen. Als Dünger ist er ein gutes Pflanzenstärkungsmittel.

Kapuzinerkresse ist eine wunderbare Ablenkungspflanze, um Blattläuse wegzulocken.

Kapuzinerkresse

Für mich ist die Kapuzinerkresse (*Tropaeulum majus*) eine ganz besondere Pflanze. Zuerst fallen die tollen großen Blätter ins Auge, wenn dann aber im Sommer die leuchtenden Blüten erscheinen, habe ich nur noch Augen für diese. Die runden Blätter und die Blüten sind sehr schmackhaft und äußerst gesund. Für den Menschen haben sie eine heilende Wirkung, sie sind anregend, antibiotisch, blutreinigend, pilztötend und schleimlösend. Für mich als Gärtner hat die Kresse aber noch einen weiteren Nutzen. Unter Obstbäumen gepflanzt, lockt sie Blattläuse an und minimiert so den Befall an den Bäumen. Sie können aber ebenso einen Kochtopf mit Pflanzen füllen und mit Wasser aufgießen, sodass die Kresse gerade bedeckt ist. Kurz aufkochen und dann 30 Minuten ziehen lassen. Die Pflanzen gut ausdrücken und abseihen. Unverdünnt mehrmals gegen Blutläuse spritzen. Auch frisch gepresster Kressensaft hilft antibakteriell gegen Krebswunden und Blutläuse, wenn diese Befallstellen regelmäßig behandelt werden – den Saft dabei mit dem Pinsel auftragen.

Knoblauch

Als Kochzutat ist Knoblauch (*Allium sativum*) allen bekannt, wobei nicht jeder seinen Geschmack mag. Einigen ungebetenen Gästen im Garten passt er gar nicht, weshalb er ein wunderbares Abwehrmittel gegen tierische und pilzliche Plagegeister ist. In keinem Garten sollte er also fehlen. Sie können ihn zusammen mit Karotten anbauen, schon nimmt die Möhrenfliege vor seinem Geruch Reißaus und verzichtet darauf, ihre Eier an den Möhren abzulegen. Blattfleckenkrankheit und Grauschimmel, gefürchtete Krankheiten bei Erdbeeren, haben keine Chance, wenn zwischen den Erdbeerpflanzen die eine oder andere Knoblauchzehe gesteckt wird. Knoblauch hält weiterhin Blattläuse von jungen Salatpflanzen fern. Auch unter Rosenstauden und Weinreben vergrault er die Blattläuse erfolgreich. Die Abwehrkräfte des Phloxes werden gestärkt, wenn er gemeinsam mit zwei Knoblauchzehen eingepflanzt wird. Dabei werden diese direkt zwischen die Wurzelstöcke gesetzt. Dann befällt der Mehltau die Flammenblume garantiert nicht. Wühlmäuse törnt der «Duft» ab, sie verziehen sich mit ihrer geruchsempfindlichen Nase – wo auch immer sie vorher ihr Unwesen getrieben haben.

Durch seinen großen Anteil an Schwefel ist Knoblauch ein Abwehrmittel gegen tierische und pilzliche Plagegeister.

Knoblauch schreckt jedoch nicht nur ab, für mich ist Knoblauch ebenfalls ein tolles Pflanzenstärkungsmittel bei Pilzerkrankungen, so sind Erdbeermilben und andere pflanzenschädigende Milben nicht mehr darauf erpicht, sich an ihre üblichen Opfer heranzumachen. Zur Anwendung nehmen Sie 100 Gramm frische, gehackte Knoblauchzehen und kochen Sie diese mit 1 Liter Wasser kurz auf. 12 Stunden ziehen lassen. Gegen die Möhrenfliege etwa unverdünnt auf den Boden gießen und gegen Pilzerkrankungen an Rosen verdünnt 1:5 mehrmals spritzen. Gegen Milben: 100 Gramm zerkleinert mit 1 Liter kochendem Wasser übergießen, 12 Stunden stehen lassen. Unverdünnt vorbeugend und bei Befall spritzen.

Lavendel

Lavendel (*Lavendula angustifolia*) produziert ätherische Öle, die – ganz praktisch – eine Doppelfunktion haben: Zum einen hält die Pflanze damit Schädlinge und Krankheitserreger fern (ihr Stresspegel steigt durch den Geruch enorm, während er bei uns Menschen sinkt), zum anderen torkeln Bienen, Hummeln und Schmetterlinge nahezu aller Sinne beraubt auf ihn zu. Dank der ätherischen Öle ist er neben Rosenstöcken ein willkommener Begleiter und schützt auch diese gegen Schädlinge. Mit getrockneten Blüten gefüllte Säckchen eignen sich gut, um Motten aus Kleiderschränken fernzuhalten. Damit der Salat schneckenfrei bleibt,

Lavendel vertreibt Läuse aus dem Rosenbeet und Schnecken aus dem Salat.

hilft ein Lavendelextrakt. Sowohl die Herstellung als auch die Anwendung sind einfach umzusetzen. Die Zutaten: 10 Gramm Lavendelöl, ein Viertelliter Obstessig und 10 Liter Wasser. Die Zubereitung des Extrakts erfolgt so: Öl, Essig und Wasser miteinander mischen, danach den Mix abends auf die Pflanzen sprühen. Alternativ kann mit dem Extrakt auch eine Art «Schutzstreifen» um den gesamten Gemüsegarten gezogen werden, denn es hilft ebenso gegen Nacktschnecken. Der Duft irritiert die Tiere. Um effektiv zu sein, sollte es mehrmals aufgebracht werden.

Ein Lavendelsud wiederum vertreibt Blattläuse. Dazu Triebe, Stiele und/oder Blüten in Wasser einlegen (zirka 1 bis 2 Hände voll in 1 Liter Wasser), einige Zeit stehen lassen (einen oder mehrere Tage) und dann damit die Läuse oder andere saugende Insekten besprühen, eventuell auch gießen. Der Sud ist für Garten- und Zimmerpflanzen anwendbar.

Magerwiesen-Margerite

Mit ihren körbchenförmigen Blüten und den reinweißen Zungenblüten kämpfen Margeriten (*Leucanthemum vulgare*) um Insekten. Diese Gänseblümchen im XXL-Format enthalten das natürliche vorkommende Insektizid Pyrethrum in

Ein intensives Nervengift gegen Insekten hat die Magerwiesen-Margerite entwickelt.

ihren Blütenköpfen. Natur-Pyrethrum gibt es in jedem Gartenfachhandel als zugelassenes Pflanzenschutzmittel. Sein Vorteil: Der Wirkstoff baut sich innerhalb weniger Stunden durch Licht und Wärme rückstandslos ab. Einen Nachteil gibt es auch: Nützlinge, die von dem Mittel getroffen werden, nehmen ebenfalls Schaden. Ansonsten hilft es gegen eine Vielzahl von Schadinsekten, von Vorratsschädlingen wie Motten bis hin zu den Blattläusen an Zimmerpflanzen.

Majoran

Majoran (*Origanum majorana*) ist eine einjährige Pflanze, viel zu selten wächst er wild, meistens führt er ein Dasein im Garten oder in Töpfen auf Terrassen und Balkonen. Vorwiegend wird er als Gewürz verwendet. Wer früher Magen-, Darm- und Gallenbeschwerden hatte, bekam immer Majoran verordnet. Außerdem hilft er gegen Erkältungen, und bei einer äußerlichen Anwendung (als Umschlag etwa) kann er die Hautheilung fördern oder Kopfschmerzen lindern. In meinem Garten vertreibt das Küchenkraut Ameisen, und zwar mit der Powerkombination von ätherischen Ölen, Bitterstoffen, Gerbstoffen, Gerbsäuren, Saponinen und Zink.

Der intensive Duft von Majoran schmeckt nicht jedem Schädling.

Seine Anwendung als Pflanzenstärkungstee: 100 Gramm frisches Kraut (Sammelzeit von Juni bis Oktober) mit 1 Liter kochendem Wasser übergießen und 1 Stunde ziehen lassen. 1:3 verdünnt mehrmals auf Ameisenstraßen und -nester gießen.

Meerrettich

In Mitteleuropa wird der fruchtig, erdig schmeckende Meerrettich (*Armoracia rusticana*) oft angebaut, er kommt aber auch verwildert vor, auf feuchten Weiden und Gräben, mit seinen tiefen Wurzeln braucht er Raum. Der winterharte Wurzelstock hat eine dickfleischige Form, wie eine Art Knüppel. Er kann bis zu 50 Zentimeter lang und 4 Zentimeter dick werden. Außen ist die Wurzel hellgelb, innen weißlich. Als Verfeinerung von Gerichten ist der Meerrettich vielen bekannt, doch dass er auch eine fantastische Heilwirkung hat, wissen nur wenige. Seine scharfe Wurzel hilft gegen verschiedene Infektionskrankheiten, sogar Erkältungserregern bietet der Meerrettich Paroli, was ihn zu einem unschätzbaren Helfer in der Hausapotheke macht. In der Humanmedizin wirkt die Wurzel anti-

Die im Meerrettich enthaltenen Senföle halten Pilzerreger fern.

bakteriell, schleimlösend, schweißtreibend und harntreibend. Ich kann Ihnen nur empfehlen, zu jeder Jahreszeit immer eine Meerrettichwurzel im Kühlschrank oder Keller aufzubewahren (am besten in Zeitungspapier eingeschlagen).

Verantwortlich für die breite Wirkung sind die vielen Inhaltsstoffe: Vitamine (Vitamin C), ätherische Öle, Senföle, Allylsenföle, Allicin, Glucosinolate, Sinigrin, Gluconasturtiin, Mineralstoffe, Flavone, Quercetin, Kaempferol, Asparagin, Arginin, Pentosan, Alloxurbasen, organische Schwefelverbindungen, Oxydase. Das schlichte Reiben der Meerrettichwurzel ist bereits eine Art Therapie für die Nasennebenhöhlen, denn die ätherischen Öle steigen scharf auf und lassen Tränen und Sekretion aus den Nasenschleimhäuten fließen. Hier hat man gleich einen Doppelnutzen: Nicht nur meinen Pflanzen geht es besser, wenn ich sie mit Meerrettich versorge, ich unterstütze auch meine eigene Gesundheit. Bei den Pflanzen wirkt er vorbeugend gegen Monilia-Spitzendürre und Monilia-Fruchtfäule.

Anwendung: 500 Gramm zerkleinerte Blätter und geriebene Wurzel auf 1 Liter Wasser 15 Minuten köcheln lassen; danach abgießen. Unverdünnt mehrmals die Bäume ab Frühling tropfnass spritzen.

Neem

Dieser in den Tropen und Subtropen beheimatete Baum hat es in sich, in alten Sanskrit-Schriften wurde die botanisch *Azadirachta indica* genannte Art sogar als «Geschenk des Himmels» bezeichnet und in Ostafrika als *Mwarubaine*, was übersetzt so viel heißt wie: «Baum, der vierzig Krankheiten heilen kann». Das ist eine stramme Leistung. Alle Achtung. Dabei bezieht sich sein umfassendes Heilungsrepertoire nicht nur auf Menschen, sondern man benutzt Extrakte aus seinen grünen und olivenähnlichen Früchten, um Ungeziefer aus dem Haus und Schädlinge im Garten zu vertreiben.

Das aus den Früchten gewonnene Neemöl wirkt antibakteriell und antiviral. Indische (ayurvedische) Ärzte setzen es deshalb gegen Anämie, Bluthochdruck, Hepatitis, Geschwüre, Nesselsucht, Schilddrüsenerkrankungen oder Verdauungsstörungen ein. Auch gegen Kopfläuse und in der Zahn- und Mundhygiene wird es genutzt und soll bei Diabetes mellitus und Krebs helfen sowie den Cholesterinspiegel senken.

Alle Teile des Neembaums enthalten einzigartige Inhaltsstoffe mit einem äußerst vielfältigen Wirkungsspektrum. Sie regulieren auf effektive Weise, ohne Nebenwirkungen für Mensch, Tier und Natur, ein aus den Fugen geratene Gleich-

Wer Neem verwendet, erledigt damit ausschließlich saugende und beißende Insekten.

gewicht. Im Gartenbau ist der wichtigste Bestandteil Azadirachtin. Dieser Wirkstoff wird aus den Samen des Neembaums gewonnen. Neben der Wiederherstellung des natürlichen Gleichgewichts verleiht es den Blättern einen gesunden Glanz. Wer Neem verwendet, erledigt damit ausschließlich saugende und beißende Insekten, die sich direkt von Pflanzen ernähren. Für Nützlinge, die hilfreiche Dienste im Pflanzenschutz leisten, ist es bedenkenlos.

Bei einem Befall durch gemeine Biester sollte eine Behandlung mit Neem im Abstand von zehn Tagen wiederholt werden. Es ist sinnvoll, während der Hauptgefährdungszeit vorbeugend alle sechs bis acht Wochen die Pflanzen zu besprühen. Da einige Pflanzen etwas empfindlich auf Neem reagieren, sollte die angegebene Dosierung nicht überschritten werden. Neem gibt es im Handel als zugelassenes Pflanzenschutzmittel oder auch als kaltgepresstes Umgebungsspray. Neempresskuchen und Neemblattpulver eignen sich auch zur Düngung von Gemüse.

Orangenöl «schrubbt» in Gärten lästige Gesellen weg.

Orangenöl

Orangenöl, eigentlich ein Reinigungsmittel in vielen Haushalten, «schrubbt» in Gärten lästige Viecher weg. Nur wenige Tropfen (4 Milliliter) in 1 Liter warmes Wasser geben, dazu ein Schuss Biospülmittel. Alles gut schütteln und dann handwarm auf die Pflanzen sprühen. Wichtig ist die tropfnasse Ausbringung, da alle Schädlinge getroffen werden müssen. Kommen sie in Kontakt mit dem Öl, trocknet die schützende Außenhaut weichhäutiger Insekten aus. Mit einer solchen Schädigung bleibt ihnen nur ein Ableben. Bei dieser Prozedur wird sogar die Wachsschicht von Schild- und Wollläusen überwunden – auch ihnen bleibt nur der Tod. Orangenöl ist somit ein hervorragendes natürliches Mittel gegen viele Läusearten, gegen die Weiße Fliege oder auch Spinnmilben. Sobald jedoch der Spritzbelag eingetrocknet ist, verfliegt die Wirkung. Die Behandlung kann nach sieben Tagen wiederholt werden, je nach Befallstärke. Bei hohen Temperaturen und Sonnenschein sollte auf eine Spritzung verzichtet werden, da die Gefahr von Blattverbrennungen dann sehr groß ist.

Oregano

Oregano (*Origanum vulgare*) ist als Gewürz auf der Pizza unentbehrlich – aber nicht nur dort. Die Pflanze ist bei uns wild in der Natur zu finden, sie ist eine alte Heilpflanze, ihre Verwendung in Aufgüssen (blühendes Kraut und Blätter) hat eine lange Tradition. Oregano hat antibakterielle und desinfizierende Eigenschaften und wird in der Heilkunde zur Linderung von Entzündungen (Bronchitis, Mandelentzündung) verwendet. Die Pflanze enthält Gerbstoffe, Bitterstoffe, ätherische Öle, Thymol und Carvacrol. Beste Sammelzeit ist von Juni bis September. Oregano findet man vor allem an sonnigen Hängen, Bergwiesen und Kahlschlägen. Er ist eine winterharte Pflanze und kann bis zu 50 Zentimeter hoch werden. Wenn es ihm an einer Stelle gefällt, wird er von Jahr zu Jahr dichter, bis er ein kleiner Busch ist. Hat die Pflanze genug Platz, bilden sich in den Blattachseln zahlreiche Seitentriebe. Die Blütenstände der rosafarbenen, auch weinroten Blüten sind doldig und rispenähnlich. Schmetterlinge und andere Insekten sind ganz begeistert von ihnen und freuen sich über die nektarspendende Pflanze. So leistet

Oregano hat antibakterielle Eigenschaften und leistet einen wertvollen Beitrag zur Erhaltung der Insektenvielfalt.

der Oregano einen wertvollen Beitrag zur Erhaltung der Insektenvielfalt in Ihrem Garten.

Gute Erfahrung habe mit folgender Oregano-Anwendung gemacht: 100 Gramm frisches Kraut oder 10 Gramm getrocknet auf 1 Liter Wasser kurz aufkochen. 1 Stunde ziehen lassen und unverdünnt mehrmals auf Baumwunden sprühen (wirkt desinfizierend). 1:3 verdünnt vertreibt dieser Sud so manche Lausart. Der Regensburger Domherr Konrad von Megenberg (1309–1374) schrieb schon in seinem *Buch der Natur*, dass mit Schwefel vermischter Oregano Ameisen vertreiben würde.

Pfefferminze

Minzpflanzen riechen für uns Menschen wunderbar, allerdings sind einige Schädlinge und Insekten anderer Meinung und verabscheuen den von der Pflanze abgegebenen Duft. Wichtig zu wissen ist hier, dass verschiedene Minzarten mit ihren ätherischen Ölen die unterschiedlichsten Plagegeister abwehren können. Die

Mücken und Mückenlarven, Spinnen, Milben und Fliegen werden durch Pfefferminze ferngehalten.

Krauseminze (*Mentha spicata*) und die Pfefferminze (*Mentha piperita*) sind ideal für die Terrasse, den Balkon und den Garten, weil sie gut Mücken und Mückenlarven, Spinnen, Milben und Fliegen abwehren. Sie stoßen Schädlinge ab, töten sie aber nicht. Die Pennyroyal-Minze (*Mentha pulegium*) wiederum ist dafür bekannt, dass sie Zecken und Flöhe fernhält.

So stellen Sie Ihr eigenes Minz-Insektenabwehrspray her: Nehmen Sie dazu fünf Teile Franzbranntwein (oder anderen Alkohol) und einen Teil Minzöl.

Ein Pfefferminztee für die Pflanzen können Sie so herstellen: Kochen Sie 1 Löffel getrocknete Minzblätter in einer halben Tasse Wasser auf. Sie können noch getrocknete Lavendelblüten hinzufügen, um die abweisende Wirkung zu erhöhen. Den Tee abkühlen lassen und in eine Sprühflasche füllen. Fügen Sie etwa eine halbe Tasse Alkohol hinzu. Gut schütteln, danach ist die Tinktur einsatzbereit. Bitte nicht direkt auf Pflanzen sprühen, sondern nur auf die Töpfe oder die Umgebung, in der die betroffenen Pflanzen wachsen.

Rainfarn

Im Spätsommer fällt der Rainfarn (*Tanacetum vulgare*) mit seinen dunkelgelben, knopfartigen Blüten auf. An Wegrändern ist er häufig bis spät im Oktober noch blühend zu finden. Der winterharte Rainfarn wird bis zu 1,50 Meter hoch, meist schafft er aber nur knapp 1 Meter. Aus dem Wurzelstock sprießen im Frühjahr mehrere Stängel, die sich im oberen Bereich verzweigen. Die Blätter stehen wechselständig am Stängel, sie sind einfach bis doppelt gefiedert. Die Blattwedel erinnern ein wenig an die Blätter vom Wurmfarn, weshalb beide Arten als Wurmmittel eingesetzt wurden.

Äußerlich wendete man den Rainfarn gegen Verzerrungen oder Quetschungen an, ebenfalls helfen soll er bei Gelenkschmerzen. Dazu wurde früher ein Breiumschlag aus den Blüten hergestellt. Von Läusen befallene Haare wurden mehrmals mit einem Rainfarntee gewaschen. Mit dieser Pflanze hat man ein recht zuverlässiges Mittel gegen Erdbeermilben und Brombeergallmilben, Zwiebelfliege, Lauchmotte, Blattläuse sowie Wurzelläuse. Da der Rainfarn zu den Chrysanthemen zählt, enthält er auch das für Insekten giftige Pyrethrin.

Das blühende Kraut sollte im Spätsommer gesammelt werden, es lässt sich gut trocknen und für spätere Anwendungen aufheben. Dazu 300 Gramm frischen oder 30 Gramm getrockneten Rainfarn in 1 Liter Wasser kurz aufkochen und 1:10 mit Wasser verdünnen. Bei Obstbaumschädlingen vorbeugend im Herbst, im

Rainfarn wurde schon von den Römern zur Schädlingsabwehr genutzt.

Winter oder im zeitigen Frühjahr mit einem Schuss Speiseöl mehrmals spritzen. Bei starkem Schädlingsbefall öfter wiederholen. Vielfach aber reichen ein bis drei Anwendungen. Insekten mögen offenbar den Geruch des Rainfarns nicht und halten sich daher grundsätzlich von ihm fern. Man kann auch getrocknete Blätter und Blüten ausstreuen, um Insekten zu vertreiben.

Rhabarber

Als Heilmittel wird der Rhabarber (*Rheum rhabarbarum*) schon seit fast 5000 Jahren genutzt, ebenso als starkes Abführmittel; diese Anwendung ist aus China überliefert. Die getrocknete und geschälte Wurzel hilft aber nicht nur gegen Verstopfung, sondern auch bei Zahnfleischentzündungen. Alle Rhabarber-Arten sind mehrjährig und haben eine dicke, unterirdische Rhizomwurzel, aus der im Frühling die großen Blätter mit ihren langen, fleischigen Blattstängeln herauswachsen. Die Einzelblüten sind klein, von weißlich-grüner Farbe und bilden eine oder mehrere aufrechte Blütenstände.

Die Oxalsäure des Rhabarbers hält unliebsame Pilze auf Distanz.

Der bei uns angebaute Gemüse-Rhabarber hat keine medizinische Bedeutung mehr, seine jungen Blattstiele werden einzig als Lebensmittel benutzt. Die Blätter sind wegen eines hohen Oxalatgehalts (Oxalate sind bestimmte Salze) ungenießbar und können zu Vergiftungserscheinungen führen! Dafür sind sie aber umso besser für eine Anwendung als Pflanzenstärkungsmittel geeignet: 1 Kilogramm zerkleinerte grüne Blätter mit 10 Liter Wasser ansetzen und unter regelmäßigem Rühren verjauchen. Die Jauche 1:5 verdünnen, so hat man einen perfekten Schutz gegen Blattläuse, Raupen und Pilzerkrankungen. Für einen Rhabarbertee weichen Sie 200 Gramm frische Blätter in 1 Liter Regenwasser über Nacht ein, danach lassen Sie alles 15 Minuten aufkochen. Unverdünnt dreimal hintereinander anwenden, und zwar gegen Blattläuse, die Lauchmotte und die Zwiebelfliege (unter Zugabe eines kleinen Spritzers Biospülmittel zur Oberflächenentspannung). Hilft auch gegen die Kraut- und Braunfäule an Kartoffeln und Tomaten, wenn wöchentlich (etwa 7 Wochen lang) regelmäßig mit Beginn der Triebentfaltung eine Behandlung erfolgt (tropfnass sprühen).

Mit vielen wirksamen Stoffen ist die Ringelblume ein wunderbares Pflanzenstärkungsmittel.

Ringelblume

Hildegard von Bingen, die Äbtissin aus dem Hochmittelalter, lobte eine Pflanze, die sie Ringula (*Calendula officinalis*) nannte, sie würde gegen allerlei Gifte und Krankheiten wirken. Der wissenschaftliche Name *Calendula* bedeutet «kleiner Kalender», was daher rührt, dass die Pflanze durch das Öffnen und Schließen der Blüten den Tagesstand anzeigt: Pünktlich zum Sonnenaufgang demonstriert sie, wie prachtvoll sie blühen kann. Bleiben die Blüten am Morgen aber zu, wird wahrscheinlich Regen kommen. Der Korbblütler hat verästelte, bis zu 60 Zentimeter hohe Stängel, die filzig behaart sind. Auch die Blätter sind behaart. Am Stängelende stehen einzeln die goldgelben oder orangefarbenen Blütenköpfe. Die Blütezeit ist von Juni bis Ende Oktober. Ihre wichtigsten Inhaltsstoffe: ätherische Öle, Saponine, Glykoside, Carotinoide und Bitterstoffe. Um die Ringelblume als Pflanzenstärkungsmittel einzusetzen, verjauchen und vergären Sie 1 Kilogramm Pflanzen (Blüten, Blätter, Stängel) in 10 Liter Regenwasser. Geben Sie die Jauche verdünnt 1:10 als Dünger über die Pflanzen.

Damit Wespen gar nicht erst an Obstbäume gelangen, kann Rosmarin eingesetzt werden.

Rosmarin

Das Kraut Rosmarin (*Rosmarinus officinalis*) ist ein immergrüner Strauch mit Blättern, die ein bisschen wie Nadeln aussehen, von März bis Mai bildet er blaue Blüten, manche Arten blühen auch in Rosa. Mit ihm kann man Wespen von Obstbäumen fernhalten, denn diese Insekten verursachen Wunden und Eintrittspforten für die Fruchtfäule.

Salbei

Salbei (*Salvia officinalis*) ist eines jener kultivierten Kräuter, von denen man sich heilsame Wirkungen versprach – und nie enttäuscht wurde. Sein lateinischer Name leitet sich von dem Verb *salvere* ab, was «gesund sein» oder «sich wohlfühlen» bedeutet. Im Mittelalter galt der Salbei als Heilpflanze schlechthin, ein Spruch lautete: «Wer Salbey baut, den Tod kaum schaut.» Seine Bitter- und Gerbstoffe unterstützen die Funktionen von Galle und Leber und fördern die Fett-

Gartenpflanzen sind ganz heiß auf Salbeitee.

verdauung. Das Kraut gilt als antibakteriell und wirkt entzündungshemmend, außerdem reguliert Salbei den Stoffwechsel. Der Lippenblütler hat auffällige vierkantige Stängel, im unteren Bereich verholzt. Bis 80 Zentimeter hoch wird er mit grau-filzig behaarten Blättern, die immergrün sind. Gartenpflanzen sind ganz heiß auf Salbeitee: 10 Gramm Blätter auf 1 Liter Wasser geben und dann mit kochendem Wasser aufgießen. 30 Minuten ziehen lassen und 1:3 verdünnt gegen Wurzelbohrer anwenden oder zum Angießen von Jungpflanzen, um ihnen mehr Schutz vor Störenfrieden und Quälgeistern zu bieten. Besonders Blattläuse machen durch den für sie widerlichen Geruch der im Salbei enthaltenen ätherischen Öle schnell einen Abgang.

Schafgarbe

Sebastian Kneipp, Wasserdoktor und Kräuterpfarrer mit bewegter Lebensgeschichte, schätzte die Schafgarbe (*Achillea millefolium*) als Powerpflanze, in seinen Worten, die etwas sachdienlicher klingen: «Die Schafgarbe tut treffliche Dienste.» Und das stimmt. Steht sie im Sommer in voller Blüte, dann enthält sie auch die meisten Wirkstoffe, die krampflösende und entzündungshemmende «Dienste» verrichten können: ätherische Öle, Azulen, Eukalyptus, Gerbstoffe, Flavone, Bitterstoffe, antibiotische Substanzen. Die beste Sammelzeit ist also Juni/Juli/August, sie bevorzugt sonnige, trockene Standorte auf Wiesen, Weiden und an Wegrändern. Die Schafgarbe ist eine winterharte, ausdauernde Pflanze. Ein Teil der Blätter bleibt im Winter oberhalb der Erdoberfläche. Im Frühling treibt der Wurzelstock eine Rosette aus fiederigen Blättern aus, später wächst ein Stängel, auf dem sich die Blüten bilden. Der Stängel ist recht hart und zäh. Das merkt man, wenn man die Pflanze pflücken möchte. Die Blüten bilden eine Scheindolde, sie sind weiß, manchmal sogar leicht rosa.

Falls Sie selbst Schafgarbe anbauen und Samen von ihr haben wollen, ein Tipp: Am besten ziehen Sie diese in kleinen Töpfchen im Frühjahr vor. Die Samen sind nur ein Jahr lang keimfähig, daher sollte man sie zügig verwenden. Sobald die jungen Pflanzen etwas herangewachsen sind, können sie nach draußen gesetzt werden. Fühlt sie sich an einem Standort wohl, kommt die Schafgarbe in den nächsten Jahren wieder.

Für ihre Artgenossen im Garten kann sie ziemlich gute Dienste leisten, die Kneipp noch nicht berücksichtigt hatte: Pressen Sie dazu die Pflanzen aus und verdünnen Sie das ausgepresste Extrakt mit Wasser (1:10) – die Mixtur können

Eine Powerpflanze ist auch die Schafgarbe – sie beugt Pilzerkrankungen vor.

Sie vorbeugend gegen Pilzerkrankungen anwenden. Oder weichen Sie 20 Gramm getrocknete Pflanzen 24 Stunden in 1 Liter Regenwasser ein. Unverdünnt können Sie den Tee ebenfalls gegen Pilzkrankheiten anwenden, und zwar gegen Echten Mehltau, Monilia und die Kräuselkrankheit.

Thymian

Um das Küchenkraut Thymian (*Thymus vulgaris*) mit den zartrosa kleinen Blüten (Blütezeit ist im Mai) machen Steckmücken und Motten einen großen Bogen. Stellen Sie Töpfe mit Thymian auf Fensterbretter und nahe von Eingangstüren auf, damit Mücken schon im Anflug abdrehen und nicht in die Wohnung oder ins Haus fliegen. Ein Tee aus 200 Gramm frischen Trieben vertreibt auch Blattläuse, für sie ist der Duft der in ihnen enthaltenen ätherischen Ölen ein echter Albtraum. Möglich ist auch, Thymian zwischen befallene Pflanzen zu setzen, sofort hauen die kleinen Tierchen ab. Einem erneuten Befall kann auf diese Weise effektiv vorgebeugt werden.

Für Blattläuse ist der Duft von Thymian ein Albtraum.

Mit Topinambur lassen sich Wühlmäuse ablenken.

Topinambur

Mit der Knolle von Topinambur (*Helianthus tuberosus*) können Sie Wühlmäuse zwar nicht vertreiben, aber weil sie echte Leckerbissen für die Tiere sind, können Sie sie mit etwas Glück vom Gemüsegarten weglocken. Legen Sie dazu mit den Knollen ein Beet in einiger Entfernung an. Im Idealfall können Sie die Tiere so von den anderen Beeten fernhalten.

Wacholder

Wacholder (Juniperus) stärkt die Zellwände der Pflanzen und verhindert damit ein Eindringen von Schädlingen wie Kohlweißling, Apfelwickler oder Pflaumenwickler in die Pflanze, er wirkt aber zudem vorbeugend gegen beißende oder saugende Schädlinge wie Spinnmilben, Blattläuse, Weiße Fliegen oder Rosenzikaden.

Die Zellwände von Pflanzen werden durch Wacholder gestärkt.

Die Anwendung ist einfach: 200 Gramm Wacholder in 1 Liter Wasser auskochen und auf 5 Liter verdünnen. Ab Beginn der Wachstumsphase die ganze Pflanze alle sieben bis zehn Tage tropfnass einsprühen – idealerweise morgens oder abends.

Weide

Das Wasser von Weiden (Salix) als Bewurzelungshilfe hat eine lange Tradition. Damit werden kleine Stecklinge und Jungpflanzen gegossen, um die Wurzelbildung anzuregen. Am besten eignen sich zur Herstellung von Weidenwasser einjährige, fingerdicke Ruten, bei denen sich die Rinde leicht lösen lässt – jede Weidenart kann dafür verwendet werden. Die Weidenruten in Stücke von 20 Zentimetern schneiden und mit dem Messer die Rinde lösen. Für 10 Liter Weidenwasser benötigt man 2 bis 3 Kilo Weidenzweige. Rinde und Holz mit Regenwasser

Im Weidenwasser können Stecklinge angesetzt werden, da es eine Wurzelhilfe ist.

übergießen und mindestens 24 Stunden ziehen lassen, anschließend durch ein Sieb gießen. Stecklinge können in diesem Wasser 24 Stunden stehen und danach ganz normal in einen Topf gesteckt werden. Danach regelmäßig mit dem Weidenwasser gießen, bis sie bewurzelt sind.

Weißbeerige Mistel

Schon die antiken Ärzte befassten sich mit der Mistel (*Viscum album*), und die keltischen Druiden nannten diesen Schmarotzer «die alles Heilende». Miraculix, der ehrwürdige Druide aus Gallien (oder aus *Asterix*), brauchte für seinen Zaubertrank unbedingt Misteln, die seiner Meinung nach aber nur mit einer goldenen Sichel geschnitten werden durften, sonst würden sie keine übermenschlichen Kräfte entfalten. So braute man also damals seine Energydrinks. Mithilfe ihrer Senker, die tief in das Holz ihrer Wirtspflanze wachsen, entzieht die Mistel dem

Ein Teeauszug aus der Weißbeerigen Mistel hat eine toxische Wirkung gegen Pilze.

Baum Wasser und Nährsalze, immerhin kann sie eigenständig Fotosynthese betreiben. Ihre Verbreitung übernehmen Vögel, ganz vorn dabei sind Drosseln. Die klebrigen Beeren oder Samen bleiben am Schnabel der Tiere hängen und werden von ihnen an einem Ast abgestreift. Dort keimt der Samen. Vorsicht! Giftig! Das Viscotoxin ist das typische Gift, das in der Mistel vorkommt, es hat eine toxische Wirkung gegen Pilze. Und in Kombination mit den anderen Inhaltsstoffen, Lektinen, Flavonoiden und Polysacchariden, hat das Viscotoxin einen enormen Vorteil: Es hält zwar nicht die Römer fern, doch als Teeauszug bleiben saugende und beißende Insekten auf diskretem Abstand.

Anwendung: 10 Gramm getrocknete oder 150 Gramm frische Mistelzweige zerkleinern und kurz in 1 Liter Wasser aufkochen. Abkühlen und verdünnt 1:3 spritzen.

Weißer Senf

Der Weiße Senf (*Sinapis alba*) enthält Senföle, sie sind die Scharfmacher von Senf oder Meerrettich, aber für viele Feinde dieser Pflanzen sind sie ein gefährlicher Giftcocktail. Das ist gut so, denn dieses Kreuzblütengewächs muss sich gegen eine Vielzahl von Fraßfeinden und Krankheitserregern wehren: Insekten, Milben aber auch Bakterien und Pilze. Dafür haben sie eine spezielle Abwehrstrategie entwickelt: das Glucosinolat-Myrosinase-System, auch bekannt als Senfölbombe. Es besteht aus zwei Komponenten: den Glucosinolaten, die zu den sekundären Pflanzenstoffen gehören, und dem Enzym Myrosinase. Beide Komponenten werden getrennt voneinander in den Zellen gelagert und sind einzeln noch nicht giftig. Kommen sie jedoch miteinander in Berührung, wird es eine brisante Mischung, die Fraßfeinde in die Flucht schlagen kann.

Beißt beispielsweise ein Schädling ins Pflanzenblatt, werden Zellen zerstört, und Glucosinolate und Myrosinase vermischen sich. Das Enzym spaltet dann die Glukosegruppe von den Glucosinolaten ab. Die verbleibenden Moleküle werden dann schnell in Isothiozyanat, Nitril oder Thiozyanat umgewandelt. Diese für viele Insekten giftigen Substanzen sind die Senföle (über 120 unterschiedliche sind bekannt). Senf wird als Zwischenfrucht und Gründünger angebaut, auch

Der Weiße Senf enthält viele giftige Substanzen für so manchen Schädling.

Senfpulver kann gut als Pflanzenschutzmittel eingesetzt werden. Einfach in die Beete gestreut, hilft es sehr gut gegen Schnecken.

Wermut

Der Wermut (*Artemisia absinthium*) ist mit seinen silbrig-filzigen Blättern und dem herb-würzigen Duft (dazu die Blätter kräftig zwischen den Fingern zerreiben) ein unverwechselbares Kraut. Mönche haben ihn angebaut, natürlich aus einem ganz bestimmten Grund: Auf keinen Fall durfte er in alkoholhaltigen Bittergetränken fehlen. Die winterharte Pflanze wird bis zu 100 Zentimeter hoch. Die Blätter sind dreifach fiederspaltig, im unteren Bereich sind sie relativ groß und werden nach oben hin kleiner und einfacher. Die gelben, unscheinbaren Blüten erscheinen zwischen Juli und September. Mit seinem stark bitteren Aroma (durch viele Bitterstoffe hervorgerufen) gehört der Wermut zu den wichtigsten Bitterkräutern, die zur Stärkung der Verdauung verwendet werden. Aber der Genuss ist nicht ohne, denn seine ätherischen Öle wirken bei Langzeitgebrauch in hoher Dosierung sinnverwirrend.

Insbesondere Pflanzen sind jedoch vom Wermut begeistert, weil er an ihnen eine vertreibende Wirkung hat. Sammeln sollte man ihn zwischen Juni und Au-

Wer Ameisen im Hochbeet nicht mag, greift zu einem Wermutsud.

gust, während der Blüte, um ihn dann auch für später zu trocknen. Zur Anwendung 300 Gramm frisches oder 30 Gramm getrocknetes Kraut in 10 Liter Wasser verjauchen. Die Jauche dann unverdünnt über gefährdete Pflanzen und den Boden im Wurzelbereich gießen. Das hilft gegen Blattläuse, Raupen, Ameisen und den Säulenrost an Johannisbeeren. Für einen Tee nehmen Sie 100 Gramm frisches oder 10 Gramm getrocknetes Kraut und übergießen es mit kochendem Wasser. 15 Minuten ziehen lassen und dann unverdünnt gegen Blattläuse und Kohlweißling mehrmals über befallene Pflanzen spritzen.

Wurmfarn

Sein besonderes Merkmal sind die im Frühjahr dem Wurzelstock entsprießenden Blätter, die anfangs eingerollt sind. Die jungen, spiralig aufgerollten Wurmfarnblätter sind von braunen Streuschuppen bedeckt. Sie werden wegen ihrer Form auch Bischofsstäbe genannt. Ausgewachsen erreichen die dunkelgrünen, doppelt gefiederten Wedel eine Höhe von etwa 25 bis 100 Zentimetern. Ab Juni erscheinen auf ihrer Unterseite winzige Sporenkapseln. Ein Extrakt aus dem Wurmfarn (*Dryopteris filix mas*) wurde noch in jüngster Vergangenheit als Mittel gegen Bandwurmbefall eingesetzt; inzwischen gibt es aber bessere Präparate. Achtung:

Schnecken im Gemüsebeet lassen sich mit Wurmfarn vertreiben.

Der Wurmfarn ist leicht giftig, und das wissen auch Blattläuse und Schnecken, Blutläuse und Rostpilze.

Um ihn zu nutzen, sammeln Sie voll entwickelte Wedel während des ganzen Sommers, die Sie auch für später in Büscheln trocknen können: 1 Kilogramm frische oder 100 bis 200 Gramm getrocknete Blätter auf 10 Liter Wasser geben. 24 Stunden ziehen lassen, danach kurz aufkochen. Abgekühlt 1:10 verdünnt gegen Blattläuse einsetzen und unverdünnt auf den Boden sprühen, als Abwehr gegen Schnecken und Rostkrankheiten. Als Winterspritzung mit einem Schuss Öl gegen Schild- und Blutläuse.

Zitronenmelisse

Das Küchenkraut Zitronenmelisse (*Melissa officinalis*) blüht zwischen Juni und August mit kleinen, rosafarbenen Blüten. Die Blätter, die kräftig nach Zitrone schmecken, passen in jeden Salat, zumal sie die Verdauung bei uns Menschen anregen. Schnecken machen aber einen großen Bogen um sie, dieses geruchsinten-

Unbedingt Zitronenmelisse um Beete pflanzen, der intensive Geruch hält viele Schädlinge auf Abstand.

sive Kraut ist nichts für sie. Gerade in Beeten mit Tagetes, Dahlien und Funken, die von Nacktschnecken gezielt angeschleimt werden, helfen die ätherischen Öle der Melisse, sie fernzuhalten. Am Rand eines Beets angepflanzt, wird Distanz gewahrt.

Zwiebel

Die Zwiebel (*Allium cepa*) strotzt nur so vor heilsamen Kräften. Beim Anbau von Zwiebeln kann man entweder kleine Steckzwiebeln in den Boden setzen, man kann sie aber genauso gut säen. Die Methode mit den Steckzwiebeln verkürzt die Kulturzeit, zudem gibt es hinterher dickere Zwiebelknollen. Die Stängel sind gleichzeitig auch die Blätter, sie sind rund, hohl und fleischig und können etwa 50 Zentimeter in die Höhe wachsen. In meinem Garten ernte ich über das ganze Jahr verteilt diese Blätter, Schlotten genannt. Als frisches Grüngemüse ist es eine Wucht. Schneide ich zu viel ab, wird das Wachstum der Knolle beeinträchtigt, doch das ist auch mein Ansinnen, denn ich belasse diese Zwiebeln im Boden, sodass sie im Hochsommer blühen. Dann wird einer der Stängel besonders dick und lang und bildet eine Knospe aus. Will man die Zwiebelknolle ernten, sind diese Blütenstängel abzuschneiden. Ich will aber Saatgut gewinnen – und erfreue mich an den vielen Bienen und Hummeln, die sich um die Blüten schlagen.

Fast gegen jedes Leiden hat die Zwiebel Abhilfe zu bieten. Sie hält nicht nur das Gefäßsystem jung, sondern lindert zudem Husten, Verdauungsbeschwerden, Entzündungen aller Art und sogar Haarausfall. Eine Erste Hilfe, die leicht verfügbar ist, ist ein Beutel mit Zwiebeln im Schrank. So hat man immer ein Heilmittel zur Hand – in Gestalt von Nahrung, aber ebenso bei Insektenstichen (Wespe), dann kann man eine Zwiebel aufschneiden und die Stichstelle mit der frischen Schnitthälfte einreiben. Nach kurzer Zeit lässt der Schmerz nach. Verantwortlich für diese Magie sind die vielen wertvollen Inhaltsstoffe: ätherische Öle, Vitamin C, Allicin, Asparagin, Kalziumoxalate, Carotin, Cholin, Zitronensäure, Essigsäure, Phosphor, Fumarsäure, Gerbstoff, insulinähnliches Pflanzenhormon, Jod, Kaffeesäure, Linolsäure, Lithium, Lutein, Oleanolsäure, Oxalsäure, Rutin, Salicylate, senfölähnliches Glykosid, Schwefel, Trigonellin und Zink. All diese feinen Dinge sorgen dafür, dass meine Rosen vor Gesundheit strotzen.

Anwendung für Ihr eigenes Rosenwunder: Sie können Zwiebel, Zwiebelschalen oder auch Lauch verwenden. Nehmen Sie 50 Gramm gehackte Zwiebeln auf 1 Liter Wasser. 20 Minuten köcheln lassen. Am besten mit Knoblauchtee (siehe

Die Zwiebel strotzt nur so von Pflanzenheilstoffen.

S. 76) vermischen und 1:5 verdünnt auf die Rosen sprühen. Sollte es zu stark stinken, kann der den Geruch durch Zugabe von Urgesteinsmehl (siehe S. 288 f.) verringert werden. Auch zum Fernhalten der Möhrenfliege zweimal wöchentlich 1:10 verdünnt ausbringen.

BIOLOGISCH-ÖKOLOGISCHER PFLANZENSCHUTZ MIT HAUSMITTELN

Schädlinge im Garten oder an Zimmerpflanzen gibt es schon seit jeher. Auch unsere Urgroßeltern hatten damit Probleme, nur suchten sie vergebens nach einem Gartencenter oder Baumarkt, der ihnen eine Lösung anbot. Schädlinge und Pilzkrankheiten an Garten- und Gemüsepflanzen waren damals nicht nur ein Schönheitsfehler, sondern sie vernichteten ganze Ernten. Vielfach mussten Familien hungern, besonders im Winter, weil der Kartoffelkäfer sämtliche Pflanzen in Nullkommanichts kahl fraß oder Raupen die Kohlernte in kurzer Zeit zerfraßen. Die im Folgenden genannten Hausmittel beruhen auf jahrhundertealten Beobachtungen, die damit verbundenen Erfahrungen wurden von Generation zu Generation weitergegeben. Unsere Vorfahren orientierten sich an der Natur. Sie wussten, da sie mehr Zeit in ihren Gärten verbrachten als wir heute, dass gegen jede Krankheit ein Kraut gewachsen ist, dass es für jeden Schädling einen Fressfeind gibt. Hausmittel können auch Sie heute noch kostengünstig anwenden, da Sie das eine oder andere der hier aufgeführten Mittel sicher in Ihrem Haushalt finden.

Hausmittel aus Großmutters Zeiten.

Damit Sie sich schon mal einstimmen können und einen Überblick haben, hier eine Tabelle mit den Hausmitteln und wogegen sie hilfreich sein können: Den pH-Wert habe ich mit unter den Schädlingen aufgeführt, weil ein unpassender Wert Krankheitsbilder bei Pflanzen hervorrufen kann und sich mit speziellen Hausmitteln regulieren lässt:

HAUSMITTEL →	Aktivkohle	Algenkalk	Backpulver	Buttersäure	Kalter Kaffee	Kieselgur	Speiseöl	Schmierseife	Urgesteinsmehl	Zimt	Essig	Moos	Buchenholzteer
SCHÄDLINGE↓													
Blattläuse					X	X	x	x			X		
Blattsauger		X			X	X	x	x			X		
Blutlaus						X	x	x					
Schildlaus							x	x	X				
Wollläuse						X	x	x			x		
Raupen		x	x						X		X		
Blattwespen		x	x			X	x	x	x				
Zikaden		x	x				x	X					
Käfer		x	x				x	x	X				
Fliegen		x	X			x	x	x					
Blattwanzen		x	x			X	x	x	X				
Wühlmäuse				x							X		
Spinnmilben						x	x	x					
Thripse		X	x			X	x	x					
Mehltaupilze		X	x										
Desinfektion	x										x		X
pH-Wert		+									-	+-	
Schnecken	X								x	x	x		

Aktivkohle wird im Garten zur Verbesserung des Bodens eingesetzt.

Aktivkohle

Die reinigenden und heilenden Eigenschaften von Aktivkohle wurden schon vor Jahrtausenden entdeckt und in vielen verschiedenen Bereichen eingesetzt. Seit Kurzem wird das alte Wissen wiederbelebt, sodass Aktivkohle wieder im Trend liegt.

Was aber ist Aktivkohle? Hierbei handelt es sich um eine besonders leicht brüchige Pflanzenkohle – meist aus Holz oder Kokos gewonnen –, die unter Druck, bei hohen Temperaturen und Zusatz von Gasen wie zum Beispiel Kohlendioxid aktiviert wurde. Sie zeichnet sich durch ein sehr großes Absorptionsvermögen aus, kann also toxische Stoffe sowie Bakterien an sich binden. Pflanzenkohle wird im Garten zur Verbesserung des Bodens eingesetzt: Sie lockert und belüftet ihn. Wird sie mit Kompost in den Boden eingearbeitet, fördert sie Mikroorganismen und bewirkt die Anreicherung von Humus. Innerhalb weniger Wochen entsteht ein fruchtbares Substrat.

Algenkalk

Algenkalk zeichnet sich nicht zuletzt dadurch aus, dass er sehr vielseitig einsetzbar ist, unter anderem auch als natürliches Pflanzenschutzmittel: Stäubt man ihn sparsam auf die Blätter von Grünpflanzen, hindert der hohe pH-Wert die Pilzsporen am Keimen. Algenkalk ist also ein wirksamer Schutz gegen Mehltau, Schorf und andere Pilze. Außerdem schützt er vor Schädlingen wie Erdflöhen, Lauchmotten oder Kartoffelkäfern.

Je nach Herkunft des Algenkalks hat die Gewinnung verschiedene Auswirkungen auf unsere Umwelt. Algenkalk aus dem Meer: Die Kalkbänke sind für viele Meeresorganismen wichtig und somit ein bedeutsamer Teil der Meeres-Ökosysteme. Die Kalkalgen wachsen nur sehr langsam und lagern ihre toten Kalkskelette als Algenkalk ab. Der Abbau erfolgt mit großen «Staubsaugerschiffen» aus der Tiefe von 15 bis 30 Metern. Das kann zur Zerstörung der Kalkbänke führen. Diese Bänke kommen zum Beispiel in Frankreich nördlich und südlich der Bretagne vor, sie sind seit 2012 geschützt. Um Island gibt es sehr viel größere Algenkalkbänke. Der Abbau hier ist streng reglementiert und kontingentiert. Für Biogärtner und

Vor Erdflöhen, Lauchmotten oder Kartoffelkäfern schützt Algenkalk.

Biogärtnerinnen ist wichtig, wenn wir Algenkalk nutzen, dass dieser nicht aus unseren Meeren gesaugt wird.

Besser ist bergmännisch abgebauter Algenkalk: Kalkalgenbänke wurden schon vor Millionen von Jahren gebildet und können deshalb auch an Land abgebaut werden. Die fossilen Algenkalke sind mehr verfestigt als die aus den Meeresbänken und haben zum Teil andere physikalische Eigenschaften. Der bergmännische Abbau ist ökologisch unproblematisch, vergleichbar mit anderen Steinbrüchen. Ein großer Vorteil ist weiterhin, dass der so gewonnene Algenkalk kein Mikroplastik enthält.

Backpulver

Natriumhydrogencarbonat, Backpulver, wirkt als Fungizid, kann also Pilze bekämpfen, und zwar durch eine Änderung des pH-Werts auf der Blattoberfläche ins Basische. Bei Schorf an Apfelbäumen und bei Mehltau an Beerenobst sind 3 Gramm bis 10 Gramm Backpulver auf 1 Liter Wasser zu verrühren. Leidet der Wein unter dem Echten Mehltau, sind 4 Gramm bis 20 Gramm Backpulver auf 1 Liter Wasser anzuwenden. Zierpflanzen und Gemüse, die Mehltau aufweisen, brauchen eine Mixtur von rund 10 Gramm Backpulver auf 1 Liter Wasser.

Bewährt hat sich Backpulver bei Mehltau an Beerenobst und bei Schorf an Apfelbäumen.

Wühlmäuse und Maulwürfe hassen den Geruch von Buttersäure, die Stinkbombe aus Kindertagen.

Buttersäure

Buttersäure entsteht bei der Vergärung von Lebensmitteln, hauptsächlich von Butter; der wissenschaftliche Name ist Butansäure, die einfachste Fettsäure. Bei Zimmertemperatur ist sie eine farblose bis gelbliche Flüssigkeit, die sich leicht in Wasser löst und beißend nach einer Mischung aus Erbrochenem und altem Fußschweiß stinkt. Wühlmäuse und Maulwürfe hassen diesen Geruch, man kann sie damit ziemlich vergrämen und vertreiben. Zur Anwendung alte Tücher mit der Flüssigkeit beträufeln und diese mit einem Stock tief in die Gänge schieben. Achten Sie darauf, dass ein Fluchtweg gegeben ist und Sie die Säure nicht in die Augen bekommen. Handschuhe anziehen! Verschließen Sie den Gang wieder mit Erde, sodass keine Luft entweichen kann. Sinnvoll ist, den Einsatz vorher mit den Nachbarn abzusprechen.

Buchenholzteer

Zum Versiegeln von Baumwunden oder Rindenrisse eignet sich Buchenholzteer. Die braunschwarze, klebrige, nicht wasserlösliche Flüssigkeit, hergestellt in abschließbaren Behältern und erhitzt auf etwas 250 Grad Celsius, besteht aus

Damit Bäume widerstandfähiger bei Wunden werden, ist Buchenholzteer nützlich.

Harzen und Ölen. Beim Versiegeln optimiert Buchenholzteer die Bedingungen, sodass sich ein Baum an den Wundstellen wieder selbst regenerieren kann. Die Widerstandsfähigkeit der Gehölze wird auf diese Weise verbessert, weiterhin ist Buchenteer ein besonderer Schutz gegen Feuchtigkeit von außen, gegen Pilz- und Schädlingsbefall sowie austrocknendes UV-Licht. Ein Nachteil ist, dass Buchenholzteer eine Dauer von rund zwei Wochen oder mehr zum Aushärten benötigt. Es ist empfehlenswert, fertigen Buchenteer aus dem Handel zu benutzen.

Essig

Essig ist ein natürlicher Rohstoff pflanzlichen Ursprungs, viele verfeinern damit Salate, legen damit Fleisch ein oder benutzen ihn zum Reinigen. Essig kann aber auch als Hausmittel gegen unerwünschte Pflanzen eingesetzt werden, etwa bei Sauerklee oder diversen Unkräutern, die bei jedem Gartenliebhaber und bei jeder -liebhaberin unterschiedlich sein können. Die einen lieben Löwenzahn, Giersch oder das Franzosenkraut, die anderen hassen es. Die verdünnte Säure schädigt die oberirdischen Pflanzenteile und kann somit als Unkrautbeseitigung auf befestigten Flächen dienen. Auf jeden Fall ist Essig eine umweltfreundliche Alternative zu chemischen Unkrautvernichtungsmitteln. Weiterhin kann er zur Desinfektion von Schnittwerkzeugen beim Baum- und Pflanzenschnitt benutzt werden. Unerwünschte Pflanzen werden tropfnass bei trockenem Wetter eingesprüht. Die Temperaturen sollten über 20 Grad Celsius sein. Eine zweite Anwendung ist nach sieben bis einundzwanzig Tagen bei Wiederaustrieb notwendig, damit die Pflanzen aushungern. Essig schädigt jedoch alle Pflanzen, die damit in Berührung kommen.

Zur Anwendung: 1 Liter Essig auf 15 Liter verdünnen – mit dieser Menge ist eine 1500 Quadratmeter große Fläche von Unkraut zu befreien. Zur Desinfektion von Schnittwerkzeugen 100 Milliliter Essig mit 1 Liter Wasser verdünnen. Schnittwerkzeug (Scheren, Sägen) vor der Anwendung in der angesetzten Desinfektionslösung schwenken. Nach der Entnahme 30 Sekunden warten, nicht abwischen.

Der natürliche Rohstoff Essig eignet sich zur Unkrautbeseitigung.

Einige wenige Tropfen Essig im Gießwasser lassen den pH-Wert im Boden sinken. Aber Vorsicht, zu viel des Guten bringt die Pflanzen zum Absterben.

Kalter Kaffee

Kaffeesatz enthält Stickstoff, Phosphor und Kalium, alles wichtige Elemente, die für das Pflanzenwachstum wichtig sind. Aber es sind nicht nur die Nährstoffe, die den Kaffeesatz zu einer wirksamen Methode gegen Blattläuse machen. Er hat auch einen hohen Gehalt an Koffein, der für Trauermückenlarven giftig ist. Eine halbe Tasse mit kaltem Kaffee hilft gegen Trauermücken in den Blumentöpfen. Einfach in die Erde gießen, das Koffein tötet die Larven ab. Eine dünne Schicht getrockneter Kaffeesatz auf der Erde der Blumentöpfe erschwert den weiblichen Trauermücken außerdem die Eiablage. Kaffeesatz kann weiterhin bei Pflanzen eingesetzt werden, die häufig von Blattläusen heimgesucht werden, dazu eine Brühe zum Besprühen aus ihm herstellen. Der Kaffee wird unverdünnt auf die Pflanzen gesprüht: 2 bis 3 Teelöffel Kaffeesatz auf einen halben Liter heißes Wasser geben, 24 Stunden ziehen lassen dann anwenden. Oder die Kaffeereste aus der Kanne nutzen.

Eine halbe Tasse kalter Kaffee verjagt Trauermücken in den Blumentöpfen.

Um den Giersch einzudämmen, kann man ihn mit kaltem Kartoffelwasser gießen.

Kartoffelwasser

Kartoffelwasser (ohne Salz) ist ein bewährtes Hausmittel, insbesondere bei der Bekämpfung von Giersch kann es wahre Wunder bewirken. Nutzen Sie dazu nicht das heiße Kartoffelwasser, das kann benachbarte Pflanzen stark schädigen. Das abgekühlte Kartoffelwasser wird in regelmäßigen Abständen in die Beete gegossen, in dem sich der Giersch ausbreitet. Um eine schnellere Wirksamkeit zu erreichen, können Sie Kartoffelschalen in das Wasser geben und mit dem Stabmixer zerkleinern. Lassen Sie die Flüssigkeit zwei Tage stehen, bis sie schäumt – das ist dann der richtige Zeitpunkt, um sie in die Beete zu gießen. Nach einigen Anwendungen merken Sie, wie der Giersch langsam gelb wird. Nun ist es wichtig, dass Sie die Anwendungen bis zum Absterben der Pflanze weiterführen, ansonsten wird er sich schnell wieder erholen und weiter ausbreiten.

Kieselgur

Kieselgur ist eine weißliche Substanz, sie ist sehr porös und kann große Mengen an Wasser und Fett aufsaugen. Das Hausmittel besteht aus den vermahlenen Schalen fossiler Kieselalgen, den Diatomeen. Der Hauptbestandteil von Kiesel-

Kieselgur ist ein natürliches Mittel gegen Ameisen, Schaben und Spinnen.

gur ist amorphes (nicht-kristallines) Siliziumdioxid (SiO_2), es ist ein natürliches Mittel gegen Bettwanzen, Ameisen, Schaben und Spinnen, ganz ohne chemische Inhaltsstoffe. Die Diatomeenschalen häuten die kriechenden Insekten, und sie trocknen innerhalb von 2 bis 3 Tagen aus. Kieselgur ist übers Internet zu bestellen, man sollte aber bei dem Einsatz eine Schutzbrille und eine Atemmaske tragen.

Meeresalgen

Aufgrund ihres Gehalts an Kalisalzen, Stickstoff, Phosphor sowie an Spurenelementen wie Magnesium sind Meeresalgen ein fantastischer Dünger für Biogärten. Je nach Art und Zusammensetzung enthalten sie bis zu 90 Spurenelemente, die an organische Säuren gebunden sind. Diese Kombination wirkt sich belebend

Düngen mit Meeresalgen hat eine lange Tradition, aber auch die Algen aus dem Gartenteich sind nutzbar.

und aktivierend auf das Bodenleben aus. Die Düngung mit Meeresalgen hat in der Landwirtschaft eine lange Tradition. Die Algen werden vom Meeresgrund abgepumpt und in getrockneter Form auf Acker- und Grünland verteilt. Erfahrungen bestätigen: Bei Aufwandmengen zwischen 25 bis 50 Gramm je Quadratmeter kommt es zu deutlich besseren Ernten.

Aber was ist von Anwendungen zu halten, bei denen Algenauszüge und Algenaufbereitungen in minimalen Mengen in flüssiger Form verabreicht werden? Hersteller bieten sie in unterschiedlichen Ausführungen als Bodenhilfsstoff oder als Pflanzenstärkungsmittel an. Da heißt es dann, dass Algenpräparate zu einem verbesserten Wurzel- und Sprosswachstum, zu einer erhöhten Stress- und Krankheitsresistenz und zu einer verbesserten Nährstoffverwertung führen. Können die Präparate jedoch einlösen, was sie versprechen? In Mitteleuropa wird häufig die Braunalge, auch Knotentang genannt, verwendet. Durch verschiedene Verfahren hergestellte Auszüge und Aufbereitungen befinden sich im Handel und werden meistens in wässriger Form mit einer Spritze oder Gießkanne ausgebracht. Durch die überaus hohe Verdünnung gelangen nur geringe Mengen an Nährstoffen in den Gartenboden. Meine Erfahrung hat gezeigt, dass durch diese Maßnahmen keine Ertragssteigerungen hervorgerufen werden. Anders sieht es bei der Pflanzenvitalität aus, sie wird verbessert, etwa durch eine stärkere Grünfärbung der Blätter.

Moos

Meine Hortensien und Rhododendren benötigen einen sauren Boden, also einen niedrigen pH-Wert. Durch regelmäßiges Gießen mit kalkhaltigem Leitungswasser steigt der pH-Wert im Boden oder in den Töpfen. Dann geht's den wunderschön blühenden Pflanzen schnell schlecht. Hartes Leitungswasser wird aber durch Moos weich. Regelmäßig harke ich Moos aus meinem Rasen und fülle damit selbst meine Regentonnen, wobei Regenwasser schon viel weicher ist als Leitungswasser. Das Moos filtert und bindet die Mineralien aus dem Wasser. Moose besitzen eine Oberfläche, die nicht durch eine Wachsschicht geschützt ist. Dadurch haben sie eine hohe Filterkraft.

Moos aus dem Rasen macht Gießwasser weicher.

Die Atmungsorgane von Blattläusen werden durch Rapsöl verklebt, aber man kann auch jedes andere Speiseöl nehmen.

Schmierseife wurde schon von meiner Großmutter als Schädlingsschreck eingesetzt.

Rapsöl

Rapsöl wirkt selbst gegen harthäutige Insekten, und zwar gemischt mit Wasser und Milch als Emulgator: Auf 1 Liter warmes Wasser 20 Milliliter Rapsöl geben und 20 Milliliter Milch als Emulgator hinzufügen. Das Öl überzieht die Insekten, diese sterben dann durch Ersticken beziehungsweise ein Verkleben der Atmungsorgane. Zu diesen Insekten zählen Blatt-, Woll- oder Schildläuse, die Weiße Fliege und diverse Milbenarten. Sie sollten das selbst gemachte Pflanzenschutzmittel nicht bei Sonne als Spritzbrühe ausbringen, da dies zu Blattschäden führt!

Schmierseife

Schmierseife wird hergestellt aus einer Kalilauge. Der Wirkstoff Kaliseife wirkt als Kontaktmittel gegen weichhäutige Insckten, dabei wird bei der Anwendung deren Haut verätzt. Zugelassen ist die Lauge gegen saugende Insekten wie Blattläuse oder die Weiße Fliege. Schmierseife ist nicht dasselbe wie Seifenwasser, das aus (Bio-)Spülmittel hergestellt wird. Seifenwasser ist oft für Wurzeln schädlich.

Sonnenblumenöl

Um Sonnenblumenöl zur Pflanzenstärkung zu verwenden, sollte das Öl unbedingt mit Wasser gemischt werden, auch sollte die Mixtur nicht bei Sonne aus-

Sonnenblumenöl gibt es auch als anwendungsfertiges Pflanzenschutzmittel im Handel.

gebracht werden, da sonst Blattschäden drohen. Deshalb abends oder bei bewölktem Himmel spritzen. Pflanzenöle zeigen eine Wirkung auf Mehltaupilze durch eine Änderung des pH-Werts. Blattläuse werden reduziert, weil durch das Öl die Atemorgane verkleben. Bei der Zubereitung höchstens 20 Milliliter Sonnenblumenöl auf je 1 Liter Wasser geben. Um eine Emulsion zu bekommen, sollten Sie einen Spritzer Biospülmittel dazugeben.

Urgesteinsmehl

Gesteinsmehle sind Mineralstoffe, die entweder unter natürlichen Verhältnissen in sehr langen Zeiträumen zerkleinert wurden oder durch maschinelle Mahlvorgänge und sonstige Steinverarbeitung auf die gewünschte Korngröße gebracht werden. Häufig verwendete Gesteine sind Diabas (alkalisch) oder Basalt (sauer). Die darin enthaltenen Silikate verwittern langsam und liefern für das Pflanzenwachstum wichtige Mineralstoffe, vor allem Eisen, Magnesium, Kalium, Calcium

Bei vielen beißenden Insekten lässt Urgesteinsmehl die «Zähne» knirschen.

und Natrium, sowie für den Zellaufbau, die Fotosynthese, die Bildung von Blüte und Frucht wichtige Spurenelemente. Dies sind Mangan, Kupfer, Molybdän, Bor, Nickel, Zink und Kobalt. So reichert Urgesteinsmehl ausgelaugte Gartenböden mit Spurennährstoffen an, fördert den Humusaufbau in der obersten Bodenschicht und sorgt für ein aktives artenreiches Bodenleben.

Gesteinsmehle halten auf diese Weise die Schadorganismen unterhalb einer vertretbaren Schadensgrenze, denn Schadpilze und tierische Schädlinge bevorzugen schwache, kränkelnde Gewächse, deshalb sollten gesunde Pflanzen mit ausreichenden Nährstoffen versorgt sein. Die Gesteinsmehle fördern weiterhin den Aufbau des Ton-Humus-Komplexes und verbessern die Wasserhaltefähigkeit im Wurzelraum und an der Bodenoberfläche. Dies wird im Land- und Gartenbau als «Krümelstruktur» bezeichnet, es ist ein Qualitätskennzeichen für die Fruchtbarkeit von Böden (hohe Krümelstruktur = hohe Bodenfruchtbarkeit).

Wundverschluss

Unter Gärtnern und Gärtnerinnen wird immer wieder diskutiert, ob ein Wundverschluss nach dem Baumschnitt nötig ist. Meiner Erfahrung nach können Bäume ohne Probleme kleinere Wunden selbst schließen. Schnittwunden, die

Gehölze sorgen oft für den eigenen Wundverschluss.

größer als ein Zwei-Euro-Stück sind, sollten mit einem Wundverschlussmittel auf natürlicher Basis (hochwertige Harze und Wachse) behandelt werden. So wird die Wunde vor Feuchtigkeit und Austrocknung geschützt. Durch die farblose Schutzschicht kann die Baumwunde gut kontrolliert werden. Besonders wenn ein Obstbaumkrebs am Holz entfernt wurde, kann so beobachtet werden, ob die Wunde gut mit neuer Rinde überwallt wird oder nachgeschnitten werden muss. Gleichzeitig wirken die natürlichen Baumharze desinfizierend.

Zimt

Zimt kann Schädlinge abwehren – sicher eine ungewohnte Eigenschaft, da er meist nur aus der Küche bekannt ist, wo er gemahlen und in Pulverform Anwendung findet. Das Gewürz wird aus der abgeschälten Rinde des Zimtbaums (*Cinnamomum verum*) gewonnen. Beim Trocknungsprozess rollen sich die Rindenstücke zu den bekannten Zimtstangen auf. Diese werden anschließend zu Zimtpulver gemahlen.

Zimt ist ein perfektes biologisches Pflanzenschutzmittel bei Ameisen im Garten oder im Haus. Zwar gehören Ameisen zu den Nützlingen und nicht zu den Schädlingen, aber manchmal können sie in der Küche oder auf der Terrasse schnell überhandnehmen. Wer Ameisen vertreiben möchte, nutzt am besten Zimtöl oder -pulver. Da die Tiere einen exzellenten Geruchssinn besitzen, der mindestens mit dem von Hunden vergleichbar sein soll, suchen sie bei dem Geruch des Gewürzes sofort das Weite. Je nach Ameisenart kann Zimt besser oder schlechter als Abschreckung dienen, doch einen Versuch ist es allemal wert. Nachgewiesen werden konnte, dass die Schwarze Wegameise (*Lasius niger*), die Schwarzkopfameise (*Tapinoma melanocephalum*) und die Pharaoameise (*Monomorium pharonis*) besonders nachhaltig auf Zimt reagieren, bei ihnen verhinderte eine «Zimtstraße» auf dem Fußboden oder an einer Pflanze eine Ameisenplage.

Zimt kann Pflanzen ebenso vor Pilzen und Schimmelbefall auf der Erde schützen. Dazu die Erde mit Zimt bestreuen. Auch gegen Grauschimmel an Pflanzen ist das Gewürz ein gutes Hilfsmittel. Hier befallene Pflanzen mit einer Lösung aus Zimtpulver und Wasser besprühen: 10 Gramm Zimt auf 3 bis 5 Liter Wasser. Beides miteinander vermischen. Die Lösung einige Stunden lang durchziehen lassen und anschließend mit einer Sprühflasche auf die befallenen Pflanzenteile sprühen.

Weiterhin lassen sich Trauermücken mit Zimt vertreiben, denn sie verabscheuen das Gewürz, können seinen intensiven Duft nicht ausstehen. Wer die

Den Geruch von Zimt können viele Insekten nicht ausstehen.

Schädlinge loswerden möchte, greift also am besten ins Gewürzregal und streut das aromatische Pulver auf die Erde. An der Substratoberfläche unterbricht dies den Zyklus der kleinen Plagegeister und verhindert ihr Ausschlüpfen aus der Erde.

Bei Stecklingen soll Zimt das Wachstum fördern. Werden die Schnittflächen der Stecklinge in Zimtpulver gestippt, stimuliert das die Wurzelbildung. Und wer beim Pikieren aus Versehen eine Pflanze beschädigt hat oder wenn nach einem ordentlichen Sturm der ein oder andere Stängel umgeknickt ist, dann kann Zimt zur Wundheilung eingesetzt werden – dazu Zimtpulver auf die Wunde streuen. Vorsicht ist jedoch bei Tomaten geboten: Eine Anwendung von Zimtpulver soll bei ihnen das Wachstum hemmen.

NÜTZLINGE, DIE UNS BEI DER GARTENARBEIT UNTERSTÜTZEN

Zu den wohl bekanntesten Nützlingen im Einsatz gegen Schadinsekten zählen die Marienkäfer. Sie und ihre Larven sind Räuber: Sie fressen Blattläuse, Getreidehähnchen, Rapsglanzkäfer, Weiße Fliegen, Kartoffelkäfer und viele andere Insekten. Ein einzelner Marienkäfer kann circa fünfzig Blattläuse am Tag und bis zu 40 000 Blattläuse in seinem Leben vertilgen. Der aus Australien stammende Marienkäfer (*Rodolia cardinalis*) wurde im Jahr 1887 in Kalifornien eingeführt, um dort sich ausbreitende Wollschildläuse zu bekämpfen. Die Anbaufläche von Zitrusfrüchten in den Vereinigten Staaten konnte auf diese Weise gerettet werden.

Neben den räuberischen Käfern fressen auch verschiedene Wanzen oder Fliegenarten eine große Menge an Schadinsekten. Eine Florfliegenlarve etwa frisst in ihrem zwei- bis dreiwöchigen Leben bis zu 500 Blattläuse. Darum werden sie im Gartenbau in Gewächshäusern eingesetzt. Auch viele Arten von Schlupfwespen

Im Biogarten gibt es eine Reihe von natürlichen Nützlingen.

sind sehr wertvolle Nützlinge zur Schädlingsbekämpfung. Sie parasitieren Eier, Larven und ausgewachsene Insekten.

Nützlinge einfach im Garten oder in der Landwirtschaft auszubringen, reicht allein aber nicht. Um eine erfolgreiche biologische Bekämpfung von Schädlingen mit Nützlingen zu erreichen, sind Blühstreifen, Hecken und weitere naturnahe Rückzugsräume unentbehrlich. Will man eine möglichst große Vielfalt an Nützlingen fördern, ist eine Artenvielfalt und eine Umgebung, die den Lebenszyklus der Nützlinge unterstützt, wichtig. Dazu gehört, unaufgeräumte Ecken im Garten zu belassen sowie den Boden nicht umzugraben und Stauden den Winter über stehen zu lassen, da viele der Insekten im Boden und in trockenen Halmen überwintern. Um Nützlinge ausreichend behilflich zu sein, empfehlen Ökologen und Ökologinnen, letztlich in allen Landschaften naturnahe Lebensräume zu schaffen. Jeder, der einen Garten hat, kann Nützlinge unterstützen und so seine Schadinsekten reduzieren – und das buchstäblich vor der eigenen Haustür: Achten und sorgen Sie für Nisthilfen für nützliche Insekten, Vögel und Fledermäuse.

Gesunde, schöne Pflanzen wünschen sich nicht nur Profigärtner, sondern auch Hobbygärtnerinnen. Das ist zu erreichen, wenn die Pflanzen eine perfekte Versorgung haben, so werden sie widerstandsfähig, Krankheiten und lästige Schädlinge haben es dann schwerer, sich auszubreiten. Werden gestresste oder geschwächte Pflanzen von Schädlingen befallen, weil etwa die Bedingungen nicht passen, kann das bedeuten, dass Sie diese nicht nur bekämpfen, sondern auch den Ursachen auf den Grund gehen müssen. Zur Reduzierung der Schädlinge bieten sich neben biologischen Pflanzenschutzmitteln genau jene Nützlinge an.

Aber was sind Nützlinge konkret? Das sind Tiere, Pilze oder Mikroorganismen, die im Garten leben und uns auf ganz natürliche Art und Weise bei der Gartenarbeit unterstützen. Sie fressen Schädlinge, bestäuben unsere Nutzpflanzen, zersetzen Gartenabfälle, durchlüften den Boden, versorgen ihn mit neuen Nährstoffen und sorgen so für ein natürliches ökologisches Gleichgewicht, für blühende Beete und eine reiche Ernte. Und da auch der Nützling natürliche Feinde hat, ist das Überleben aller gesichert.

Das bedeutet, dass Sie auf chemische Pflanzenschutzmittel völlig verzichten und nur nützlingsschonende Mittel ausbringen sollten. Im eigenen Garten siedeln sich Nützlinge oft von selbst an, wenn die Lebensbedingungen stimmen – oder Sie diese positiv gestalten. Um die Ansiedlung zu unterstützen, können Sie auch Nützlinge wie Florfliegen, Marienkäfer, Schlupfwespen oder Nematoden kaufen und aussetzen, wie es viele Gartenbetriebe tun.

Viele Nützlinge lieben spezielle Pflanzen, damit sie sich dauerhaft im Garten wohlfühlen und auch vermehren können. Florfliegen, Marienkäfer, Schlupfwespen und Schwebfliegen sorgen nur dann für viele Nachkommen, wenn ausreichend Nektarpflanzen zum Beispiel aus der Familie der Schmetterlingsblütler (Ginster, Lupinen, Blauregen) vorhanden sind. Je vielfältiger Ihr Garten bepflanzt ist, mit einer Menge an verschiedenen Stauden, umso breiter ist das Nahrungsangebot für Nützlinge.

Manche Helfer sind im Larvenstadium wichtige Nützlinge, etwa die von Schlupfwesen, ihre Larven parasitären die Raupen von Kohlweißlingen oder Gespinstmotten und ernähren sich von ihren Wirtstieren. Doch auch später als erwachsene Tiere benötigen sie Nahrung und Lebensraum, zum Beispiel wilde Ecken im Garten. Viele Tiere nutzen Totholz, Laub oder Steinhaufen als Lebensraum. Neben den Nützlingen siedeln sich in einer solchen Umgebung weiterhin gern Eidechsen, Igel, Blindschleichen und Kröten an und helfen ebenso beim Pflanzenschutz.

Sicher haben Sie in Ihrem Garten einen Rasen. Das ist auch gut so, schließlich will man den Garten vom Liegestuhl aus genießen, und Kinder brauchen Platz zum Spielen. Trotzdem sollten Sie ein Stück Wiese den nützlichen Insekten überlassen, das nur zweimal pro Jahr gemäht wird. Hier eine Übersicht über die Schädlinge, die bei Nützlingen auf dem Speiseplan stehen:

Ein Hotel für Nützlinge.

NÜTZLINGE→	Laufkäfer	Marienkäfer	Kurzflügler/ Raubkäfer	Weichkäfer	Ohrwurm	Florfliege	Schwebfliegen	Raubwanzen	Schlupfwespen	Gallmücken	Spinnen	Raubmilben	Fadenwürmer
SCHÄDLINGE↓													
Blattläuse	x	X	X	x	x	x	x	x	X	X	X	x	
Blattsauger		X				x	x	x	X		X		
Blutlaus					x	x	x	x	X				
Schildlaus		X	X		x	x			X				
Wollläuse		X				x							
Raupen	X			x	x	x		x	X		X		x
Blattwespen	x							x			X		
Zikaden								X	X		X		
Käfer	x		X						X		X		X
Fliegen			X								X		
Blattwanzen									X		X		
Gallmücken	x								X		X		
Spinnmilben		X						x	X	X	X	X	
Thripse		X	X			x						x	x
Mehltaupilze		X											
Dickmaul-rüssler													x
Maulwurfs-grillen													x
Schnecken	x			x									x
Engerlinge	x												x

Damit Sie sich ein genaueres Bild von den Nützlingen machen können, stelle ich Ihnen hier einige vor:

Fadenwürmer oder Nematoden

Von ihnen wurden bislang über 20 000 verschiedene Arten beschrieben. Es gibt viele parasitische, nützliche, aber ebenso pathogene, schädliche Arten, die sowohl im Garten als auch in der Landwirtschaft vorkommen. Gezielt werden die Würmer zur Bekämpfung von Dickmaulrüsslern, Schnecken, Raupen, Käfern, Engerlingen, Maulwurfsgrillen und Thripsen eingesetzt. Bei einem sehr starken Käferlarvenaufkommen sind die Larven der Nematoden *Heterorhabditis bacteriophora* eine Möglichkeit, um den Schaden einzudämmen, wobei Sie im Hinterkopf behalten sollten, dass mit diesen Fadenwürmern nur die Larven im ersten Stadium gezielt erreicht werden. *Heterorhabditis bacteriophora* sind sehr klein, sie werden nur bis zu 6 Millimeter lang und dringen durch den Darmkanal, das Atemröhrensystem oder direkt durch die Haut in die Blutbahn der Käferlarve ein. Ein Zahn am Kopf der Nematodenlarven dient als Werkzeug, die in diesen Larven im Darm enthaltenen Bakterien – sie sind also infektiös – werden im Wirt abgegeben. Die Käferlarve stirbt innerhalb von zwei Tagen ab und wird braun. Die Bakterien zersetzen nämlich das Wirtsgewebe, das Zellmaterial wird in organisches Material

Fadenwürmer oder Nematoden werden mit lauwarmem Wasser ausgegossen.

umgewandelt und dient der Nematodenlarve als Nahrung. Die Fadenwürmer werden in Wasser aufgelöst, und beim Ausgießen auf die Pflanzenflächen sollte die Bodentemperatur zwischen 14 und 24 Grad Celsius betragen. Nematoden sind recht lichtempfindlich, sie bevorzugen für ihre Hilfsdienste die Abendstunden. Auch sind sie nur in feuchter Umgebung überlebensfähig, weshalb die Flächen, auf denen sie ausgesetzt werden, mindestens eine Woche lang feucht sein müssen. Nematoden sind nur begrenzt haltbar und daher nicht gut lagerfähig.

Florfliegen

Die zarten Florfliegen (Neuroptera) sind wunderschön. Der Körper ist länglich grün oder gelb, die Augen schillern rot, braun oder in Gold, und auch die vier filigranen, geäderten Flügel sind nicht zu übersehen. Da das Tierchen vier Flügel besitzt, ist es keine Fliege, sondern gehört zu den Netzflüglern. Einzig Fliegen haben zwei Flügel. Nützlich sind bei der Florfliege die Jugendstadien, also die Larven, denn eine einzige Larve frisst während ihrer kurzen Entwicklungsdauer von acht

Eine einzige Florfliegenlarve verputzt 200 bis 500 Blattläuse pro Tag oder stündlich 30 bis 50 Apfelbaumspinnmilben.

bis achtzehn Tagen 200 bis 500 Blattläuse oder stündlich 30 bis 50 Apfelbaumspinnmilben, außerdem noch Blattsauger, Raupen, Fliegenlarven, Woll-, Schild- und Blutläuse, Thripse und diverse Eier von anderen Insekten. Die erwachsenen Tiere ernähren sich jedoch nur noch von Pollen, Nektar und Honigtau.

Das Weibchen legt nachts 100 bis 900 Eier an kleinen Stielen an Pflanzen mit Blattlauskolonien ab. Direkt nach dem Schlüpfen häuten sich die Larven das erste Mal und klettern erst danach die Pflanzen hinab, um Nahrung zu suchen. Dabei laufen sie ohne Ziel umher und schwenken ihren Kopf hin und her, bis die Kiefer ein Beutetier berühren. Der Berührungsreiz ist der Auslöser für das Zupacken. Die Beute wird sofort hochgehoben, es wird ihr ein Verdauungssekret injiziert, das eine Blattlaus innerhalb von neunzig Sekunden innerlich auflösen kann. Dadurch kann die Larve das Beutetier aussaugen. Die hiesigen Arten überwintern in einem doppelwandigen Kokon als sogenannte Präpuppe (Vorpuppe), lediglich die Gemeine Florfliege (*Chrysoperla carnea*) überwintert im erwachsenen Stadium in frostfreien Schlupfwinkeln, wie zum Beispiel in Kellerräumen oder Gartenhäusern.

Gallmücken

Einige Gallmücken (Itonididae) sind als Schädlinge bekannt, es gibt jedoch unter ihnen räuberische Gallmücken, die sich im Larvenstadium von Blattläusen und Spinnmilben ernähren. Gallmücken sind fast ihr ganzes Leben im Larvensta-

Die Larven von Gallmücken saugen Blattläuse aus.

dium. Das Leben als fertige Mücke währt nur ein paar Tage, und es findet dann auch kaum eine Nahrungsaufnahme statt. Die bei uns am häufigsten vorkommenden Arten legen ihre Eier direkt in Blattlauskolonien ab. Die schlüpfenden Larven wandern unter die Blattläuse, lähmen diese mit einem Stich und saugen sie aus. Dadurch, dass sie unter den Blattläusen sind, werden sie von den Ameisen, die die Blattläuse pflegen, nur schwer gefunden.

Laufkäfer

Laufkäfer sind bei der Schädlingsregulierung besonders effektiv, als Vielfraße vertilgen sie Unmengen. Täglich fressen sie fast das Dreifache ihres Körpergewichts. In Europa existieren ungefähr 6000 Laufkäferarten, die der Echten Laufkäfer beziehungsweise Großlaufkäfer (Carabus) sind mit 33 Arten in Mitteleuropa die wichtigste Gruppe. Es gibt sehr kleine, aber auch sehr große Käfer mit einer Länge bis zu 4 Zentimetern. Die Flügeldecke ist oft bunt oder schwarz und glänzt oder schimmert metallisch. Die meisten Laufkäfer gehören zu den Räubern, nur sehr wenige sind Pflanzenschädlinge. Auf der Speisekarte stehen Blattläuse, Raupen, Schneckeneier, Drahtwürmer, Wiesenschnakenlarven, Larven der Möhrenfliege, Springschwänze, aber ebenso im Boden lebende Engerlinge und Schnecken.

Auf der Speisekarte der flinken Laufkäfer stehen Blattläuse und Raupen, auch Engerlinge und Schnecken.

Laufkäfer sind flugunfähig und an das Leben am Boden angepasst. Tagsüber verstecken sie sich in dunkle, feuchte Unterschlüpfe wie Hecken, Laubhaufen, Steinhaufen, Trockenmauern und Totholz. Die Käfer jagen in der Dämmerung und sind dabei flinke Läufer. Im Frühjahr legen die Weibchen ihre Eier in kleine Erdhöhlen. Ihre Larven ähneln Engerlingen und sind dunkel bis schwarz und segmentiert. Ausgewachsene Laufkäfer leben mehrere Jahre.

Marienkäfer

Siebenpunkt-Marienkäfer (*Coccinella septempunctata*) krabbeln oft zu Hunderten im Garten herum, wobei diese hübschen Tiere ziemlich wehrhaft sind. Nehme ich die kleinen Käfer in die Hand, kann es sein, dass ich eine Ladung von einem übel riechenden Sekret abbekomme. Aus speziellen Poren scheiden sie das nicht nur eklig riechende, sondern auch widerlich schmeckende Sekret aus, das für Angreifer wie Vögel oder Ameisen tatsächlich giftig sein kann.

Die Farbe der Deckflügel verrät den Grad der Giftigkeit von Käfern. Die sehr bunten und extrem leuchtenden Arten sind besonders giftig, und das wissen die Angreifer, sie werden deshalb weniger attackiert. Der Siebenpunkt-Marienkäfer

Die Larven von Marienkäfer machen sich hemmungslos über Blattläuse her.

ist so populär wie nur noch der Maikäfer, man trifft ihn im Garten am häufigsten dort an, wo sich Blattläuse aufhalten. In den ersten Frühlingstagen verlässt er sein Winterquartier und macht sich auf die Suche nach Blattlauskolonien, denn Blattläuse sind seine Hauptnahrung. Hat er welche gefunden, fängt er sofort an, sich zu vermehren. Das Weibchen legt bis zu 600 Eier in Gruppen in der Nähe einer Blattlauskolonie ab. Aus den Eiern schlüpfen nach einigen Tagen (witterungsabhängig) die Marienkäferlarven. Ihre Entwicklung kann bis zu zehn Wochen in Anspruch nehmen, und in dieser Zeit fressen sie bis zu 800 Blattläuse. Mehltaupilze von Blättern stehen ebenfalls auf dem Speiseplan. Zum Verpuppen kleben die Larven ihren Hinterleib an Blättern fest, und nach etwa sechs bis neun Tagen schlüpft aus der Puppe der fertige Marienkäfer. Im Gartenbau werden Marienkäfer als Larven gekauft und an befallenen Pflanzen ausgesetzt. Hobbygärtner und Hobbygärtnerinnen können das nachmachen, denn Marienkäferlarven werden im Fachhandel angeboten und mit der Post direkt nach Hause geschickt.

Ohrwürmer

Bei den Ohrwürmern (Dermaptera) scheiden sich die Geister. Sie werden sowohl als Nützling als auch als Schädling angesehen. Zuallererst sei gesagt, sie kriechen nicht in Ohren und sind auch keine Würmer. Sie zählen ebenso nicht zu den Käfern, sondern bilden überraschenderweise eine eigene Ordnung innerhalb der Insekten. Die Skepsis gegenüber den Tieren ist ihrem breiten Nahrungsspektrum geschuldet. Sie fressen Blatt-, Blut- und Schildläuse, Raupen und Insekteneier (vom Apfelwickler oder von Gespinstmotten). Ohrwürmer verputzen Milben und weiden Mehltaurasen ab. Leider fressen sie auch zarte Pflänzchen und knappern Obst an. Das sollte Gärtner und Gärtnerinnen aber kaltlassen, denn der nützliche Faktor überwiegt bei Weitem.

Das Weibchen legt im Frühjahr 50 bis 60 Eier in Bodenröhren und betreibt intensive Brutpflege. Das ist für Insekten eher ungewöhnlich. Diese Generation ist bis zum Sommer ausgewachsen, sie legt selbst Eier und bildet die zweite Generation, die wiederum überwintert. Ohrenkneifer sind nachtaktiv und leben tagsüber in feuchten Mauerritzen, unter Bodenbrettern, Folien und Laub. Will man sie gezielt an- oder übersiedeln (weil sie überhandnehmen), stellt oder hängt man einen Blumentopf mit Holzwolle gefüllt verkehrt herum auf. Die Ohrwürmer verstecken sich gern am Tag dort und können auf diese Weise in eine neue Umgebung gebracht werden.

Die oft verschmähten Ohrwürmer haben ein breites Nahrungsspektrum.

Parasiten

Parasiten können auch nützlich sein. Normalerweise kennen viele Gartenfreunde und -freundinnen nur Parasiten, die in der Regel auf erheblich größeren Tieren oder auf uns Menschen leben, dabei werden die Tiere oder wir für ihre Nahrungsversorgung missbraucht. Oft sind wir dann für einen längeren Zeitraum der Lebensraum für die Parasiten. Sie ernähren sich von Blut, Hautschuppen oder Körperflüssigkeiten; Kopfläuse, Filzläuse oder Zecken sind hier zu erwähnen. Die Folgen eines parasitären Befalls können neben Stich- und Bissverletzungen schwere Infektionskrankheiten und massive körperliche Beschwerden sein.

Ich konzentriere mich hier aber auf Parasiten, die ihren Lebensraum auf einige wenige oder auch sogar nur auf einen einzigen Wirt beschränkt haben, da wäre zum Beispiel die Schlupfwespe zu erwähnen. Wählen Schlupfwespen ihren Wirt, etwa die Blattlaus, ist dabei ihr wichtiges Ziel die Fortpflanzung. Haben die Parasiten (Schlupfwespen) erst einmal ihren Wirt (Blattlaus) besiedelt, wird ein Ei in die lebende Blattlaus mit einem Legestachel abgelegt. Die Folge, die Blattlaus wird von innen ausgezehrt, und in ihr entwickelt sich eine neue Schlupfwespe, zurück

Manche Parasiten gehen Tag und Nacht auf Schädlingsjagd.

bleiben nur eine leere dunkle Hülle und ebenjene Schlupfwespe, die sich sofort eine Blattlaus sucht – und alles beginnt von vorne. Wir können diese Parasiten, die für die Effektivität der Natur stehen, nutzen und so unsere Kulturpflanzen vor Schäden schützen. Diese Parasiten sind Nützlinge, weil sie Tag und Nacht auf Schädlingsjagd gehen.

Raupenfliegen

Raupenfliegen (Tachinidae) sind Schmarotzerfliegen und äußerlich schwer zu erkennen. Oft nur dem Kenner mit sehr geübtem Blick fällt der Unterschied zu normalen Stubenfliegen auf. Der struppigere Haaransatz macht den Unterschied. Auch wenn man sie fast nicht wahrnimmt, Raupenfliegen sind wichtige Nützlinge, sie sorgen dafür, dass sich schädigende Insekten nicht übermäßig vermehren. Die Larven lieben und fressen die Schmetterlingsraupen von Gespinstmotten, dem Frostspanner, von Goldafter, Wicklerraupen, Kohlweißling und vielen anderen. Auch Kartoffelkäfer und Blattwanzen werden durch die Larven reduziert.

Wenn Schädlinge überhandnehmen, sollten Raupenfliegen zur Stelle sein.

Raupenfliegen sind richtig fiese Parasiten. Das Weibchen legt die Eier entweder direkt in den Wirt, auf ihn oder auf die Futterpflanze der Beuteinsekten, damit die Eier mitgefressen werden und sich im Wirtstier entwickeln können. Je nach Raupenfliegenart setzen sich die Larven an unterschiedlichen Stellen in der Wirtsraupe fest und beginnen entweder gleich mit der Zerstörung der Raupen von innen oder vollziehen mit der Raupe die Puppenentwicklung und töten diese erst kurz vor dem Schlüpfen. Die fertigen Raupenfliegen leben von Nektar und Honigtau, den sie bevorzugt auf Doldenblütlern und Hülsenfrüchtlern wie Lupinen finden.

Raubwanzen

Die Raubwanzen (Reduviidae) gehören zur Familie der Wanzen. Bei vielen Gärtnern und Gärtnerinnen haben Wanzen einen eher negativen Ruf, was einerseits an ihren Stinkdrüsen und andererseits an den für Pflanzen schädlichen Wanzenarten liegt, die an Blättern saugen und so für große Schäden sorgen können. Zu den pflanzensaugenden Wanzen gehört beispielsweise die Grüne Reiswanze (*Nezara viridula*), die sich in den vergangenen Jahren in vielen Gärten ausgebreitet hat. Zu den Nützlingen gehören aber allein die Raubwanzen. Ihr großer Vorteil ist ihre enorme Aktivität: Bereits mit den ersten warmen Sonnenstrahlen im zeitigen Frühling bis zu den letzten angenehmen warmen Tagen im Spätherbst befinden sie sich im Jagdfieber. Ihre Speisekarte ist sehr breit aufgestellt, und einzelne Arten haben sich auf bestimmte Tiere spezialisiert. Die Blumenwanzen (Anthocoridiae) saugen vorzugsweise Thripse, Spinnmilben, Blattläuse und kleine Raupen aus. Andere Wanzen haben sich auf Kartoffelkäferlarven oder Kiefernblattwes-

Das Einsatzgebiet von Raubwanzen sind Böden und Blätter.

pen spezialisiert. In Gärtnereien werden zur Bekämpfung von Thripsen und Weißer Fliege auf Zierpflanzen, Gemüse und Erdbeeren gezielt die Wanzenarten *Orius laevigatus* und *Macrolophus pygmaeus* ausgebracht. Raubwanzen leben gern im Laub auf Totholz, ebenso auf verschiedensten Pflanzen. Interessant ist, dass Raubwanzen kein Puppenstadium haben.

Schlupfwespen

Schlupfwespen (Ichneumonoidea) haben lange nicht so eine Popularität wie Marienkäfer, aber wenn man ihre Leistung bei der Schädlingsminimierung betrachtet, sollte das schnellstens geändert werden. In Mitteleuropa leben über 10 000 Arten, und man findet sie überall. Ähnlich wie die Raupenfliegen (siehe S. 303 f.) sind die Schlupfwespen Parasiten. Ein oder auch mehrere Eier werden in das Opfer gelegt und von den Larven von innen aufgefressen. Kaum eine Insektenart ist vor Schlupfwespen sicher. Sogar andere Schlupfwespenarten werden befallen.

Durch ihre gute Arbeit und das breite Wirtsspektrum werden Schlupfwespen seit vielen Jahren im Gartenbau und in der Landwirtschaft als Nützling eingesetzt und ausgebracht, um Blattsauger, Blut-, Schild-, Woll- und Blattläuse zu vertilgen sowie Raupen, Blattwespen, Zikaden, Käfer, Blattwanzen, Gallmücken, Spinnmilben, Insekteneier und Bodeninsekten. Im Gartenbau werden Erzwespen

Schlupfwespen sind Parasiten und legen Eier in ihre Opfer.

gegen Weiße Fliegen (Mottenschildläuse) oder Brackwespen gegen Minierfliegen genutzt; und die bräunlich gefärbte Schlupfwespe *Trichogramma brassicae* befällt den Kleinen Kohlweißling. Als nach dem Zweiten Weltkrieg die San-José-Schildlaus aus Nordamerika eingeschleppt wurde und verheerende Schäden anrichtete, gelang es nur mit der Schlupfwespe *Prospaltella perniciosi* als Gegenspieler, wieder ein Gleichgewicht herzustellen. Innerhalb von fünf Jahren wurden 70 bis 90 Prozent der Schildläuse parasitiert – und bis heute wird der Schädling so in Schach gehalten. Im Haushalt kann man Schlupfwespen zur Bekämpfung von Kleider- und Lebensmittelmotten einsetzen.

Schwebfliegen

Die harmlosen Schwebfliegen (Syrphidae) nutzen einen Trick, um sich gegen Feinde zu schützen: Durch ihre Wespenfärbung versuchen sie, gefährlich auszusehen. Als Fliege fehlt ihr aber der Stachel. Schwebfliegen sind unterschiedlich in ihren Körperformen, von sehr schlank bis plump und dick. Durch ihre schwarzgelbe Musterung und den behaarten Köper werden sie tatsächlich häufig mit Bienen, Wespen oder Hummeln verwechselt. Unvergleichlich ist ihr Flug. Sie können in der Luft stehen und blitzschnell im Zickzack wegfliegen.

Sie reduzieren saugende Insekten und geben vor, Wespen zu sein: Schwebfliegen.

Erwachsene Schwebfliegen leben von Nektar und Pollen und sind wichtige Bestäuber. Daher brauchen sie einen abwechslungsreich bepflanzten Garten als Nahrungsquelle, das ist eine Grundvoraussetzung, um Schwebfliegen anzusiedeln. Besonders beliebt sind Doldenblütler (Disteln, Wilde Möhren, Pastinaken). Schwebfliegenlarven reduzieren saugende Insekten wie Blattläuse und Spinnmilben. Die Weibchen legen ihre Eier einzeln in der Nähe von Blattlauskolonien ab. Die Entwicklungszeit der Larven beträgt acht bis fünfzehn Tage, und in dieser Zeit fressen sie zirka 400 Blattläuse. Auf bis zu fünf Generationen kommen Schwebefliegen pro Jahr. Sie sind ebenso nützlich, wenn es um Blattsauger, Blutläuse, Spinnmilben und kleine Raupen geht.

Spinnen

Aufgrund ihres Aussehens sind Spinnen (Araneae) oft unbeliebt. Das ist schade, denn das Spektrum der Beutetiere ist sehr breit, und Spinnen zählen zu den besonders wichtigen Nützlingen. An die tausend Webspinnenarten kommen in Deutschland vor, und die weitverbreitete Angst vor Spinnenbissen ist unbegründet. Bei Gefahr ergreifen Spinnen die Flucht oder fallen in Schockstarre. Nur in

In ihren eindrucksvollen Netzen fangen Spinnen eine Menge Schädlinge.

seltenen Ausnahmefällen beißen sie zu, und nur wenige der heimischen Spinnen schaffen es überhaupt, die Haut eines Menschen zu durchdringen. Das Gift ist übrigens harmlos. Eine prominente heimische Art ist die Gartenkreuzspinne (*Araneus diadematus*), mit ihren eindrucksvollen Netzen fängt sie zahlreiche Insekten, darunter viele Schädlinge wie Blatt- und Wollläuse, Blattsauger, Raupen, Blattwespen, Zikaden, Käfer, Fliegen, Blattwanzen, Gallmücken, Spinnmilben und diverse Bodeninsekten.

Weichkäfer

Zu den wohl bekanntesten und in einigen Gegenden selten gewordenen Weichkäfern (Cantharidae) zählt wohl das Glühwürmchen, es lockt im Sommer in der Dämmerung durch das Leuchten Partner und Partnerinnen zur Vermehrung an. Im Vergleich zu anderen Käferarten ist der Körper nur schwach verhärtet und damit weicher. Die Käfer sind eher schwerfällige Flieger, aber gut zu Fuß, wenn sie auf Jagd nach Blattläusen, Larven von Schmetterlingen und Blattwespen, Schnecken und Bodeninsekten gehen. Weichkäfer sind schwarz, rot, orange oder auch gelb gefärbt und je nach Art zwischen 1 und 28 Millimeter groß. Der Körper ist lang und abgeflacht.

Weichkäfer sind gut zu Fuß und stellen Larven von Nachtfaltern nach.

Den Großteil seines Lebens ist der Weichkäfer im Larvenstadium. Die Eier werden im Sommer gelegt, und die Larven fühlen sich wohl in feuchten Habitaten wie unter abgestorbenen Blättern oder in lockerer Erde. Die Larven überwintern in Erdhöhlen und sind weitestgehend winterhart. Bereits während der Schneeschmelze tauchen sie im Frühjahr auf. Auch das Puppenstadium verbringen sie in der Erde. Die erwachsenen Käfer leben nur wenige Wochen und besiedeln Laub- und Nadelbäume, Sträucher und Wiesen. Sie sind sehr aktiv, und durch ihre rasche Fortbewegung sind sie auch wichtige Bestäuber von Blüten.

REGISTER

Die kursiv gesetzten Seitenzahlen beziehen sich auf Begriffe, die über den Bildern oder in Tabellen gelistet sind.

Pflanzen

Krankheiten und Schädlinge

Vorbeugung und biologische Bekämpfung

DANK

Zum Schluss ist es wieder Zeit, Danke zu sagen.

Für mich ist es ein großes Geschenk, dass ich mich den größten Teil meines bisherigen Lebens mit Pflanzen beschäftigen konnte und dass ich mein Wissen mit so vielen Pflanzenfreunden und Pflanzenfreundinnen teilen darf. Täglich wird meine Community größer, und das auf unterschiedlichen Kanälen.

Als Erstes möchte ich meinen vielen Lesern und Leserinnen danken, ohne deren Interesse es nicht zu diesem Nachschlagewerk gekommen wäre. Weiterhin meinen Followern in den sozialen Netzwerken, die mich täglich bei meiner Arbeit begleiten.

Natürlich danke ich dem Rowohlt Verlag. Susanne Frank hat mir auch dieses Mal großes Vertrauen entgegengebracht. Danke auch für die Unterstützung von Sven Hartung von Mira Media. Besonders danke ich Regina Carstensen, die mir bei diesem Projekt wieder zur Seite gestanden hat und dafür sorgte, dass das Nachschlagewerk ein großes geworden ist.